辉煌四十载　奋斗新时代
——中国蜂业　不忘初心　砥砺前行

陈黎红　吴　杰　主编

中国农业科学技术出版社

图书在版编目（CIP）数据

画说中国养蜂学会40周年：辉煌四十载 奋斗新时代：中国蜂业：不忘初心 砥砺前行 / 陈黎红，吴杰主编 . —北京：中国农业科学技术出版社，2020.5

ISBN 978-7-5116-4490-9

Ⅰ . ①画… Ⅱ . ①陈… ②吴… Ⅲ . ①养蜂业—产业发展—概况—中国 Ⅳ . ① F326.33

中国版本图书馆 CIP 数据核字（2019）第 237563 号

责任编辑　张国锋
责任校对　马广洋

出 版 者　中国农业科学技术出版社
地　　址　北京市中关村南大街 12 号　邮编：100081
电　　话　（010）82106636（编辑室）　（010）82109704（发行部）
　　　　　　（010）82109702（读者服务部）
传　　真　（010）82106631
网　　址　http://www.castp.cn
经 销 者　各地新华书店
印 刷 者　北京东方宝隆印刷有限公司
开　　本　880 毫米 × 1 230 毫米　1 /16
印　　张　28.25
字　　数　680 千字
版　　次　2020 年 5 月第 1 版　2020 年 5 月第 1 次印刷
定　　价　298.00 元

中国养蜂学会简介

中国养蜂学会（Apicultural Science Association of China, ASAC），1979年6月成立于北京，是经中华人民共和国农业农村部批准、中华人民共和国民政部审核登记的具有独立法人资格的全国性、学术性、专业性、行业性、非营利性全国蜂业一级社团，它涵盖全国养蜂及蜂产品科研、教学、生产、管理、加工、经营等领域，是全国蜂业唯一具有学术权威的一级社会组织。

宗旨： 积极贯彻执行党和国家的路线、方针、政策，坚持"创新、协调、绿色、开放、共享"的发展理念，发扬"奉献、创新、求实、团结、协作"的蜜蜂精神，充分发挥学术优势，服务于国家、社会和行业，加强政府与蜂业界的沟通，普及蜂业科学知识，推进蜂业科技支撑，促进国际蜂业交流与合作，创新品牌战略。实施产、学、研相结合，以"科技创新驱动产业发展"引领全国蜂业和谐、健康、可持续发展。

业务范围： 全国蜂业协调与管理，协助政府制定、修定蜂业政策、法律、标准、规划及发展战略，搭建政府与行业的桥梁，开展学术交流、信息交流、技术指导、业务培训、展览展示、刊物编辑、咨询服务、项目规划、技术评估、成果推荐、基地建设、国际交流与合作等。

国际组织成员国代表： 国际蜂联（APIMONDIA）成员国代表；亚洲蜂联（AAA）成员国代表、副主席国及秘书长国。

分支机构（14个）： 蜜蜂饲养管理专业委员会；蜜蜂生物学专业委员会；蜜蜂育种专业委员会；蜜蜂保护专业委员会；蜜源与授粉专业委员会；蜂业经济专业委员会；蜂产品加工专业委员会；蜂业机具与装备专业委员会；蜂疗保健专业委员会；中蜂协作委员会；蜂业标准化研究工作委员会；蜜蜂文化专业委员会；蜂业维权委员会；蜜蜂科普委员会。

业务归口： 中华人民共和国农业农村部

登记管理： 中华人民共和国民政部

挂靠单位： 中国农业科学院蜜蜂研究所

常设机构： 中国养蜂学会秘书处（办公室）

地址： 北京海淀区中关村南大街12号中国农业科学院8号楼303（旧主楼，正对西门）

邮编： 100081

邮箱： china-apiculture@263.net

电话： 010-82106450；010-82106451

传真： 010-82106450

网址： http://www.chinaapiculture.org；http://www.chinabee.org.cn

微信： CHINA-APICULTURE

APICULTURAL SCIENCE ASSOCIATION OF CHINA (ASAC)

Apicultural Science Association of China (ASAC) was established in June, 1979 in Beijing. It is a first class national organization with academic authority and nationwide recognition. It is also a non-profit and the only social society with academic authority approved by the Ministry of Agriculture of the People's Republic of China (MOA) and registered by the Ministry of Civil Affairs of the People's Republic of China (MOCA), and has independent corporate capacity covering various fields of apiculture such as beekeeping, bee products, training, education, management and so on.

Objectives

ASAC adhere to the concepts of "innovation, coordination, green, openness and sharing" and cooperation spirit of bees to strengthen the communication between government and apiculture, to promote scientific, technical, ecological, social and economic apicultural development in the whole country and the cooperation in apiculture worldwide.

Scope

The business scope includes nationwide apicultural coordinating and management, academic exchange, technical guidance, beekeeping training, exhibition, publication, program planning, technical evaluation and achievement transformation, base construction, international cooperation and assisting the government in apicultural policy, laws, standards, project, strategy, etc.

Members of International Organization

APIMONDIA (International Federation of Beekeepers' Associations)
AAA (Asian Apicultural Association): Vice presidency, Secretary-general of AAA

Committee:

Beekeeping Management
Bee Biology
Bee Breeding
Bee Pest and Diseases
Melliferous Flora and Pollination
Apiculture Economy
Bee Products

Beekeeping Equipment
Apitherapy
Chinese Honeybee (Apis Cerana)
Safety & Standardization
Bee Culture
Rights Safeguarding for Beekeeper
Bee Popularization of Science

Administrative Regulation Authority:
Ministry of Agriculture and Rural Affairs of the People's Republic of China
Registration and Management agency:
Ministry of Civil Affairs of the People's Republic of China
Attached Institution:
Institute of Apicultural Research, CAAS
Permanent Body:
Administrative Office of ASAC

Address: #303 of Building 8, No.12 Zhongguancun South Street, Haidian district,Beijing,China
Postcode: 100081
E-mail: china-apiculture@263.net
Tel: 010-82106450; 010-82106451
Fax: 010-82106451
Website: http://www.chinaapiculture.org; http://www.chinabee.org.cn
Wechat: CHINA-APICULTURE

组织机构

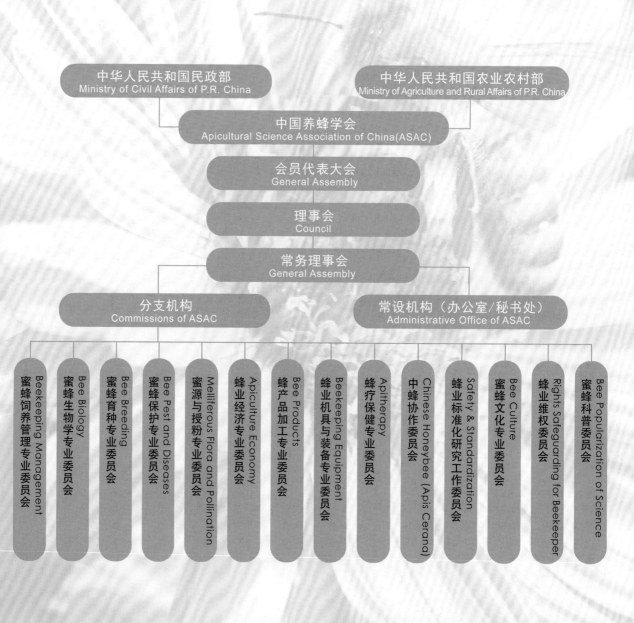

中华人民共和国民政部
Ministry of Civil Affairs of P.R. China

中华人民共和国农业农村部
Ministry of Agriculture and Rural Affairs of P.R. China

中国养蜂学会
Apicultural Science Association of China(ASAC)

会员代表大会
General Assembly

理事会
Council

常务理事会
General Assembly

分支机构
Commissions of ASAC

常设机构（办公室/秘书处）
Administrative Office of ASAC

蜜蜂饲养管理专业委员会
Beekeeping Management

蜜蜂生物学专业委员会
Bee Biology

蜜蜂育种专业委员会
Bee Breeding

蜜蜂保护专业委员会
Bee Pest and Diseases

蜜源与授粉专业委员会
Melliferous Flora and Pollination

蜂业经济专业委员会
Apiculture Economy

蜂产品加工专业委员会
Bee Products

蜂业机具与装备专业委员会
Beekeeping Equipment

蜂疗保健专业委员会
Apitherapy

中蜂协作委员会
Chinese Honeybee (Apis Cerana)

蜂业标准化研究工作委员会
Safety & Standardization

蜜蜂文化专业委员会
Bee Culture

蜂业维权委员会
Rights Safeguarding for Beekeeper

蜜蜂科普委员会
Bee Popularization of Science

中国养蜂学会成立四十周年寄语

蜜蜂与人类生存和繁荣息息相关，中国广大养蜂者对我们国家和人民作出了巨大贡献。

地球出现蜜蜂已有很久远的历史。2006 年人类从琥珀中发现蜜蜂（Melittosphex burmensis），确定它已经有一亿年以上的历史。目前人类所利用的农作物中有 75% 是依靠蜜蜂类昆虫授粉的。中国现有蜜蜂 1 千多万箱，但还不是养蜂强国。

回想起 1989 年经国家科委批准，由农业部派出 22 人组团赴巴西里约热内卢参加第 32 届国际养蜂大会暨 22 届国际养蜂博览会，与世界养蜂业正式建立了联系，并争取了 33 届国际养蜂大会暨´93 国际养蜂博览会在中国召开的举办权，这是我国在极其困难的国际大环境下经过不懈努力才做到的。此次会议参加代表有二千多人，其中包括 52 个国家的一千多位国外代表，这是我国新中国成立以来当时最大的一次国际会议，中国蜂业获得世界养蜂金奖，这不仅是中国养蜂界的荣誉，也是中国农业的荣誉。此次会议把中国养蜂业和世界养蜂业联系了起来，确立了中国养蜂业在国际上的重要地位。

现在中国蜂业成长了，中国养蜂学会已成立四十周年了，学会为国家作出了贡献，我感到内心的喜悦并向大家表示衷心的祝贺。

但最近许多国家的蜜蜂出现了巨大的危机，著名科学家爱因斯坦生前曾预言"世界没有了蜜蜂，人类生存将不能超过 4 年"。2019 年联合国确认 IPBES 一项研究指出，地球上大约 40% 的昆虫种类正在减少，所有昆虫的数量每年下降约 2.5%，如果这一趋势发展下去，到 2119 年的地球上我们将搜集不到昆虫。习主席在 2009 年 11 月 29 日批示：蜜蜂授粉的"月下老人作用"，对农业的生态、增产效果似应刮目相看。中共中央宣传部于 2019 年 6 月 27 日在"学习强国"的每日科普中刊登《如果蜜蜂消失，人类将面临多大的威胁》向全国提出了这个严峻问题。美国研究人员于 2006 年发现蜜蜂数量骤减，对此命名为"蜂群崩溃症候"CCD，至 2019 年美国超四成的蜜蜂已经消失，野生蜜蜂几乎消失殆尽。在蜜蜂遭遇如此严峻危机的情况下，中国作为农业大国，世界上人口最多的国家，必须防患于未然，尽早采取措施。

我盼望国家农业主管部门和其他有关部门加强对养蜂业的指导，多听科学家的意见，加速中国蜂业现代化进程，早日预防并度过"蜜蜂危机"的侵袭，建立全国蜜蜂监测保护系统；加强蜂产品管理与质量提高，使中国蜂产品质量达到国际一流质量标准；养蜂扶贫是一个好办法，要使蜂农真正富裕起来；积极开创农作物现代化授粉业，在加强蜜蜂授粉的同时，推进机械化智能化人工授粉工作。

　　保护蜜蜂就是保护人类！

农业农村部畜牧兽医司　　原司长

中国养蜂学会　　　　　　原理事长　　　　　　　　　　陈耀春

北京中华人民共和国国务院农业特殊贡献奖获得者

法兰西共和国农业勋章获得者

2019 年 11 月 26 日于北京

序 PREFACE

辉煌四十载

20 世纪 70 年代中期，中国养蜂事业的促进者马德风先生、陈世璧先生等养蜂科研工作先进者发起成立全国性跨部门跨行业的蜂业科学技术工作者的学术性群众团体，其宗旨是繁荣与发展中国养蜂和养蜂科学技术事业，得到了中国农业部（现农业农村部）的支持并成为其依托单位。由此，中国的养蜂业走上了上有政府依托和支持，下有广大蜂农和蜂业工作者努力向前的雄伟景象！

中国养蜂学会成立 40 年，弹指一挥间！在广大会员和多届理事会的不懈努力和拼搏下，学会由开初的几个专业委员会发展到现在的 14 个专业委员会，为中国的养蜂事业由传统养蜂生产进步到现代养蜂生产，蜜蜂数量由中国改革开放初期 300 万群发展到 1 000 万群，饲养量翻了 3 番多。养蜂为农村扶贫的好项目之一，蜜蜂产品作为人们的保健食品，为国人的身体健康起了积极作用。

养蜂业包含的内容很多，特别是蜜蜂授粉，一直受到国家和党中央的高度重视，改革开放后更是蜂业的授粉春天。2009 年，为蜜蜂授粉，蜜蜂研究所、中国养蜂学会三位主要领导联名写信给党中央，很快习近平同志就在来信中批示说："蜜蜂授粉'月下老人'作用，对农业的生态、增产效果似应刮目相看。"中央农业部高度重视，短时间召开了多次会议，至此，蜜蜂授粉业再次兴旺起来！蜜蜂为农作物授粉，为生物的多样化、为生态环境的改善作出了不可磨灭的重大贡献！学会成立的 40 年也是为中国蜂业走出国门，走向世界，向世界先进蜂业技术学习的 40 年，加强了各国蜂业的合作与友谊！

海峡两岸蜂学的正式交流也缘起于台湾大学何铠光教授等在比利时蜂会偶遇参加会议的中国蜂业代表团一行，议定 2000 年在台湾苗栗举办首届海峡两岸蜜蜂生物学研讨会，自此轮流在两岸城市举办了 12 届研讨会。研讨会内容丰富，从蜜蜂生物学到蜂产品，皆涵盖对于蜂学的研究与拓展，都得到了正面与实质的能量。

40 年来学会开办了上万期学习培训班，指导蜂农提高养蜂技术，还建议自然养蜂法（懒养蜂），倡导老板养蜂，促进养蜂机械化，大力支持建立蜂业合作社，向有关部门反映蜂农的需求，被蜂农称为蜂农的"娘家"。参与、制定《畜牧法》蜂的有关章节。

中国蜂业的发展繁荣到今天，还得益于蜜蜂文化持续地健康发展，在中国养蜂学会的努力引领下，蜜蜂博物馆、蜂产品体验中心、蜜蜂文化节、蜜蜂产业园等雨后春笋般地发展并活跃起来，勤劳勇敢、无私奉献、团结友爱的精神正指导着现代人工作、生活、学习。蜜蜂文化和蜜蜂精神必将为社会发展和现代人健康及精神需求注入动力和勇气。

"世界蜜蜂日"，蜜蜂自己的节日，2012 年开始，中国养蜂学会带动整个亚洲，助力斯洛文尼亚，从国际蜂联到联合国，2017 年终于成为世界公众节日，可喜可庆！中国已举办了四届庆祝活动，让中国百姓认知蜜蜂、关爱蜜蜂、保护蜜蜂！走在了世界前面！取得了良好的社会效益。

伴随着改革的东风，为使中国的养蜂业也大踏步地前进，在有示范性、可控、可指导的原则下，学会率先推选出了一批养蜂基地，此后，各种优秀基地相继建立。40 年来，学会共建立了 147 个"基地"和"之乡"（全国蜂产品安全与标准化生产基地 38 个、成熟蜜基地示范试点 22 个、蜜蜂文化类 12 个、蜜蜂博物馆 10 个、蜂产品之乡 1 个、共建"蜜蜂之乡"25 个、共建"荔枝蜜之乡"1 个、良种繁育基地 2 个、蜂授粉基地 8 个、中华蜜蜂种质资源保护与利用基地 2 个、全国蜂机具标准化生产基地 4 个、现代机械化基地 2 个、蜜蜂健康养殖标准化生产基地 1 个、蜜蜂健康养殖培训基地 2 个、全国蜂机具之乡 1 个、中华蜜蜂谷 1 个、蜜蜂小镇 1 个、蜂产品品牌之乡 1 个、养蜂助残基地 1 个、中蜂产业扶贫示范基地 1 个、生态荔枝蜜基地 1 个、中华蜜蜂饲养技术培训基地 1 个、现代化养蜂示范基地 1 个、蜂产品生产基地 1 个、蜜蜂科教基地 1 个、共建蜂产品溯源平台 1 个、特种蜂箱生产基地 1 个、中国蜂业电子商城基地 1 个、新疆塔城红花基地 1 个、生产型种蜂王基地 1 个、蜜蜂营养基地 1 个），为中国养蜂事业的发展作了重大贡献！

这篇汇编，涵盖了蜂业 40 年来的成绩与成就，但一定挂一漏万，显然一代人有一代人的担当，只要我们努力了，我们就可以说我没忘初心，砥砺前进，我为中国蜂业作贡献了！

作为老蜂业工作者总有说不完的话，我觉得人工智能、远程控制、大数据、互联网、新媒体等新事物我们蜂业界还应用不够，是否应赶上时代，努力吧，奋斗新时代！

致敬！为甜蜜事业默默作贡献的全体蜂业朋友们！

致敬！为中国养蜂学会工作默默奉献的工作者，你们辛苦了！

亚洲蜂联　　　　　　　　　副主席

中国养蜂学会　　　　　　　原理事长　　张复兴

中国农业科学院蜜蜂研究所　原所长

2019.9.23 中国农民丰收节

前 言 FOREWORD

2019 年是习近平总书记"蜜蜂授粉的'月下老人'作用，对农业的生态、增产效果似应刮目相看"重要批示 10 周年，也是中国养蜂学会成立 40 周年华诞。在国家农业农村部、民政部的正确领导和大力支持下，在全体会员单位的共同努力下，中国养蜂学会积极贯彻执行党和国家的路线、方针、政策，坚持"创新、协调、绿色、开放、共享"的发展理念，发扬"奉献、创新、求实、团结、协作"的蜜蜂精神，充分发挥学术优势，服务于国家、社会和行业，加强政府与蜂业界的沟通，普及蜂业科学知识，推进蜂业科技支撑，促进国际蜂业交流与合作，创新品牌战略。实施产、学、研相结合，以"科技创新驱动产业发展"引领全国蜂业和谐、健康、可持续发展。在全国蜂业协调与管理，协助政府制定、修定蜂业政策、法律、标准、规划及发展战略，搭建政府与行业的桥梁，开展学术交流、信息交流、技术指导、业务培训、展览展示、刊物编辑、咨询服务、项目规划、技术评估、成果推荐、基地建设、国际交流与合作、蜂业扶贫等方面发挥着独特而极其重要的作用，为中国蜂产业的健康、可持续、高质量发展做出显著成绩。

为了全面总结和回顾中国养蜂学会走过的 40 年光辉历程和取得的巨大成绩，进一步把我国蜜蜂授粉事业做强做大，让蜜蜂真正服务于生态系统，服务于农业生产，造福人类。我们组织人力编撰了《辉煌四十载 奋斗新时代》这部书。本书共分三个部分：40 年亮点、40 年贺词、40 年回眸，涵盖：关爱蜂业、历届概况、荣光溢彩、桥梁纽带、科技创新乡村振兴、公益活动、国际交流、海峡两岸、重要会议、大事记十个方面的内容。这本书内容丰富、资料详实、图文并茂，具有很强的时代感，是蜂业科技工作者、大专院校相关专业师生的理想工具书和参考资料，也是蜂业行政管理人员、蜂业经营管理者必备的工具书。

中国养蜂学会理事长

国家蜂产业技术体系首席科学家

吴 杰 研究员

2019 年 11 月 18 日

目录 CONTENTS

第一部分　40 年亮点

中国蜂业发展	002
中国养蜂学会 40 年发展历程	006
40 周年亮点	010

第二部分　40 年贺词

张宝文副部长贺词	030
刘坚国务院扶贫办主任贺词	031
舒惠国人大常委贺词	032
陈耀春司长贺词	033
龚一飞教授贺词	036
国际蜂联（Apimondia）秘书长贺词	037
亚洲蜂联（AAA）主席贺词	041
法国养蜂联合会（UNAF）贺词	043
日本贺词	044
台湾蜂业贺词	045

第三部分　40 年回眸

第一章　领导关怀 048

一、领导关怀	049
二、行业关爱	058

第二章　荣光溢彩 063

一、国际荣誉	064
二、其他荣誉掠影	072

第三章　历史概况 073

一、现任领导机构	074
二、历届理事长	080
三、历届秘书长	081
四、历届秘书处 / 办公室	082
五、历届理事	083
六、历届分支机构	095
七、国家特有工种（蜂）职业技能鉴定站	
	101

第四章　桥梁纽带 102

政府助手	
蜂业娘家	103

第五章　科技创新乡村振兴 119

一、科技成果驱动蜂业发展	120
二、专利	127
三、出版刊物、书籍	134
四、SCI 论文、核心期刊论文	139

五、服务三农　振兴乡村　168

六、中国养蜂学会基地建设　174

七、中国养蜂学会与各地政府共建
蜜蜂之乡　185

八、观光蜂业　191

九、特色村庄、美丽乡村　194

第六章　公益活动　198

一、世界蜜蜂日（5·20）　199

二、中国农民丰收节（蜜蜂）
——"蜂"收节　252

三、蜜蜂嘉年华　264

四、蜜蜂文化节／花节　269

第七章　国际交流　274

一、APIMONDIA　275

二、AAA　304

三、CropLife 交流合作　327

四、中—法交流合作　329

五、中—日交流合作　331

六、中—乌交流合作　335

七、中—泰交流合作　336

八、中—芬交流合作　339

九、中—斐交流合作　341

十、中—挪交流合作　342

十一、中—美交流合作　343

十二、中—韩交流合作　343

十三、中—德交流合作　344

十四、中—加交流合作　344

第八章　海峡两岸　345

第九章　重要会议　365

一、全国蜂产品市场信息交流会
暨中国蜂业博览会　366

二、21 世纪全国蜂业科技与蜂产业
发展大会　373

三、中国养蜂学会周年庆典大会掠影　390

四、中国养蜂学会理事长办公会掠影　398

五、中国养蜂学会常务理事会掠影　399

六、中国养蜂学会理事会掠影　400

七、中国养蜂学会各领域分支机构活动
掠影　401

八、携手各省主办会议掠影　402

九、其他全国会议掠影　404

第十章　大事记　405

后　记　434

第一部分

40年亮点

中国蜂业发展

中国蜜蜂授粉价值超 3000 亿！

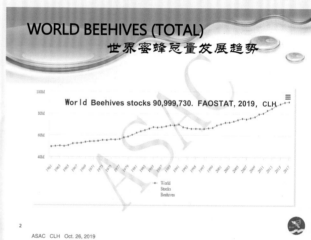

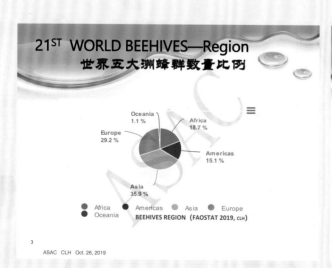

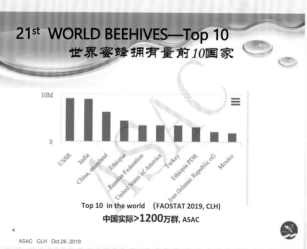

CHINA BEEHIVES
中国蜂群拥有量

CHINA BEEHIVES (FAOSTAT 1961-2019, CLH)

ASAC CLH Oct.26, 2019

CHINA BEEHIVES
中国蜂群拥有量发展趋势

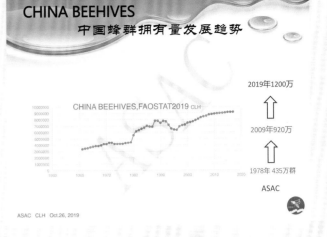

CHINA BEEHIVES,FAOSTAT2019 CLH

2019年1200万

2009年920万

1978年435万群

ASAC

ASAC CLH Oct.26, 2019

World Honey

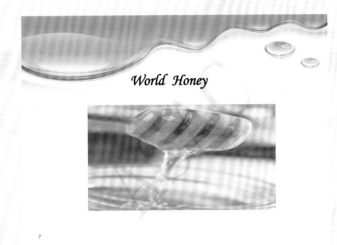

Natural Honey in the World
世界蜂蜜发展趋势

World Honey, Natural (FAOSTAT 2019, CLH)

1,860,712 tonnes

ASAC CLH Oct.26, 2019

21ST *Natural Honey in the World -REGION*
21世纪---世界五大洲蜂蜜发展趋势

■Africa + (Total) ■ Americas + (Total) ■ Asia + (Total) ■ Europe + (Total) ■ Oceania + (Total)

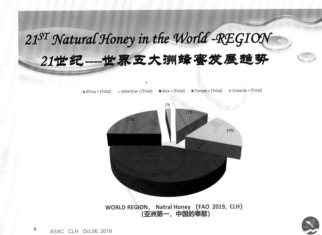

2%
11%
19%

WORLD REGION, Natral Honey (FAO 2019, CLH)
(亚洲第一，中国的奉献)

ASAC CLH Oct.26, 2019

Natural Honey in CHINA
中国蜂蜜发展趋势

China Honey (FAOSTAT 2019, ASAC, CLH)

551,476 t

ASAC CLH Oct.26, 2019

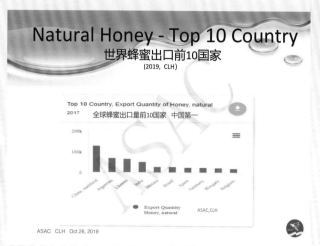

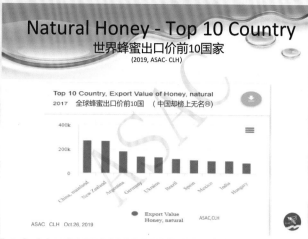

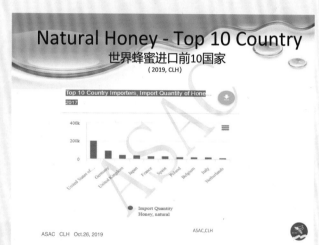

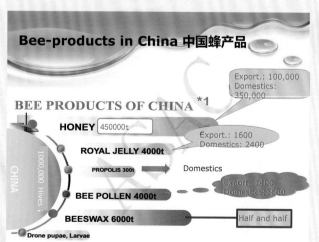

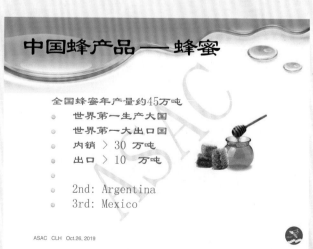

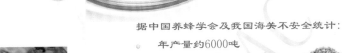

中国蜂产品——蜂王浆

- 世界90% R J —— 中国
- 世界第一R J生产大国
- 世界第一R J出口国
- 全国蜂王浆年产量约4000吨
- 内销 1200吨
- 出口 1500吨

ASAC CLH Oct 26, 2019

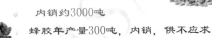

中国蜂产品——蜂花粉蜂蜡

据中国养蜂学会及我国海关不安全统计：

- 年产量约6000吨
- 出口蜂花粉2,269吨
- 内销约3000吨
- 蜂胶年产量300吨，内销，供不应求
- 蜂蜡总产量约6000吨
- 出口10，352.5吨
- 贸易市场供不应求

ASAC CLH Oct 26 2019

APIMONDIA 国际蜂联

第44届国际养蜂大会暨博览会 (2015.9 韩国 大田)

中国养蜂学会代表团荣获 12 枚奖牌 (6金，4银，2铜)

成熟蜜 **3金1银1铜**

为中国点赞！为中国蜂业点赞！为获奖会员点赞！

谢 谢！

Thank you :-)

北京海定中关村南大街12号8号楼301-304室

Tel: 010-82106450/51/53/55

网站：www.chinaapiculture.org

E-mail: chinaapiculture@263.net

微信公众平台：CHINA-APICULTURE

164

中国养蜂学会 40 年发展历程

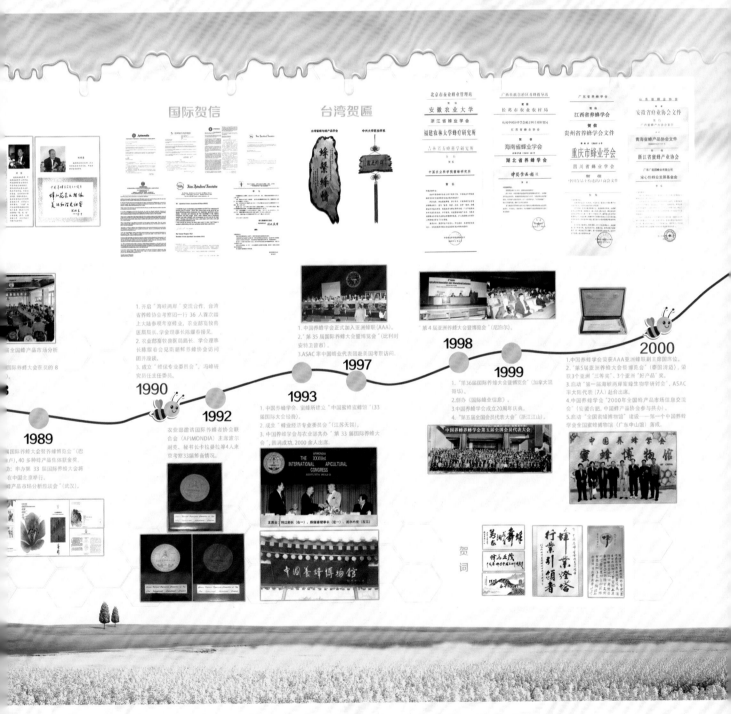

国际贺信

台湾贺匾

北京市畜牧兽医管理站

安徽农业大学

浙江省蜂业学会

福建农林大学蜂疗研究所

吉林省养蜂科学研究所

中国农业科学院蜜蜂研究所

广西壮族自治区养蜂指导站

长岛市农业农村局

海南省蜂业学会

湖北省养蜂学会

中农蜂产品集团

广东省养蜂学会

贺信
江西省养蜂学会

贺信
贵州省养蜂学会文件

重庆市蜂业学会

四川省蜂业学会

贺词
中国出口食品进出口商会文件

安徽省蜂业协会文件

青海省蜂产品办文件

浙江省蜜蜂产业协会

广东省蜜蜂发展基金会
宋心仁蜂业发展基金会

全国蜂产品市场分析

国际养蜂大会获奖的8

1989
国际养蜂大会暨养蜂博览会"(巴
户)。40多种蜂产品集体获金奖。
力:申办第33届国际养蜂大会将
在中国北京举行。
蜂产品市场分析座谈会"(武汉)。

1990
农业部邀请国际养蜂者协会联
合会（APIMONDIA）主席波尔
耐克、秘书长卡拉奥拉等4人来
京考察33届筹备情况。

1992

1993
1. 中国养蜂学会、蜜蜂所建立"中国蜜蜂农蜂馆"(33
届国际大会经典)。
2. 成立"蜂业经济专业委员会"(江苏无锡)。
3. 中国养蜂学会与农业部共办"第33届国际养蜂大
会",圆满成功,2000余人出席。

THE XXXIIIrd INTERNATIONAL APICULTURAL CONGRESS

中国养蜂博物馆

1. 开启"海峡两岸"交流合作,台湾
省养蜂协会考察团一行36人首次踏
上大陆参观考察蜂业。农业部畜牧兽
医局陈局长、学会理事
长陈瑞春会见陈新鲜养蜂协会访问
团井晤谈。
2. 农业部畜牧兽医局局长、学会理事
长陈瑞春会见陈新鲜养蜂协会访问
团井晤谈。
3. 成立"蜂保专业委员会",冯峰研
究员任主任委员。

1997
1. 中国养蜂学会正式加入亚洲蜂联(AAA)。
2. "第35届国际养蜂大会暨博览会"(比利时
安特卫普市)。
3. ASAC率中国蜂业代表团赴美国考察访问。

1998
"第4届亚洲养蜂大会暨博览会"(尼泊尔)。

1999
1. "第36届国际养蜂大会暨博览会"(加拿大温
哥华)。
2. 创办《国际蜂业信息》。
3. 中国养蜂学会成立20周年庆典。
4. "第五届全国会员代表大会"(浙江江山)。

中国养蜂学会第五届全国会员代表大会

2000
1. 中国养蜂学会荣获AAA亚洲蜂联副主席席位。
2. "第5届亚洲养蜂大会暨博览会"(泰国清迈),荣
获3个亚洲"三等奖"、3个亚洲"好产品"奖。
3. 启动"第一届海峡两岸蜜蜂生物学研讨会",ASAC
率大陆代表队(7人)赴台出席。
4. 中国养蜂学会主办"2000年全国蜂产品市场信息交流
会"(安徽合肥,中国蜂产品协会参与共办)。
5. 启动"全国蜜蜂博物馆"建设——第一个中国养蜂学
会全国蜜蜂博物馆(广东中山馆)落成。

中国养蜂学会
蜜蜂博物馆

贺
词

国家政策法规文件

"蜜蜂授粉'月下老人'作用，对农业的生态、增产效果似应刮目相看。"
——习近平

海峡两岸第四届蜜蜂生物学研讨会

1. 中国养蜂学会与日本公正取引协会启动活动"中一日标志数量管理研讨会"（北京），日本薯田继隆先生（13人）出席会议与中方达成4项共识。
2. 金兑路赴文莱斯那恩隆恒仲军来夫妇来访，启动"中一朝"合作。

2001

1. 农业部应邀出席，日本关于"欧盟的终端残农及日本"食促问题"蜂业（农业起草，英文）。
2. 农业部畜牧业局南双红张会农中国蜂业代表团出席"第8届亚洲养蜂大会暨博览会"（澳大利亚）。
3. 向国务院扶贫办呈述"中国养蜂投工程——发展养蜂是脱贫致富的建议"，得到重视指示。
4. "第六届全国代表大会（重庆），农业部畜牧业郑兴明阳光先牧指导业会员办宣布镇切机构。
5. 启动"蜜蜂"建设。
6. "全国蜂产品安全与标准生产地"建设8省12个基地。
7. 启动"中一乌蒙合作"，乌克兰养蜂合作。
8. 海峡两岸蜂业"第五届海峡两岸蜜蜂生物学暨蜂产品研讨会"（合肥）。

2002

1. "非典"时期，向农业部呈述"关于解决"非典"时对全国养蜂场地的建议"，农业部畜牧业局河加强党长达建项业相关部门）需求的防安排；农业部邮部系关怀并拨款，将复业政策纳送转"非典"办公厅。
2. 第三届海峡两岸蜜蜂生物学研讨会（台湾）。

2003

2004

1. "非典"时期，向农业部呈述"关于解决"非典"时对全国养蜂场地的建议。

2005

1. 农业部张种村副司长覃观宾会中国蜂业代表团出席"第39届国际养蜂大会暨博览会"（爱尔兰都柏林），并考访欧洲农业部，法国科学中心，法国办信院，启动中一法蚁业交流合作。
2. 《蜜蜂国家标准出台。
3. 《中华人民共和国畜牧法》出台。

2006

1. 建立"全国蜂产品安全与标准生产基地"5个（5省）、"蜜蜂良种繁育基地"1个（吉林）、"蜜蜂原原种繁殖地"2个（浙江、广东）、"蜜蜂授粉基地"1个（浙江）、"蜜蜂之乡"3个（浙江安徽、广东东源、江西上饶）。
2. 筹建各个"中华蜜蜂保护区"（重庆）。
3. "第40届国际养蜂大会暨博览会"（澳大利亚墨尔本）。
4. 亚洲养蜂（AAA）主席 Siriwat Wongsiri 来访，洪昌鑫AAA 荣誉宾客。
5. 出席"中一日标工蜂技术交流会"，倡导"国际蜂王交换标准"。
6. 启动"中一日蜂业交流与合作"。
7. "第六届海峡两岸蜜蜂生物学暨蜂产品研讨会"（云南昆明），台湾代表36人。
8. 国家批复设立"国家特工种（蜂）职业技能鉴定站"，农业部委托畜牧业局负责开展工作并建立"国家蜂业工种（蜂）职业技能鉴定站"。

2007

中华人民共和国劳动保障部
特有工种职业技能鉴定站（蜂）
Ministry of Labour and Social Security, PRC
Occupational Skill Testing Center (Apiculture)

1. 农业部召开部常务会议，研究向蜜蜂指导办好第9届亚洲养蜂大会暨博览会。
2. 启邀并瓦泰国谛帕返公主，拓展"中一蜂业交流合作"。
3. 海峡两岸养蜂产业复兴论坛"（台湾）。
4. 农业部正式成立国家蜂业技术体系。
5. 农业部畜牧司负责邀请部长简章"增产长产公业扩大会议"（北京），指导并布置工作。
6. 四川汶川地震，国际友人获捐巨成。
7. 走办"第九届AAA亚洲养蜂大会暨博览会"（浙江杭州），主题"蜜蜂，人类的朋友，我们的伙伴"。

2008

1. "第41届国际养蜂大会暨博览会"（法国），承办"2014年国际蜂产品博览会"论坛。
2. 蜜蜂所书记，所长兼理事长共同向国家呈报"蜜蜂授粉作为一项农业增产措施是我国近期高效率及率。
3. 获得习主席批示："蜜蜂授粉'月下老人'作用，对农业的生态、增产效果似应刮目相看。"
4. 开通绿色通道宣卡，蜜蜂首次享受"绿色通道"。
5. 全国蜂业发展规划座谈会（北京），农业部畜牧业司畜牧处邀请会议并将蜂业写入"十二五规划"。
6. "中一匈蜂合作"，乌克兰蜂蜜大型国农业会贸奖与总统之委托真委，拓商蜂两岸业研讨。
7. "第七届海峡两岸蜜蜂生物学与蜂产品研讨会"（台湾）。

2009

1. "启动"全国蜂业灾实应急培训班"，农业部王智才司长莅临指导率教班。
2. ASAC 成立"30周年大会"（武汉），授奖"全国蜂业科技突出贡献奖"等奖项。
3. "第10届亚洲养蜂大会暨博览会"（韩国釜山），拓商一一纳精论合作。
4. 农业农村部筹第一期"全国养蜂者"十二五"发展规划（2011-2015）"。
5. 举办"2010蜂蜜科学论坛"，蜂系统蜂联蜂王蜜查危应指导并教班。
6. 启动"全国蜂业应急实灾培训班"，农业部王智才司长莅临指导并教班。
7. 举办"第五届亚洲养蜂大会暨博览会"（乌鲁木齐）。

2010

1. 农业部办公厅发布"关于加强《养蜂业》记》。
2. 养蜂经济：对4个养蜂点基述的国家蜜蜂控制。
3. 启动"首届养蜂业产业发展规划（中国蜂）"。
4. "建立"全国蜂产品安全标准生产基地"4个"蜂标机基标准化生产工"1个（江西）。
5. 验正长圆席（蜂蜜）标准审定会，探讨标准蜜。
6. "第11届亚洲养蜂大会暨博览会"（乌鲁木齐）。

中国养蜂学会"全国蜂蜜生产（蜂蜜）救灾扶贫"

二十一世纪首届全国蜂业科技与产业发展研讨会

1. 启动"21世纪首届全国蜂业科技与产业发展大会"(北京密云山），农业部畜牧业司王宗礼司长和畜牧业司相关处室等领导出席大会并作了重要讲话，并就相关问题与代表作研讨。
2. 纪念"关于养蜂专用平台纳入国家农机购置补贴"。
3. 中国养蜂学会挂牌(扬州)落成。
4. "第12届亚洲养蜂大会暨博览会"(土耳其安卡拉举办)。

1. 泰国诗琳通公主会见中国养蜂学会、蜜蜂所拍礼，学会贾伟祥常务副理事长到海讲中·泰特会合作。
2. 农业农村部领导率国家首席兽医师刘华率团访问泰国农业部、蜜蜂·日育疏防做联网出席了首个"世界蜜蜂日"系列活动
3. "第14届五洲养蜂大会暨博览会"(印度尼西亚雅加达)，在23个奖项获奖(金奖6枚、银奖5枚，铜奖3枚，四等奖和五等奖各一枚，评审专家2名，最佳组织奖2项，特别贡献奖1项)。
4. 启动Croplife合作项目进展研讨会(北京)。
5. 向农业农村部推荐蜜蜂良种示范县(项目)：江苏、浙江、江苏、山东、河南、湖北、湖南、四川、云南等，在国国家"蜜蜂示范项目"建设资金支持，500万元/个，连续三年。
6. 其次为呼"绿色通道"，向农业农村部、交通运输部、国家邮政局："关于蜜蜂运输'绿色通道'建设。
7. 向国务院办公厅发出："关于便捷蜂群绿色通道"的诉求、建议国家邮政局为三江流域，促进蜜蜂非富蕴的美誉。
8. 签署中蒲池汇省蜜蜂养蜂合作。
9. 筹办八次省理事会员代表大会(南昌)，在北京畜牧业司首届蜂病蜂药监测网与养蜂产品检测网首站启动机构。
10. 第八届领导机构（理事长、副理事长、常务理事、理事、秘书长名单）。
11. 主办"21世纪第三届全国蜂科技与蜂产品暨大会"(北京)，第二届全国养蜂大奖赛(北京)。
12. 第二届"5·20世界蜜蜂日"庆典主题(海南)，分会场：21省89个)。
13. 启动"首届中国长寿城市(服务)——首度宁(浙江浙水县)整行开班顺利成功。
14. 第八届领导机构暨全国会(浙江湖水县)整行开班顺利成功。
15. "第十二届海峡两岸蜜蜂与蜂产品与试验"(西江)，在金农村部第缸膏原红膏蜂片持续两年度。

2014   2016   2018

2013   2015   2017   2019

1. 全会届秘书长理事长主持百界专题会议，研究促进产业健康持续发展题。
2. 金国国会召开研讨会，评选了6人及AAA级组织名，进行国际表彰业务。
3. 种农业科技奖研究院院长主持自开了联攻务会议。
4. 种卫生业生态业务公厅"关于加强蜜蜂合作全国蜂病监测网络调查研究动态开展监测"诊课题。
5. 全国龙头业代表座谈会(上海)。
6. "一带一路"国际蜜蜂业合作论坛。
7. 第43届APIMONDIA国际养蜂大会暨博览会，学会荣誉"世界养蜂奖"评出系列奖。

1. 中国养蜂学会荣获APIMONDIA国际养蜂亚洲主席候选主席国席位。
2. 出席Croplife亚州会议，推进蜜蜂养方蜂业农药行动合作。
3. 国务院挂牌办"养蜂产业扶持试点参与成果资助会务"。
4. 向农业国际养10个示范县县名、示范蜂场验收。
5. 武汉启动加强中国"世界蜜蜂日"。主题"弘扬蜜蜂精神，加强养蜂业务。主会场1个(杨州)，分会场26个(19省)，编写"关爱蜜蜂，保护地球，深植入减健康"，CCTV2关注周播(全国50余个蜂场播报)。
6. 第一间蜜蜂日免税，致文"关于对CCTV-2 蜂王浆专业题"的原文。
7. 制办"首届'一带一路'国际蜂金合作论坛"(江苏泰州)，有200人，外宾16人。
8. 蜜蜂社文化节：云南罗平加养蜂文化节、陕西某宾网"格尔·滋蜂"文化旅游节 贵州"九香"蜜心滋蜂文化节。
9. "第43届世界养蜂大会暨博览会"(土耳其伊斯坦布尔)，获8枚国际奖铜牌。
10. 2017正式启动首届世界蜜蜂日。

1. "第15届亚洲养蜂大会暨博览会"(阿联酋阿布扎比)，录3枚成熟蜂奖牌。
2. 拍酒斯达吉蜜蜂学中国派递参赛暨蜂业交，效方面"中·相蜂业交流合作"等布福达成了多项系列。
3. 向国家食品药品监督管理总局、国家市场监督管理总局、农业农村部等出，针对国际谣言联联加呼吁第三届国家有关部门呼吁第八届丰位蜜蜂发展养有效的减项目缺蜂达市场有在的伪食问题。
4. "2019年度工系规划蜜蜂产业务合作会议"(同苗长春)。
5. "北京市蜜蜂授粉推广示范暨蜜蜂业"，农业农村部国家蜜蜂技术推广中心防蜜虫就绿中中蜂出席。
6. "2019中国农民丰收节(蜜蜂)——"蜂业节"(主会场1个) 宁夏国蜜)全会场20余个，全国蜂金奖，贝金上万余人与相国同庆，与人民共享"蜜蜂节"欢度国庆。
7. 中国养蜂学会"福城之旅"——云南罗平养蜂文化节、陕西某宾网"19个农业农村扶贫，第二届国家扶贫村百佳蜂"称号，学会"世界组织奖"。
8. 述立"全国蜂产品安全与标准化养蜂产业基础"3个(广东，河南)，广成建蜜蜂蜂产品质量建设5个(吉林)、蜜蜂之蜂"3个(广东太行)，浙江苏元江河)、建建文化基地"4个(山东，湖北，武汉)、蜜蜂文化基地"1个(浙江浙江河)、蜂产品质量之标"3个(北京、郑州、四川)、种建蜜蜂标准化生产示范"1个(浙江)、蜂蜂蜜生产基地"3个(浙江)、优化养蜂带基地"1个(山东)、蜜蜂蜜养蜂基地"1个(山东)。
9. 第46届国际养蜂大会暨博览会，获6枚金蜂蜜奖牌(1金，6项奖1锡)。
10. 第三届"5·20世界蜜蜂日，华北区基压；陆盛西蜜蜂蜂蜜7人主会场；中心主会场：俄罗斯，法国，澳大利亚，泰国，韩国等国嘉宾。嘉宾出席异系形式形（全国130余个蜂场；中心会场1个，特会专场2个，试暨主会场4个，各省会场120余个共筑队。

40 周年亮点

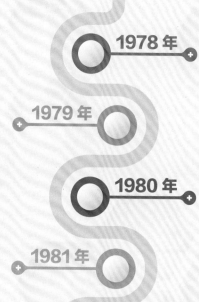

- 中国养蜂学会 ,Apicultural Science Association of China（以下简称 ASAC）在北京正式成立
- 第一届领导机构（理事长：马德风，副理事长：常英瑜、周崧、龚一飞、房柱，秘书长：何国震）
- 第一届理事会：57 人
- 农业部朱荣副部长、杨显东副部长亲临致辞并部署工作

1978 年
- 中国养蜂学会筹备成立
- 农林部科教局臧成耀局长、畜牧总局韩一军副局长亲临指导筹备
- 马德风任筹委会主任

1979 年

1980 年
- 启动"首届全国蜂产品利用讨论会"（江苏连云港）（现在的全国蜂产品市场信息会的前身）
- 成立"中国养蜂学会蜂疗专业组"（现在的中国养蜂学会蜂疗专业委员会）

- 正式启动并召开"全国中蜂科技协作委员会"第一次科技交流会（广西阳朔）
- 启动"蜂产品医药应用"

1981 年

1982 年
- 启动"蜂产品资料编审和情报调研"

- 首次 ASAC 率中国蜂业代表团（3 人）"走出去"，出席"第 29 届国际养蜂大会暨博览会"（匈牙利布达佩斯）

1983 年

1984 年
- 中央书记处研究室顾问于若木等，农牧渔业部副部长肖鹏、中国科协副主席、中国农学会名誉会长杨显东等领导莅临"第二次全国会员代表大会"（北京）祝贺致辞并指导工作
- 第二届领导机构（理事长：陈耀春，副理事长：范正友、龚一飞、房柱、王吉彪、黄文诚，秘书长：范正友）
- 第二届理事会：71 人

- 外交部、农业部批准中国养蜂学会代表中国正式加入国际蜂联（APIMONDIA）
- ASAC 率中国蜂业代表团（13 人）"走出去"，出席"第 30 届国际养蜂大会暨博览会"（日本名古屋）
- 启动"蜜蜂为农业授粉增产"及其学术讨论会

1985 年

1986 年
- 启动首次"全国省级养蜂学会、协会、研究会、学组秘书长工作会"（浙江杭州）
- 启动"中国蜂产品质检技术讲习班"（江苏连云港）

○ ASAC 率中国蜂业代表团出席"第 31 届国际养蜂大会暨博览会"（波兰华沙），8 个蜂疗产品获特别金质奖
◎ 法国养蜂代表团来访
◉ 指导成立酉阳县养蜂协会

1987 年

○ ASAC 正式启动"首届全国蜂产品市场分析会"（无锡）
○ ASAC 表彰"第 31 届国际养蜂大会获奖的 8 种蜂疗产品"（北京）

1988 年

1989 年

○ ASAC 率中国蜂业代表团（22 人）出席"第 32 届国际养蜂大会暨养蜂博览会"（巴西里约热内卢），40 多种蜂产品集体获金奖
◎ 成功申办"第 33 届国际养蜂大会"，将于 1993 年在中国北京举行
◉ ASAC "第二届蜂产品市场分析座谈会"（武汉）

○ 开启"海峡两岸"交流合作，台湾省养蜂协会考察团一行 36 人首次踏上大陆参观考察蜂业，农业部畜牧兽医局局长、ASAC 理事长陈耀春接见
○ 农业部畜牧兽医局局长、ASAC 理事长陈耀春会见南朝鲜养蜂协会访问团并座谈
○ ASAC 成立"蜜蜂保护专业委员会"，冯峰研究员任主任委员

1990 年

1992 年

○ 农业部邀请 APIMONDIA 主席波尔耐克、秘书长卡拉曼拉等 4 人来京考察 33 届国际养蜂大会筹备情况

○ ASAC 与农业部共办"第 33 届国际养蜂大会"，圆满成功，2000 余人出席
○ ASAC、蜜蜂所建立"中国蜜蜂蜜蜂馆"（33 届国际大会经费）
○ ASAC 成立"蜂业经济专业委员会"（江苏无锡）

1993 年

1997 年

○ ASAC 正式加入亚洲蜂联（AAA）
○ ASAC 率中国蜂业代表团（32 人）出席"第 35 届国际养蜂大会暨博览会"（比利时安特卫普市）
◉ ASAC 率中国蜂业代表团赴美国考察访问

○ ASAC 率中国蜂业代表团（10 人）出席"第 4 届亚洲养蜂大会暨博览会"（尼泊尔）

1998 年

1999 年

○ ASAC 率中国蜂业代表团（45 人）出席"第 36 届国际养蜂大会暨博览会"（加拿大温哥华）
○ ASAC 创办《国际蜂业信息》
◉ ASAC "第五次全国会员代表大会"（浙江江山）
◉ "中国养蜂学会成立 20 周年庆典"

○ ASAC 荣获 AAA 副主席国席位（张复兴理事长任）
○ ASAC 率中国蜂业代表团（60 人）出席"第 5 届亚洲养蜂大会暨博览会"（泰国清迈），荣获 3 个亚洲"三等奖"、3 个亚洲"好产品"奖
○ ASAC 会见意大利代表，启动中—意合作
○ ASAC 启动中—德合作，召开"中—德蜂蜜合作项目研讨会"（北京）
○ ASAC 与台湾启动"第一届海峡两岸蜜蜂生物学研讨会"，ASAC 率大陆代表（7 人）赴台出席
○ ASAC 向农业部建议修订《养蜂管理暂行规定》

2000 年

2000 年

○ ASAC "2000 年全国蜂产品市场信息交流会"（安徽合肥）
○ ASAC 制定"中国养蜂学会会议规定""中国养蜂学会财务规定""中国养蜂学会各专业委员会管理规定"等

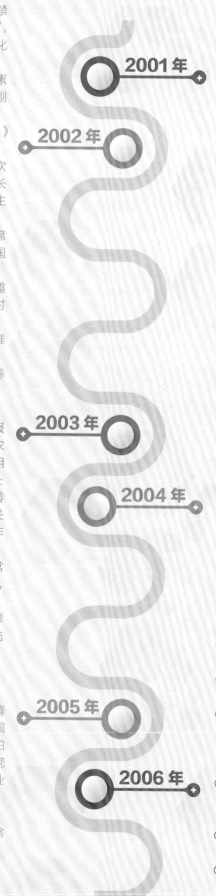

- ◉ ASAC 向农业部呈报："关于欧盟禁止进口我国蜂蜜的情况汇报及建议"，建议倡导"全国蜂产品安全与标准化生产"
- ◉ ASAC 向农业部提出："解决氯霉素问题，建议从源头抓起"，范小建副部长重视并批示
- ◉ ASAC 上报农业部《蜂业管理办法》终审稿
- ◉ 农业部委托 ASAC 召开新世纪首次"全国蜂业发展座谈会"，张喜武司长亲临会议并部署工作，刘加文处长主持会议
- ◉ ASAC 应 APIMONDIA 邀请，出席"防止蜂蜜残留专题研讨会"（德国塞勒）
- ◉ ASAC 应 AAA 主席松香光夫先生邀请，出席"日本第六届蜂胶学术研讨会""日中蜂业恳谈会"（日本）
- ◉ ASAC 启动"全国蜂产品安全与标准化生产基地"建设与技术培训
- ◉ "全国中蜂协作委员会"并入中国养蜂学会分支机构（安徽黄山会议）

- ◉ "非典"时期，ASAC 向农业部汇报"全国养蜂'进、退、难'问题"，农业部畜牧业司刘加文处长致电农业相关部门要求协助安排；ASAC 呈报："关于解决'非典'时期全国养蜂转地受阻的建议"，农业部刘坚部长关怀并批示，将我会致谢函批转"非典"办公室
- ◉ ASAC 前往北京医院看望全国人大常委、农委舒主任，盼望他早日康复，并将"蜂"列入《畜牧法》
- ◉ ASAC 与台湾共办"第三届海峡两岸蜜蜂生物学研讨会"，ASAC 率大陆代表（9 人）赴台出席

- ◉ 农业部张仲秋副司长率 ASAC 中国蜂业代表团（25 人）出席"第 39 届国际养蜂大会暨博览会"（爱尔兰都柏林），并访法国农业部、法国科学研究中心、法国参议院，启动中一法蜂业交流合作
- ◉ ASAC 启动"蜂业向新疆进军"
- ◉《中华人民共和国畜牧法》出台（含"蜂"）
- ◉《蜂蜜》国家标准出台

2001 年

2002 年

2003 年

2004 年

2005 年

2006 年

- ◉ ASAC 向农业部呈报"关于将蜂列入《畜牧法》的建议"
- ◉ ASAC 向农业部呈报："关于中国特有蜜蜂遗传资源濒临灭绝，亟待保护——中华蜜蜂的建议"，得到农业部重视
- ◉ ASAC 受农业部委托，修订《养蜂暂行规定》，制定《养蜂管理办法》
- ◉ 启动"全国蜜蜂博物馆"建设——第一个中国养蜂学会全国蜜蜂博物馆（广东中山馆）落成
- ◉ ASAC 与日本公正取引协会启动"中一日蜂王浆质量研讨会"（北京），日本粟原福男先生（13 人）出席会议并与中方达成 4 项共识。
- ◉ ASAC 会见斯洛文尼亚前总理佩特尔莱夫妇来访，启动"中一斯"合作
- ◉ ASAC 应瑞士红十字会邀请，考察西藏蜜源资源，启动与瑞士红十字西藏合作
- ◉ ASAC 与台湾共办"第二届海峡两岸蜜蜂生物学研讨会"（福建福州）
- ◉ ASAC "2001 年全国蜂产品市场信息交流会"（西安）

- ◉ ASAC 向国务院扶贫办、人大农委呈报："发展养蜂是农民脱贫致富的重要捷径，是农业增质增产的重要措施"，并发内参
- ◉ ASAC 率中国蜂业代表出席"第 7 届亚洲养蜂大会暨博览会"（菲律宾）
- ◉ ASAC 拓展中一日合作，应邀赴日出席"第二届蜂医研讨会"，做"中国蜂疗保健业"报告
- ◉ ASAC 蜂产品专业委员会召开"蜂胶与人类健康"记者招待会，对误导宣传给予正面纠正
- ◉ ASAC 向农业部呈报：开通蜜蜂"绿色通道"建议
- ◉ ASAC 与台湾共办"第四届海峡两岸蜜蜂生物学研讨会"（武汉）
- ◉ ASAC 与中国农业科学院研究生院商磋"（蜂业）MBA 在职研究生班"

- ◉ ASAC 代农业部应对欧盟、日本关于"欧盟的残留限量及日本'肯定列表'的答复"
- ◉ ASAC 召开"全国蜂业联谊会"，农业部畜牧业司王俊勋处长致函
- ◉ ASAC 协助农业部四川仪陇养蜂扶贫部署工作

- 农业部畜牧业司谢双红处长率 ASAC 中国蜂业代表团（6 人）出席"第 8 届亚洲养蜂大会暨博览会"（澳大利亚），成功申办第 8 届 AAA 大会在中国召开
- ASAC 向国务院扶贫办呈报"中国养蜂扶贫工程——发展养蜂是脱贫致富的捷径"建议，刘坚主任重视并指示
- ASAC 向农业部呈报"关于将'蜂'列入国家现代畜牧产业体系的建议"
- ASAC 向农业部呈报："关于特有工种职业技能鉴定增设'蜂'的建议"
- ASAC "第六届全国会员代表大会"（重庆），农业部畜牧业司邓兴照同志光临指导并宣布领导机构
- ASAC 第六届领导机构，理事长：张复兴，副理事长：吴杰（常务）、颜志立、匡邦郁、阿盛禄、张大隆、程文显、王振山、周玮、薛运波、梁勤、胡箭卫（增补：庞国芳、宋心仿、郑友民、章征天、郑春强、巫锡成），秘书长：陈黎红
- 第六届理事会：会员 450 人、理事 219 人、常务理事 92 人
- ASAC 启动"蜜蜂之乡"建设
- ASAC 建立首个"中国蜂产品之乡"（浙江省桐庐）

- 农业部召开部常务会议，研究同意并部署 ASAC 办好第 9 届亚洲养蜂大会暨博览会
- ASAC 主办"第九届 AAA 亚洲养蜂大会暨博览会"（浙江杭州），主题："蜜蜂，人类的朋友，我们爱你"。农业部国家首席总兽医师于康震代表大会主席高鸿宾副部长致辞。AAA 主席 SIRIWAT WONGSIRI 教授，APIMONDIA 主席 Gilles Ratia，浙江省副省长钟山、杭州市委书记王金财、副市长何关新等出席大会并致辞。28 个国家 1000 余人（外宾 300 名）出席
- ASAC 秘书长应邀拜见泰国诗琳通公主，拓展"中—泰蜂业交流合作"
- ASAC 与台湾共办"海峡两岸养蜂产业发展论坛"，ASAC 率大陆代表（14 人）赴台出席
- ASAC 启动全国首批"国家特有工种（蜂）职业技能鉴定"，鉴定 160 人
- 农业部正式成立国家蜂产业技术体系（ASAC 的贡献），并由 ASAC 盖章入网

2006 年

2006 年

2007 年

2008 年

- ASAC 建设"全国蜂产品安全与标准生产基地"12 个（北京、上海、河南、浙江、江苏、四川、广东、湖北）
- ASAC 启动扶持西藏养蜂，填补西藏养蜂空白
- ASAC 助力各省顺利建立养蜂（蜂业）合作社
- ASAC 启动"中—乌克兰蜂业合作"
- ASAC 与台湾共办"第五届海峡两岸蜜蜂与蜂产品研讨会"，ASAC 率大陆代表（17 人）赴台出席
- ASAC 编辑出版《前进中的中国养蜂学会——第六届全国会员代表大会汇编》

- 国家批复设立"国家特有工种（蜂）职业技能鉴定站"，农业部委托 ASAC 负责开展工作并成立"国家特有工种（蜂）职业技能鉴定站"（365 站）
- ASAC 向农业部推荐国家蜂产业体系专家，并建议首席/组长由蜜蜂所所长担任
- ASAC 建立"全国蜂产品安全与标准生产基地"5 个（重庆、吉林、安徽、河南、湖北）、"蜜蜂良种繁育基地"1 个（吉林）、"蜜蜂健康养殖培训基地"2 个（吉林、广东）、"蜜蜂授粉基地"1 个（浙江）、"蜜蜂之乡"3 个（吉林、广东、江西）
- ASAC 推荐一批农业农村部农产品"地理标志产品"——蜂产品
- ASAC 考察首个"中华蜜蜂保护区"（重庆）
- ASAC 率中国蜂业代表团（34 人）出席"第 40 届国际养蜂大会暨博览会"（澳大利亚墨尔本）
- AAA 主席 Siriwat Wongsiri 来访，共商 AAA 等事宜
- ASAC 应邀出席"中—日蜂王浆技术交流会"，倡导"国际蜂王浆标准"
- ASAC 启动"中—韩蜂业交流与合作"
- 日本养蜂协会会长江滕先生来访 ASAC，磋商"中—日合作"
- ASAC 启动"中—日蜂王浆安全与标准化生产技术规范"（北京长富宫）
- ASAC 与台湾共办"第六届海峡两岸蜜蜂生物学与蜂产品研讨会"（云南昆明）

- 蜜蜂所与 ASAC 共同向国家呈报"蜜蜂授粉作为一项农业增产措施亟待我国政府高度重视"的建议
- 获得习主席批示："蜜蜂授粉'月下老人'作用，对农业的生态、增产效果似应刮目相看"
- 开通"蜜蜂绿色通道"，中华人民共和国交通运输部、中华人民共和国国家发展和改革委员会发布"关于进一步完善和落实鲜活农产品运输绿色通道政策的通知"，蜜蜂首次享受"绿色通道"
- ASAC 召开"全国蜂业发展规划座谈会"（北京），畜牧业司谢双红处长亲临会议，磋商"十二五蜂业规划"
- 农业部委托 ASAC 召开 21 世纪第二次"全国蜂业发展规划座谈会"（北京），畜牧业司谢双红处长、计划司刘艳处长出席并指导会议
- 农业部委托 ASAC 再次召开"农业部全国养蜂政策法规座谈会"（北京），畜牧业司谢双红处长主持会议
- 《中国牧业通讯》采访 ASAC，磋商合作
- ASAC 建立"全国蜂产品安全与标准生产基地"2 个（北京、湖南）、"生态荔枝蜜基地"1 个（广东）、养蜂助残基地 1 个（河南）
- ASAC 成立"蜂业标准化研究工作委员会"并召开首届全国标准化交流会（重庆）
- ASAC 成立"蜂业机具及装备专业委员会"（江西上饶）
- ASAC 率中国蜂业代表团（43 人）出席"第 41 届国际养蜂大会暨博览会"（法国），承接"2014 年 APIMONDIA 国际蜂产品与蜂疗论坛"
- 乌克兰驻华大使馆农业参赞受乌总统之委托来访 ASAC，磋商"中-乌"蜂业合作，并希望中国支持乌申办 APIMONDIA 大会
- ASAC 与台湾共办"第七届海峡两岸蜜蜂与蜂产品研讨会"，ASAC 率大陆代表（19 人）赴台出席
- ASAC 编辑出版《艰辛历程 辉煌成就》

2008 年

2009 年

2010 年

- 农业部畜牧业司程金根司长莅临 ASAC "理事长办公会扩大会议"（北京），指导并部署工作
- ASAC 向农业部呈报："有关汶川地震养蜂损失情况汇报"
- ASAC 向四川汶川地震灾区发慰问信，国际友人（亚洲蜂联总部、亚洲蜂联主席、法国养蜂联合会主席等）向 ASAC 发来慰问
- ASAC 建立"全国蜂产品安全与标准生产基地"2 个（广东、湖北）、"中华蜜蜂种质资源保护与利用基地"2 个（重庆、江西）、"蜜蜂之乡"1 个（重庆）、"蜜蜂巢础机生产基地"1 个（黑龙江）
- ASAC 编辑出版《成功的奥运 成功的 AAA——第九届亚洲养蜂大会暨博览会汇编》
- 第 10 届全国人大常委、农业与农村委员会副主任舒惠国等一行（9 人）来访 ASAC，询问"蜂"进入《畜牧法》后情况，并指出要把"蜜蜂授粉"宣传到位
- 农业部颁发第一部"全国养蜂业'十二五'发展规划（2011—2015）"
- 农业部颁发《关于加快蜜蜂授粉技术推广促进养蜂业持续健康发展的意见》《蜜蜂授粉技术规程（试行）》
- 农业部委托 ASAC 启动"全国蜂业救灾应急培训班"开班（吉林敦化市），王智才司长出席开幕式并发表指导性讲话，陈伟生司长主持会议
- 农业部委托 ASAC 召开"全国蜂业救灾应急培训班"（吉林、湖北、四川、云南、河南、辽宁等 6 省 114 个区县 1553 人）
- ASAC 召开"30 周年大会"（武汉），颁发"中国蜂业科技突出贡献奖""中国蜂业突出贡献奖""中国蜂业贡献提名奖"
- ASAC 建立"全国蜂产品安全与标准生产示范基地"1 个（北京）、"中国蜂产品生产基地"1 个（河南）、"蜜蜂文化基地"1 个（深圳）
- ASAC 率中国蜂业代表团（100 人）出席"第 10 届亚洲养蜂大会暨博览会"（韩国釜山）；获得 5 项殊荣，居各国首位；磋商中—韩蜂业合作
- ASAC 召开"2010 蜂胶科学论坛"，APIMONDIA 秘书长、AAA 主席等国际嘉宾莅临会议并致辞

◉ 农业部首席兽医师于康震、北京市市长郭金龙、张复兴理事长接见APIMONDIA执行官菲利普

◉ 农业部颁布《养蜂管理办法（试行）》

◉ 农业部召开"'养蜂管理办法（试行）'对养蜂与农药喷施的规定"征求意见会

2011 年

◉ 农业部委托 ASAC 继续召开"全国蜂业救灾应急培训班"（广东、江西、北京、宁夏、陕西等 5 省 196 个区县 1647 人）

◉ ASAC 率中国蜂业代表团（60 人）参加"第 42 届国际养蜂大会暨博览会"（阿根廷布宜诺斯艾里斯）

◉ ASAC 出席"庆祝中乌建交 20 周年"（乌克兰驻华使馆）

◉ ASAC 主持"第三届蜂业科技论坛"

◉ ASAC 蜜源与授粉专业委员会召开"传粉蜂类与生态农业科技论坛"

2012 年

◉ 农业部颁布《养蜂管理办法（试行）》

◉ 农业部发布"关于做好《养蜂证》发放工作的通知"

◉ ASAC 养蜂扶贫：对河南、陕西、云南、重庆 4 个养蜂重点省的国家级贫困县和受灾县进行扶持

◉ ASAC 启动"首届中华蜜蜂产业发展论坛（中国西部）暨重庆市蜜蜂文化节"（重庆）

◉ ASAC 建立"全国蜂产品安全与标准生产基地"4 个（新疆、河南、江苏、江西）、"蜜蜂文化走廊"1 个（广东）、"蜜蜂文化馆"1 个（湖北）、"蜂机具标准化生产基地"1 个（江西）

◉ ASAC 应邀出席《蜂蜜》标准审定会，提出标准应与国际接轨

◉ ASAC 率中国蜂业代表团（40 人）出席"第 11 届亚洲养蜂大会暨博览会"（马来西亚），AAA 总部拟落户中国，中国任副主席兼秘书长国

◉ ASAC 编辑出版《峥嵘岁月 展蜂情》《第七次全国会员代表大会暨换届会议资料汇编》

◉ 农业部韩长赋部长主持召开"蜂业发展"专题会议，研究促进养蜂产业持续健康发展问题，ASAC 应邀出席会议并提建议

◉ ASAC 颁发《关于认真学习贯彻执行农业部部长促进养蜂业发展专题会议精神的重要通知》

2013 年

◉ 农业部国合司唐司长一行 6 人调研中国农业科学院，就 AAA 总部迁移中国进行了指示和部署

◉ 中国农业科学院李家洋院长主持召开了院常务会议，讨论研究 AAA 总部迁移中国并给予支持

◉ 国家卫生计生委向 ASAC 发函"关于征求食品安全国家标准《蜂蜜》（征求意见稿）意见的函"，ASAC 复函

◉ ASAC 与新疆共办"蜜蜂为农作物授粉技术与发展现场会"（新疆）

◉ ASAC 召开"全国龙头企业代表座谈会"（上海）

◉ ASAC 建立"全国蜂产品安全与标准生产基地"1 个（江西）、"蜜蜂之乡"2 个（陕西、重庆）、"蜜蜂博物馆"1 个（四川）

2013 年

◉ ASAC 率中国蜂业代表团（55 人）出席"第 43 届 APIMONDIA 国际养蜂大会暨博览会"（乌克兰），获 4 枚奖牌（ASAC 获收藏创作银奖），ASAC 进入"世界养蜂大赛"评比裁判团

◉ ASAC 启动"一带一路"国际蜂业合作论坛

◉ ASAC 编辑出版《七届二次常务理事会资料汇编》

2014 年

◉ 斯洛文尼亚通过中国驻斯使馆找到 ASAC 寻求支持"世界蜜蜂日"并开展合作

◉ ASAC 向人大、农业农村委员会报送"发展养蜂业是农民增收的一个重要捷径，是农业增质增产的重要措施"

◉ ASAC 颁发"关于养蜂专用平台纳入国家农机购置补贴"文件

◉ ASAC 博物馆（扬州馆）落成
◉ ASAC 建立"全国蜂产品安全与标准生产基地"3 个（北京、河北、广西）、"良种繁育基地"1 个（浙江）、"蜜蜂之乡"3 个（广西、安徽、重庆）、"荔枝蜜之乡"1 个（广东）、"蜜蜂博物馆"3 个（湖北、新疆、江苏）、"蜜蜂观光园"1 个（武汉）
◉ ASAC 启动"21 世纪第一届全国蜂业科技与蜂产业发展大会"（北京香山），农业部畜牧业司王宗礼司长和畜牧处左玲玲处长对大会寄予厚望，并请 ASAC 秘书长代读致辞
◉ ASAC 率中国蜂业代表团（57 人）出席"第 12 届亚洲养蜂大会暨博览会"（土耳其安塔利亚）
◉ ASAC 编辑出版《21 世纪第二届全国蜜蜂标准化养殖技术蜂产品安全与标准化生产技术规范师资培训班培训教材》《七届二次理事会资料汇编》

2014 年

◉ ASAC 荣获 AAA 亚洲蜂联秘书长国、经济专委会副主席国席位
◉ ASAC 率中国蜂业代表团（62 人）出席"第 13 届亚洲养蜂大会暨博览会"（沙特），获 11 枚国际奖牌（3 金 3 银 3 铜、"最佳组织"奖、"全球领导者通过社团合作共建知识社会"奖）
◉ 农业部颁布"全国养蜂业'十三五'发展规划（2016—2020）"
◉ 斐济农业部、斐济大使馆农业部官员来访 ASAC，洽谈国际合作交流
◉ ASAC 与台湾共办"第十一届海峡两岸蜜蜂与蜂产品研讨会"，ASAC 率大陆代表（17 人）赴台出席
◉ 农业部畜牧业司王俊勋副司长莅临 ASAC 理事长办公会，就全国蜂业"十三五"发展战略提出要求
◉ ASAC 向农业部呈报：《关于我国养蜂业发展情况的报告》（白皮书）
◉ ASAC 向农业部呈报：《蜜蜂授粉产业发展现状》（授粉白皮书）
◉ ASAC 启动蜂产业新模式——"蜂情小镇"观光蜂业
◉ ASAC 启动"世界蜜蜂日"主题日试运营活动（扬州蜜蜂文化基地）
◉ ASAC 主办"21 世纪第二届全国蜂业科技与蜂产业发展大会"（北京），斐济、澳大利亚、英国、瑞士、日本、韩国等使节、嘉宾莅临，农业部畜牧业司佐玲玲处长莅临致辞

2015 年

2016 年

2016 年

◉ ASAC 率中国蜂业代表团（113 人）出席"第 44 届国际养蜂大会暨博览会"（韩国大田），获 14 枚奖牌，成熟蜜获得 1 金 1 银 1 铜
◉ ASAC 动员亚洲国家支持"世界蜜蜂日"
◉ ASAC 应邀出席泰国诗琳通公主 60 寿辰纪念大会及"国际跨学科可持续研究与发展论坛"，接受公主的会见并授奖（秘书长）
◉ AAA、ASAC、福建农林大学蜂疗研究所共办"首届国际蜂疗培训班"
◉ ASAC 召开"2015 国际蜂具技术交流会"（北京），来自波兰、土耳其等代表出席"中—德蜂箱空气蜂疗座谈会"
◉ ASAC 向农业部呈报："关于'十三五'加大力度促进养蜂业健康发展的建议"
◉ ASAC 启动首届"全国蜜蜂嘉年华"（北京）
◉ "第七届海峡科技专家论坛——蜜蜂与蜂疗"（福州）
◉ ASAC 蜜蜂博物馆（维西馆）揭幕并召开"蜜蜂文化节"
◉ 央视采访 ASAC 全国成熟蜜概况
◉ ASAC 创建"微信公众平台"
◉ ASAC 建立"全国蜂产品安全与标准生产基地"3 个（北京、河北、新疆）、"成熟蜜基地示范试点"4 个（北京 2、广西、广东）、"现代机械化养蜂基地示范试点"1 个（广西）、"蜜蜂授粉基地"1 个（北京）、"蜂机具标准化生产基地"1 个（河南）、"蜜蜂健康养殖标准化生产基地"1 个（安徽）、"现代机械化养蜂车设计制造基地"1 个（山东）、"全国蜂机具之乡"1 个（河南）、"蜜蜂之乡"2 个（山西、山东）
◉ ASAC 编辑出版《21 世纪蜂业政策法规标准》《七届三次常务理事会资料汇编》

◉ ASAC 启动"首届中国蜂业大奖赛"
◉ ASAC 召开"2016 年全国蜂产品安全与标准化生产技术师资培训班"（北京）
◉ ASAC 与河北共办"第五届'枣花·蜜·蜂'旅游文化节"暨 ASAC 蜜蜂博物馆（河北馆）开馆

◉ ASAC 荣获 APIMONDIA 亚洲区域副主席国席位

◉ ASAC 率中国蜂业代表团（93 人）出席"第 45 届世界养蜂大会暨博览会"（土耳其伊斯坦布尔），获 8 枚国际奖牌

◉ ASAC 出席 CropLife 亚洲会议，提出蜜蜂参与绿色农药行动合作

◉ ASAC 向报农业部呈报：《2015 年蜂产品生产及销售情况》（白皮书）

◉ ASAC 应邀出席国务院扶贫办"养蜂产业扶贫试点示范座谈会"

◉ ASAC 向农业部推荐 10 个示范县名单及示范筛选规则

◉ ASAC 正式启动首届中国"世界蜜蜂日"，主题："弘扬蜜蜂精神，激发梦想力量"，主会场 1 个（扬州）、分会场 26 个（19 省），倡导"关爱蜜蜂，保护地球，保护人类健康"，CCTV2 关注报道；全国 50 余个媒体报道

◉ ASAC 第一时间回应央视，致文："关于对 CCTV-2"蜂王浆致癌"的质疑"

◉ ASAC 召开"'一带一路'国际蜂业合作论坛"（江苏泰州），共 200 人出席，其中外宾 16 人

◉ ASAC 与云南共办"中国·云南·罗平国际蜜蜂文化节暨蜂产业发展论坛"（云南罗平）

◉ ASAC 与陕西共办"2017 中国'槐花·蜜蜂'文化旅游节"（陕西宝鸡）

◉ ASAC 与贵州共办"畅游六枝花海，觅蜜油菜花乡"爱心油菜花节暨"六枝峰会——贵州蜂产业论坛"（贵州六枝特区）

◉ ASAC 建立"成熟蜜基地示范试点"1 个（云南）、"新疆塔城红花基地"1 个（新疆）、"蜜蜂授粉基地"1 个（新疆）、"蜜蜂文化村"1 个（云南）、"蜜蜂之乡"1 个（湖北）、"蜜蜂文化基地"1 个（山东）、"蜜蜂博物馆"1 个（河北）、"生产型种蜂王基地"1 个（山东）

◉ ASAC 蜂业经济专委会开展"中国蜂业发展中的经济与政策问题"学术交流

◉ ASAC 编辑出版《七届六次常务理事会资料汇编》

2016 年

2017 年

2018 年

◉ ASAC 建立"成熟蜜基地示范试点"10 个（北京、黑龙江、吉林、山西、山东、江西、湖北）、"蜜蜂之乡"3 个（北京、浙江、江西）、"黑蜂之乡"1 个（黑龙江）、"蜜蜂科教基地"1 个（北京）、"蜜蜂文化基地"1 个（黑龙江）、"蜂产品溯源平台"1 个（北京）、"中国蜂业电子商城基地"1 个（江西）

◉ ASAC 编辑出版《七届四次理事会资料汇编》

◉ 泰国诗琳通公主会见 ASAC，蜜蜂所所长、ASAC 秘书长前往拜见并商谈中—泰友谊与蜂业合作

◉ ASAC 率中国蜂业代表团（54 人）出席"第 14 届亚洲养蜂大会暨博览会"（印度尼西亚），获 23 枚奖牌（金奖 8 枚，银奖 5 枚，铜奖 3 枚，四等奖和五等奖各一枚，评审专家 2 枚，最佳组织奖 2 项，特邀报告奖 1 项）

◉ ASAC 启动 Croplife 合作项目进展研讨会（北京）

◉ 农业农村部启动全国蜜蜂示范县（黑龙江、江苏、浙江、江西、山东、河南、湖北、湖南、四川、云南），获得国家"蜜蜂示范区县"建设资金支持，500 万元 / 个，连续三年

◉ ASAC 再次呼吁"绿色通道"，并向农业农村部、交通部、国务院呈报："关于蜜蜂'绿色通道'汇报及建议"

◉ ASAC 向国务院办公厅呈报："关于继续放行蜜蜂'绿色通道'的请求"，接到国务院办公厅三次来电，给予蜜蜂非常高的重视

◉ ASAC 向国家交通部呈报："关于蜜蜂'绿色通道'的汇报及建议"，最终恢复开通

◉ ASAC 发文质疑浙江省交通运输厅："关于蜜蜂转地按原'绿色通道'规定执行的建议"

◉ ASAC 随农业农村部畜牧兽医局调研"蜂业质量提升行动"项目

◉ ASAC"第八次全国会员代表大会"（南昌），农业部畜牧业司官员周晓鹏莅临致辞并宣布新一届领导机构，全国会员代表 367 人出席

◉ ASAC 第八届领导机构，理事长：吴杰，副理事长：陈黎红、庞国芳、宋心仿、彭文君、杨永坤、薛运波、罗岳雄、胡福良、胥保华、陈国宏、曾志将、缪晓青、刘进祖、余林生、孙毅、朱庆华、钱志明、季福标、耿跃华，副理事长兼秘书长：陈黎红

◉ ASAC 第八届团体会员单位：678 个，个人会员：2050 人，常务理事：123 人，理事：377 人

◉ ASAC 主办"21 世纪第三届全国蜂业科技与蜂产品发展大会""第二届全国蜂业大奖赛"（北京）

◉ ASAC 主办第二届"世界蜜蜂日（5·20）"庆典主题（主会场：海南琼中，分会场：23 省 89 个）

◉ ASAC 启动"首届中国农民丰收节（蜜蜂）——蜂收节"（浙江丽水龙泉）隆重举行并取得圆满成功

◉ ASAC 启动"首届海峡两岸蜂产业交流合作"（台湾代表 13 人）

◉ ASAC 蜂产品专业委员会启动"中国优质蜂产品联盟"成立大会（北京）

◉ ASAC 发文质疑华西医院专家原创文章"早晨一杯蜂蜜水清肠？晚上一杯蜂蜜水养颜？华西专家说：蜂蜜除了长胖没啥子用！"不负责任的言论

◉ ASAC 建立"全国蜂产品安全与标准生产基地" 2 个（江苏、海南）、"成熟蜜基地示范试点" 2 个（云南、陕西）、"蜜蜂之乡" 6 个（陕西、江西、重庆、贵州、海南、甘肃）、"蜜蜂文化基地" 1 个（浙江）、"中蜂产业扶贫示范基地" 1 个（陕西）、"中华蜜蜂饲养技术培训基地" 1 个（广东）、"蜜蜂授粉基地" 1 个（贵州）

◉ ASAC 与台湾共办"第十二届海峡两岸蜜蜂与蜂产品高峰论坛"（陕西西安），农业农村部畜牧兽医局佐玲玲处长莅临指导

◉ ASAC "蜜蜂之乡""基地"共 3 个荣获农业农村部"蜜蜂特色村庄"称号

◉ ASAC 编辑出版《不忘初心 砥砺前行——七届理事会汇编》《第八次全国会员代表大会暨八届一次理事会资料汇编》

2018 年

2019 年

◉ ASAC 率中国蜂业代表团（116 人）出席"第 46 届国际养蜂大会暨博览会"（加拿大），荣获 6 枚成熟蜜奖牌（1 金、4 银、1 铜）

◉ ASAC 率中国蜂业代表团（20 人）出席"首届亚洲蜂业巡展及论坛"（阿联酋阿布扎比），荣获 3 枚成熟蜜奖牌

◉ ASAC 拜访斯洛文尼亚驻中国经济参赞潘缇雅女士，双方就"世界蜜蜂日""中—斯蜂业交流合作"等事项达成了多项共识

◉ 应澳大利亚 UAF 邀请，ASAC 副理事长兼秘书长陈黎红、ASAC 蜂产品专业委员会主任张红城赴澳开展蜂业交流合作，并荣获 UAF 委员职务，增强了我国在 UFA 的影响力

◉ ASAC 召开第三届"世界蜜蜂日（5·20）"（中心主会场 1 个，特色专场 2 个，增设区域主会场 8 个，各省分会场 120 余个），斯洛文尼亚国秘团 7 人出席，专程庆祝并向 ASAC 颁发致谢证书！中心主会场：俄罗斯、法国、澳大利亚、泰国、韩国等国使节、嘉宾出席开幕式致辞

◉ ASAC 向国家食品药品监督管理总局、国家市场监督管理总局、农业农村部呈报：ASAC 针对国际蜂联强烈呼吁各个国家有关部门及单位高度重视并有效解决目前蜂蜜市场存在的伪劣问题

◉ ASAC 向国务院办公厅呈报："关于继续放行蜜蜂'绿色通道'的请示"，国务院同意 ASAC 建议，ASAC 再向克强总理汇报，得到总理关爱并再次开通"绿色通道"，随即 ASAC 向全国蜂业转发：中央和国家机关发电"交通运输部办公厅关于对转地放蜂车辆恢复执行鲜活农产品运输'绿色通道'政策的通知"

◉ ASAC 向农业农村部呈报：ISO《蜂胶规范》《蜂花粉规范》意见

◉ ASAC 召开"2019 全国蜂业科技创新合作平台座谈会"（河南长葛）

◉ ASAC 与农业农村部农药检定所，继续跟踪蜜蜂农药中毒事故

◉ ASAC 与农业农村部蜂产品质量监督检验测试中心（北京）开展蜂蜜兽药残留检测情况调研

◉ ASAC 启动"全国转地放蜂服务"

- ⊙ ASAC 启动"中国蜂业精品图书"
- ⊙ ASAC 与北京市蚕业蜂业管理站共办"北京市蜜蜂授粉成果展示暨座谈会",农业农村部国家农技推广中心防治处赵中华处长莅临指导
- ⊙ ASAC 召开"2019 中国农民丰收节（蜜蜂）——'蜂收节'"（主会场 1 个：宁夏固原，分会场 20 余个：全国），全国蜂业界、百姓上万余人与祖国同庆，与人民共享"蜂"收喜悦
- ⊙ ASAC 撰稿编制《中国蜂业学科发展报告》
- ⊙ ASAC 召开东方蜜蜂科学饲养技术培训（国家商务部对外援助培训项目）
- ⊙ ASAC 应邀出席锦屏县产业扶贫推进座谈会
- ⊙ ASAC "蜜蜂之乡""蜜蜂小镇""蜜蜂文化基地"共 9 个荣获农业农村部"第二届中国美丽乡村百佳范"称号，ASAC 荣获"优秀组织奖"
- ⊙ ASAC 建立"全国蜂产品安全与标准生产基地"3 个（广东、河南）、"成熟蜜基地贵州示范试点"5 个（重庆 2、山东、海南 2）、"蜜蜂之乡"3 个（广东、浙江、海南）、"蜜蜂文化基地"4 个（山东、浙江 2、武汉）、"中华蜜蜂谷"1 个（浙江）、"蜜蜂小镇"1 个（浙江）、"蜂产品品牌

2019 年

2019 年

之乡"1 个（浙江）、"蜜蜂授粉基地"3 个（北京、陕西、四川）、"蜂机具标准化生产基地"1 个（安徽）、"特种蜂箱生产基地"1 个（浙江）、"现代化养蜂示范基地"1 个（山东）、"蜜蜂营养基地"1 个（山东）
- ⊙ ASAC 召开"首届全国蜜蜂授粉产业大会""全国蜂业'十四五'座谈会""第八届二次理事会"以及"中国养蜂学会成立 40 周年"系列活动（北京），农业农村部、全国畜牧总站、商务部、中国农业科学院、中国检验检疫科学研究院、中国农业科学院蜜蜂所、APIMONDIA、AAA、FAO、CropLife（亚洲）、美国、法国、日本、海峡两岸等国内外领导嘉宾莅临会议致辞，全国蜂业专家、学者及养蜂者代表等 500 余人出席了会议，会议总结汇报蜜蜂授粉"月下老人"重要批示以来农业农村部"蜜蜂授粉与病虫害绿色防控技术集成示范"成果，表彰了一批为蜂产业发展做出突出贡献者
- ⊙ ASAC 编辑出版《中国蜂业：不忘初心 砥砺前行——八届二次常务理事会汇编》

《中华人民共和国畜牧法》含"蜂"

➢ 2001 年，中国养蜂学会向农业部呈递"关于将蜂列入《中华人民共和国畜牧法》（以下简称《畜牧法》）的建议"。

➢ 2003 年，中国养蜂学会再次呈递"蜂"列入《中华人民共和国畜牧法》的必要性，得到农业部畜牧业司的高度重视与大力支持，并委托中国养蜂学会起草《中华人民共和国畜牧法》中的"蜂"条款（起草 9 条，录用 4 条）。

➢ 2003 年，"非典"期间，受农业部之委托，中国养蜂学会秘书长前往北京医院看望人大农委舒主任，磋商"蜂"条款并致谢。在舒主任及农业部对蜜蜂的关爱与支持下，"蜂"纳入了《中华人民共和国畜牧法》，中国蜂业终于有法可依。

➢ 2005 年 12 月 29 日，第十届全国人民代表大会常务委员会第十九次会议通过《中华人民共和国畜牧法》。

➢ 2006 年 7 月 1 日，《中华人民共和国畜牧法》实施。

➢ 2007 年，起草《中华人民共和国畜牧法释义》中的"蜂"条款释义。

《养蜂管理办法（试行）》

> 2000 年，中国养蜂学会向农业部建议修订《养蜂管理暂行规定》。
> 2001 年，受农业部之委托，中国养蜂学会修订《养蜂管理暂行规定》，制定《养蜂管理办法》。
> 2002 年，中国养蜂学会再次报送《养蜂管理办法》请示。
> 2008 年，中国养蜂学会向人大代表递交议案。
> 2012 年，农业部颁布《养蜂管理办法（试行）》
> 《养蜂管理办法（试行）》第八条规定，养蜂者可以自愿向县级人民政府养蜂主管部门登记备案，免费领取《养蜂证》，为此中国养蜂学会设计了《养蜂证》样式呈报农业部，促使全国《养蜂证》印制和发放工作顺利开展。

"蜜蜂绿色通道"

➤ 2004 年，中国养蜂学会向农业部等国家部委呈报：开通"蜜蜂绿色通道"建议。

➤ 2009 年，中华人民共和国交通运输部等发布开通"绿色通道"，蜜蜂首次享受"绿色通道"。

➤ 2018 年 11 月，全国养蜂者被滞留不同高速收费站，蜜蜂遭到严重损失，中国养蜂学会即向农村农村部呈报关于"蜜蜂绿色通道"汇报及建议，得到高度重视并予以解决。

➤ 2018 年 11 月，浙江省交通厅联合相关部门发出"关于落实调整鲜活农产品运输'绿色通道'政策的紧急通知"（浙交函〔2018〕302 号），引起全国、特别是浙江省蜂业界及广大养蜂者的强烈反响。我会多次致函致电浙江省交通运输厅，恳请该厅务必深思并商农业农村厅出台补救"通知"，维护养蜂者利益，按国家原规定执行"蜜蜂绿色通道"。

➤ 2018 年 11 月，中国养蜂学会再次致函致电国家交通运输部，恳请出函指导协调各省交通厅或高速收费站，蜜蜂非畜禽、属昆虫，与非洲猪瘟无关，恳请通融蜜蜂转地的特殊性，支持推广全国蜜蜂授粉，维护养蜂者利益，按国家原规定"关于进一步完善和落实鲜活农产品运输绿色通道政策的通知"执行"蜜蜂绿色通道"。

➤ 2019 年 1 月，中国养蜂学会向国务院办公厅及李克强总理致《关于继续放行"蜜蜂绿色通道"的请求》汇报，接到国务院办公厅三次来电，高度重视，关注蜜蜂并指导助力解决。我会代表全国蜂业表示衷心感谢！

➤ 2019 年 3 月 6 日，国家交通运输部办公厅正式发文（交办公路明电〔2019〕20 号），对转地放蜂车辆恢复执行鲜活农产品运输"绿色通道"政策。

《全国养蜂业"十二五"发展规划》

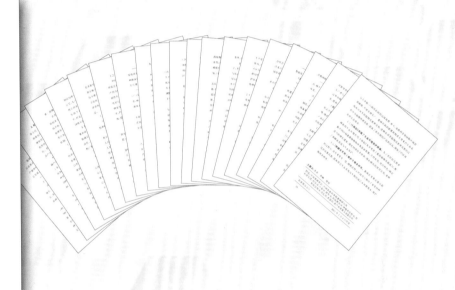

> 2009 年，在农业部指导下，中国养蜂学会协助起草"全国蜂业发展规划大纲"、组织召开"全国蜂业发展规划（2010—2015）"座谈会、组织起草"全国蜂业发展规划（2010—2015）"。

> 2010 年，农业部颁布《全国养蜂业"十二五"发展规划》，这是政府部门首次为"蜂"单独出台"五年规划"，对全国蜂业发展起到了重要的鼓励和促进作用。

国家特有工种（蜂）
职业技能鉴定站

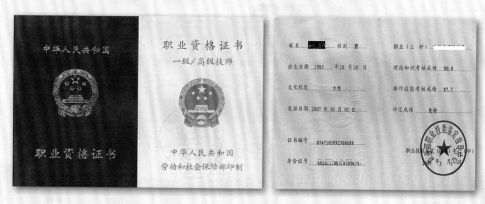

> 2006 年，中国养蜂学会向农业部提出将蜂列入"国家特有工种职业技能鉴定"建议。

> 2007 年，中华人民共和国劳动和社会保障部批准成立"国家特有工种（蜂）职业技能鉴定站"，农业部将此设立在中国养蜂学会，并颁发职业技能鉴定许可证。

> 2008 年，中国养蜂学会在北京开展首期培训与鉴定。

> 2008—2019 年，开展培训与鉴定 18 期，蜂业工作者通过考试获得"蜜蜂饲养工"国家职业资格证者 5600 人，为一线养蜂输送了技术人员，大大提高了全国养蜂技能。

> 2008—2019 年，中国养蜂学会推荐具有资格的科、教、研人员获得考评员资格者 30 人、督导员资格者 8 人，加强了鉴定队伍的建设。

> "国家特有工种（蜂）职业技能鉴定站"的成立，标志着我国养蜂业已纳入劳动和社会保障部特有工种，我国养蜂生产者可以通过培训与考核取得国家承认职业资格证书。

国家蜂产业技术体系

国家蜂产业技术体系在财政部、农业部的亲切关怀和大力支持下，在中国养蜂学会建议和倡导下于 2008 年正式成立，成为 50 个现代农业产业技术体系的正式成员之一。

蜂体系已走过十年历程，由 2008 年底成立之初的 4 个功能研究室、20 位岗位科学家、11 个综合试验站，发展到现在的 6 个功能研究室、24 位岗位科学家、22 个综合试验站，凝集了全国蜂业科研、高校、技术推广单位 80% 以上的科技精英，初步形成了从蜂产业技术研发、中试、示范一条龙的服务网络，为我国蜂产业的持续、健康发展提供了强有力的技术支持。

蜂体系瞄准蜂产业技术需求，破解产业发展中存在的技术难题，成立十年来取得 40 多项省部级以上的科技成果奖，其中 6 项是蜂体系标志性重大科技成果，为我国蜂产业健康发展做出重要贡献。

1. 优质蜂产品安全生产加工与质量控制技术

荣获 2017 年度国家技术发明奖二等奖、2014—2016 年度全国农牧渔业丰收奖一等奖和 2014—2015 年度中华农业科技奖一等奖。

2. "中蜜一号"蜜蜂配套系

2015 年 10 月通过国家畜禽资源委员会现场审定，同年 11 月，中蜜一号配套系经国家畜禽遗传资源委员会审定通过。

3. 蜜蜂仿生免移虫产浆和育王新技术

荣获江西省技术发明二等奖。

4. 蜜蜂优质高效养殖技术成效显著

荣获 2012 年度北京市科技成果二等奖。

5. 蜜蜂授粉增产技术效果显著

荣获省部级科技进步二等奖 2 项，省部级三等奖 1 项。

6. 国家标准——《蜂胶中杨树胶的检测方法——高效液相色谱法》(GB/T 34782—2017) 颁布

此项国家标准已于 2018 年 5 月 1 日开始实施。

《国际蜂业信息》

　　《国际蜂业信息》1999年创刊，行业内部刊物，主办单位中国养蜂学会。创刊初期为不定期刊物；2000年，发展成为双月刊；2001年，应广大蜂业同仁要求改为月刊。

　　本刊主要涵盖：国家政策、部委声音、世界蜂业、国际市场、行业动态、科技进展、蜂业科普等栏目，其内容丰富、信息量大，截至目前共发行264期，在促进蜂业学科发展方面发挥着积极作用。

《中国蜂业》杂志

《中国蜂业》杂志，月刊，主管单位中华人民共和国农业农村部，主办单位中国农业科学院蜜蜂研究所、中国养蜂学会；国内外公开发行，是我国蜂业行业创刊最早，最具影响力的科技期刊。

《中国蜂业》杂志由《中国养蜂》杂志更名而来，其前身为《中国养蜂杂志》，1934 年 1 月由当代著名养蜂家黄子固先生创办。

《中国蜂业》已有 85 年历史，共出版 70 卷 410 期。

办刊宗旨

始终秉承"全心全意服务于我国广大蜂业工作者，紧密结合我国的养蜂科研与生产，理论联系实际，普及与提高相结合，积极传播养蜂科学技术，推动我国养蜂业的进步和发展"。

获得荣誉

1992 年，被评为"全国优秀期刊三等奖""农业部优秀科技期刊""农科院优秀科技期刊"。

1993 年，在第 33 届国际养蜂大会和博览会上，荣获银奖期刊称号。

2001 年，入选新闻总署期刊方阵，并评选为双效期刊。

2006 年，获得中国农学会"全国农业期刊金犁奖"。

创新 & 倡导 & 创建

名　称	数　量
标准化基地（全国）	
★ 全国蜜蜂标准化养殖示范基地 ★ 全国蜂产品安全与标准化生产示范基地 ★ 中华蜜蜂种质资源保护与利用 ★ 全国蜜蜂授粉示范基地 ★ 全国蜜蜂良种繁育基地 ★ 全国蜂机具标准化生产基地 ★ 全国蜜蜂健康养殖技术培训基地 ★ 全国机械化养蜂生产示范试点 ★ 全国养蜂助残试点等	72 个
成熟蜜基地 / 单一花成熟蜜基地（全国）	22 个
蜜蜂之乡 / 蜂产品之乡 / 蜂情小镇 / 蜜蜂小镇（全国）	30 个
蜜蜂博物馆 / 蜜蜂园 / 蜜蜂走廊 / 蜜蜂科教 等蜜蜂文化基地（全国）	22 个
养蜂扶贫示范点（全国）	50 个
创新大型公益活动（全国）	
世界蜜蜂日（5·20）	4 届
中国农民丰收节（蜜蜂）——蜂收节	3 届
蜜蜂文化节 / 花节	9 届
全国蜜蜂嘉年华	4 届
21 世纪全国蜂业科技与产业发展大会（两年一届）	4 届
"一带一路"国际蜂业论坛（两年一届）	3 届

国际荣誉（荣获国际奖牌 134 枚）

亚洲荣誉（荣获亚洲奖牌 94 枚）

第二部分

40年贺词

张宝文，农业部原副部长、民盟中央原主席、中国和平统一促进会原副会长，第九届、十届、十一届全国政协常务委员，第十二届全国人大常委会副委员长。

张宝文为中国养蜂学会题词

刘坚，国务院扶贫办原主任、农业部原副部长、江苏省原副省长、省政府原秘书长等职务。长期从事农业、农村和宏观经济管理等方面的工作，非常关心养蜂事业，"非典"期间为全国蜂农摆脱困境做了批示。

刘坚为中国养蜂学会题词

舒惠国人大常委关爱蜂业

舒惠国，江西省委原书记、国家人事部原副部长、十届全国人大常委、农业与农村委员会副主任、中国农学会副会长。

甜蜜的事業

養蜂人娘家

中国养蜂学会成三三十周年 舒惠国

舒惠国为中国养蜂学会题词

陈耀春，教授级高级畜牧师。北京市畜牧局原副局长、农业部畜牧兽医司原司长、中国畜牧兽医学会原理事长、中国养蜂学会第二、第三、第四届理事长。中华人民共和国国务院农业特殊贡献奖获得者、法兰西共和国农业勋章获得者。

中国养蜂学会成立三十周年

蜂和花朵永相依

美丽和谐更甜蜜

陈耀春

二〇一〇年二月

陈耀春为中国养蜂学会题词

中国农业科学院祝贺中国养蜂学会成立 40 周年

中国工程院院士、中国农业科学院党组副书记、副院长吴孔明研究员，
莅临中国养蜂学会 40 周年大会并致辞，同时做"蜜蜂与生态"主旨报告

农业农村部畜牧兽医局祝贺中国养蜂学会成立 40 周年

农业农村部种植业司王建强处长，莅临中国养蜂学会 40 周年大会祝贺并致辞，
同时做"保护利用蜜蜂授粉、促进种养业绿色发展"报告

农业农村部种植业司祝贺中国养蜂学会成立40周年

农业农村部畜牧兽医局陈光华副局长，莅临中国养蜂学会40周年大会祝贺并致辞

农业农村部全国农业技术推广服务中心祝贺中国养蜂学会成立40周年

农业农村部全国农业技术推广服务中心王福祥副主任，莅临中国养蜂学会40周年大会祝贺并致辞

欢庆中(国)养蜂学会成立廿周年

歌颂蜂产品

蜂蜜勺勺溢营养

花粉团团总精华

王浆滴滴益贡品

蜂胶粒粒尚神效

龚一飞敬题

2010年春于福建

农林大学蜂学学院

辉煌四十载 奋斗新时代
——中国蜂业：不忘初心 砥砺前行

APIMONDIA 秘书长祝贺中国养蜂学会成立 40 周年

APIMONDIA
INTERNATIONAL FEDERATION OF BEEKEEPERS' ASSOCIATIONS

Corso Vittorio Emanuele II, 101
I-00186 Rome, Italy
Telephone: +39-066852286 - Telefax: +39-066852287
E-mail: apimondia@mclink.it - Internet: www.apimondia.org

The 40th anniversary of any association is an important celebration.

ASAC has been member of Apimondia since 1986 and this means that out of its 40 years of life, 33 years have been spent as an active member of the international beekeeping community.

In 1993 the 33rd Apimondia International Apicultural Congress took place here in Beijing and, as some of you remember, on that very congress I was elected Secretary-General of Apimondia. I have therefore very fond memories of China, Beijing and beekeeping in this country.

On the occasion of an anniversary one tends to look back at the past, considers the present and most important of all projects its plans for the future.

If we look at beekeeping over the last few decades, the sector has changed significantly. Keeping and maintaining bees itself has become more challenging and with respect to the past now requires more knowledge, skills, management capacity ensuring at the same time that all of these aspects are also sustainable.

There are now so many factors that impact on the life of bees and their relentless work to pollinate crops and produce honey and other hive products. We need to take care of the health and welfare of bees, the environment they live in, the use of pesticides and the climate conditions that enable plants to yield nectar and pollen that are so vital for the bees.

Other crucial challenges come from the traceability of bee products and their quality. These two aspects together will dictate the credibility, the genuineness and especially the success with consumers worldwide of honey and other bee products.

Apimondia is working on defining and establishing initiatives that point in this direction to ensure that bees and beekeeping stand prominent on the agenda of governments, ministries and international and national organisations involved in this sector.

To this end, Apimondia has issued an open policy on bee breeding to prevent any commercial speculation on the genetics of bees. There are plans to establish cryo-conservation banks to ensure that we retain the fundamental genetic resources of bees for the future.

In January 2019 Apimondia also released an important statement on honey fraud that has been generally well received worldwide, even though with some specific remarks by some operators or countries. The dialogue is still open and Apimondia warmly invites each interested party to express their ideas and proposals on this important issue in order to share an internationally agreed policy and system.

As a final consideration and in order to guarantee a bright future for beekeeping, we all need to invest and empower more and more women and young people to engage in beekeeping. They are the future and they need to be properly educated to primarily hold good knowledge on sustainable and correct beekeeping practices and to ensure that the environment and nature are also duly protected.

I close with a sincere wish to ASAC and all its members and supporters to be able to celebrate many other anniversaries enjoying healthy and productive bees living in a good environment, applying sustainable practices and with excellent bee products to sell.

Riccardo Jannoni-Sebastianini

Apimondia Secretary-General

译　文

　　四十周年，对任何一个社会团体来说都是特别重要并值得庆贺的日子。自1986年以来，中国养蜂学会一直是国际蜂联的成员国之一，这意味着在过去40年的生命中，有33年是一直在支持国际养蜂业的工作。应该有不少人还记得，1993年在北京召开的第33届国际蜂联养蜂大会上，我有幸当选为国际蜂联秘书长。因此，我对北京这个城市，以至于中国这个国家都有着非常美好的记忆。

　　在周年纪念日的时候，人们往往会回顾过去，考虑现在，最重要的是展望未来和做好未来项目的计划等工作。如果我们回顾过去几十年的蜂业，就会发现这个行业发生了巨大的改变。饲养和保护蜜蜂已经变得更具有挑战性，与过去相比，现在需要更多的知识、技能和管理能力，以确保所有方面都是可持续发展的。现在有很多因素影响着蜜蜂的生活，影响着它们为庄稼授粉、生产蜂蜜和其他蜂产品。我们需要细心照料它们的安康，关注它们所处的生活环境，杀虫剂的用量和气候条件，使植物能够产生对蜜蜂至关重要的花蜜和花粉。其他的挑战来自于蜂产品的可追溯性和质量问题。这两个方面同时决定了蜂蜜和其他蜂产品的可信度、真实性，特别是在全球消费者中的成功度。国际蜂联正致力于定义和建立指向这个方向的行动计划，以确保蜜蜂和养蜂业在政府、部委以及涉及这一领域的国内外组织的议程中占据重要的地位。为此，国际蜂联发布了一项关于蜜蜂育种的开放政策，以防止任何关于蜜蜂遗传的商业投机。建立低温保存库计划，以确保我们未来保留蜜蜂的基本遗传资源不被流失。2019年1月国际蜂联也发布了一份关于蜜蜂诈骗的重要新闻，尽管受到了一些运营商和国家的不正确言论，但这份声明在全球范围内普遍受到欢迎。言论自由，国际蜂联非常欢迎每一位参与者发表他们的想法和建议意见，这也是为了能相互交流国际商定的政策和制度。最后，为了保证养蜂业前途的光明，我们都需要投资，让越来越多的妇女和年轻人都参与到养蜂业中。因为他们是未来，他们需要接受正确的养蜂方法，才能确保蜂业可持续性发展并保证环境和自然也能得到同样的保护。

　　最后我衷心祝愿中国养蜂学会生日快乐，也希望其他成员国和支持者能够有更多的周年纪念日值得庆祝，享受健康，使蜜蜂生活在一个良好的环境内，同时，能够更好地应用可持续发展的做法和销售出更多优秀的蜂产品。

国际蜂联 秘书长

里卡多·詹诺尼·塞巴斯亚尼尼

2019.11 罗马

APIMONDIA 主席祝贺中国养蜂学会成立 30 周年

International Federation of Beekeepers' Associations

Coulaures, the 25th of February 2010,

Dear friends of ASAC,

I congratulate all your members of ASAC and wish them a friendly and nice 30th anniversary.

Your Association has done a very good and a well-know work for the benefit of the beekeeping sector, not only the Chinese one but the international one too.

Thank you for everything. Ditto for your kind invitation, but alas, beginning of March 2010, I must be in Canada.

As president of Apimondia, I am glad of our friendly collaboration and will expect more input from you in the next future. Our International Federation needs people with strong and new ideas!

Best regards to all of you.

Gilles Ratia
President of Apimondia

译　文

亲爱的中国养蜂学会朋友们：

中国养蜂学会成立三十周年之际，我谨向贵学会30周年及全体会员致以友好的祝贺！

贵学会的工作开展得很出色，尤其是在众所周知的保护养蜂利益方面更为出色。贵会不仅是中国蜂业的学会，也是一个国际蜂业学会，为世界养蜂业做了很多好事、大事。在此对你们表示衷心的感谢！

作为国际蜂联（APIMONDIA）主席，我为我们之间的成功合作而高兴，同时也希望将来能继续得到你们的支持，我们这个国际联邦组织非常需要像你们这样强有力的、有创新思路的成员。

再次向贵学会全体会员致以亲切的问候！

国际蜂联主席
吉尔斯·拉提尔

APIMONDIA 秘书长祝贺中国养蜂学会成立 30 周年

APIMONDIA

Rome, 24 February 2010
Celebration of the Apicultural Science Association of China's (ASAC) 30th anniversary

Anniversaries are always important dates to celebrate since they bring back to memory many people, events and activities carried out over the years.

In this particular case, we celebrate the Apicultural Science Association of China's (ASAC) 30th anniversary. Three decades are a long period to go through and Apimondia records also show that ASAC has been a member of the International Federation of Beekeepers' Associations since 1985 that makes 25 years of close collaboration and partnership with Apimondia.

In 1993 ASAC and China at large organised and hosted the 33rd Apimondia International Apicultural Congress in Beijing. I personally have a very fond memory of that particular congress since on that occasion I was elected Secretary-General of Apimondia after my predecessor, the late Dr. Silvestro Cannamela.

China is a very important reality in the beekeeping sector and community and ASAC plays a vital role in ensuring that it develop and prosper to the benefit of all its beekeepers. It is a huge and demanding task to accomplish given the size and variety of the country and the different natural, environmental and climatic conditions in which beekeeping is conducted.

China is in a historical transition period as a country and this means change and innovation taking place at the same time not only in beekeeping but also in people who become more and more knowledgeable and able to improve their skills and living conditions with the new resources and technologies that become available. In this context ASAC has the responsibility of guiding Chinese beekeeping through this challenging path and period to ensure that production proceed hand in hand with quality and quantity and also that this complex process offer elements of development especially to its beekeepers and at the same time protect the bees and the environment.

In the light of this important commitment that ASAC has, I take this opportunity to formulate on behalf of

Apimondia and all the international beekeeping community the best wishes for a prosperous and successful future that will also depend on the extent to which ASAC will interact with the other apicultural associations abroad and Apimondia to ensure a harmonic growth of the entire sector.

We look forward to celebrating the future anniversaries of ASAC with many new accomplishments.

Riccardo Jannoni-Sebastianini
Apimondia Secretary-General

译 文

庆祝中国养蜂学会成立三十周年

周年庆典是一件很重要的事，因为它能让我们回忆起多年来的许多人、事和活动。

在此，我们对中国养蜂学会成立三十周年表示祝贺！三十年是个不短的历程，根据国际蜂联的记载，中国养蜂学会从 1985 年起就是国际养蜂联合会（APIMONDIA，简称国际蜂联）的成员了，我们已经有了 25 年的密切合作伙伴关系。

1993 年中国养蜂学会与中国政府在北京组织主办了第 33 届国际养蜂大会。对我来说，那次会议至今记忆犹新，因为那时我刚刚被选为秘书长。

中国是个养蜂大国，中国养蜂学会在促进中国蜂业发展和蜂农增产增收方面起了重要的作用。在中国这样一个幅员辽阔、自然条件复杂的国家，养蜂管理是一项艰巨的任务。

中国正处于历史转折时期，这就意味着改革创新不仅发生在养蜂界，更发生在那些知识不断增长和能利用新资源、新技术以提高生产技能和生活水平的人们身上，在这一大背景下，中国养蜂学会有义务、积极引导中国蜂农在面临诸多困难的情况下，提高蜂产品的质与量，同时还要为蜂农提供一部分支持，此外还要保护蜜蜂环境，任重而道远。

鉴于中国养蜂学会的这一重任，我借此机会代表国际蜂联和所有国际养蜂组织祝你们前程似锦！希望中国养蜂学会能在国际蜂联和其他国际养蜂组织中发挥更大的作用，使整个蜂业界和谐发展。

预祝中国养蜂学会取得更大的成绩！

国际蜂联 秘书长
里卡多·詹诺尼·塞巴斯提亚尼尼
2010.2.24 罗马

AAA 主席祝贺中国养蜂学会成立 40 周年

 Asian Apicultural Association

Bee Biology, Biodiversity of Insects and Mites, Dept of
Biology, Chulalongkorn University, Bangkok, Thailand 10330
Fax:66-2-218-5267 E-mail:siriwat.w@chula.ac.th

TO： Apicultural Science Association of China (ASAC)

I would like to give my heartiest congratulation to ASAC for completing 40 glorious years of success. ASAC have always been on the top of the list among World Apicultural Institutions for conducting apicultural science studies, researches, and extension the bees knowledge to the Chinese beekeepers and other people. ASAC with a brilliant team of dedicated workers and with a friendly work environment can only aim for the high results. Working with ASAC has been a real honor and I value each and every transaction and deal of ours.

I wish you all the success for many more years to come. And I hope to continue collaborating with your institution in the future and forever.

Siriwat Wongsiri

Prof. Siriwat Wongsiri, Ph.D.

President of Asian Apicultural Association (AAA)

译 文

中国养蜂学会（ASAC）：

衷心祝贺中国养蜂学会40周年来取得的辉煌成就！中国养蜂学会一直是全世界普及养蜂知识和科学研究的顶尖机构。中国养蜂学会取得如此高质量的工作成果，与她拥有一支优秀团队和友好的办公环境是密不可分的。能与中国养蜂学会合作是我的荣幸，我很珍惜我们之间的友谊和每一次的合作。

祝愿中国养蜂学会的未来更成功、更美好！希望能与中国养蜂学会继续、永远地友好合作。

亚洲蜂联（AAA）主席：王希利　博士　教授

AAA 主席祝贺中国养蜂学会成立 30 周年

Asian Apicultural Association

TO: Apicultural Science Association of China (ASAC)

It is our great pleasure and honor to write a special 30th anniversary greeting of ASAC.ASAC is not only contributing to China apiculture but also contributing to Asia apiculture.Congratulation and we would like to celebrate and go together for ASAC and AAA forever.

Prof. Siriwat Wongsiri ,Ph.D.
President of Asian Apicutural Association(AAA)

译　文

中国养蜂学会（ASAC）：

　　我们怀着十分荣幸与激动的心情，为中国养蜂学会成立 30 周年写去贺信，以表祝贺。中国养蜂学会不仅为中国蜂业作出了贡献，也为亚洲蜂业作出了贡献。我们由衷地表示感谢和庆祝，并希望中国养蜂学会（ASAC）与亚洲蜂联（AAA）能永远携手共进。

亚洲蜂联主席
王希利 教授／博士

UNAF 主席祝贺中国养蜂学会成立 30 周年

 UNION NATIONALE DE L'APICULTURE FRANÇAISE

ABEILLES & FLEURS-LA REVUE FRANÇAISE D'APICULTURE

Professeur ZHANG Fuxing
Docteur CHEN Lihong
Apicultural Science Association of China (ASAC)
PEKIN
CHINE
Paris, le 3 mars 2010

Cher Professeur et ami,
Chère Docteur et amie,

C'est avec beaucoup de plaisir que nous avons appris que l'ASAC allait fêter son 30ème anniversaire le 8 mars 2010.

A cette occasion, nous vous adressons toutes nos félicitations pour votre belle réussite apicole.

Nos deux associations ont établi depuis 2005 des relations d'échanges scientifiques et culturels très fructueux pour nos deux pays – et il en est résulté une belle amitié entre les apiculteurs Chinois et Français dont nous sommes fiers.

Ces relations bilatérales sont très importantes pour nos deux pays et nous comptons bien qu'elles se poursuivront dans l'avenir.

Notre calendrier ne nous permettra pas d'être parmi vous pour les manifestations qui vont célébrer cet anniversaire – et nous regrettons très sincèrement.

Nous vous souhaitons une très belle fête et vous prions d'agréer l'expression de nos salutations apicoles les plus cordiales.

Henri CLEMENT
résident de l'UNAF

译　文

致中国养蜂学会（ASAC）张复兴理事长、陈黎红秘书长：

祝贺中国养蜂学会成立 30 周年，30 年来中国养蜂学会带领中国蜂业取得了巨大成就，令人敬佩！

我们两会自 2005 年就建立了友好合作关系，通过几年的科技合作和友好往来，两国养蜂界加深了友谊及了解，促进了中—法两国的蜂业发展，我们对此感到十分骄傲，并将一如既往为我们的有效合作不懈努力。

我们因为日程安排不开，不能亲临此次盛典，深感遗憾。

谨祝大会圆满成功！

法国养蜂联合会主席 克莱芒

2010.3.3

埼玉养蜂株式会社社长祝贺中国养蜂学会成立 40 周年

SAITAMA APICULTURE CO., LTD.
1-15,4-CHOME HON-CHO KOUNOSU-CITY, SAITAMA JAPAN
TEL. +81-48-541-1104   FAX. +81-48-541-5293

御 礼

　中国養蜂学会40周年、おめでとうございます。また、式典にお招き頂きありがとうございます。

今回、貴会から亡き父・清水進一、並びに埼玉養蜂株式会社に対して表彰状をいただき、心から感謝申し上げます。

父は、8年前96才で他界しましたが、今でも中国の古い友人に父の事を覚えていて頂き、嬉しく思います。

　清水進一は、1970年に初めて広州・交易会に参加し、1973年には北京・香山の中国蜜蜂研究所を訪問、日中養蜂の技術交流が始まりしました。

また、当社は創業111年となりますが、今後も、ハチミツ、ローヤルゼリー、プロポリスと、養蜂に関わる中国での友人を多く増やしていきたいと思います。

　今後も、貴会の益々のご発展をお祈り申し上げ、御礼といたします。

２０１９年１１月２６日

埼玉養蜂株式会社

代表取締役社長　清水俊有

译 文

中国养蜂学会

　祝贺中国养蜂学会成立 40 周年。感谢中国养蜂学会邀请我参加典礼。

　中国养蜂学会对已故的父亲清水进一和埼玉养蜂株式会社的奖状，在此表示衷心的感谢。

　父亲在 8 年前 96 岁时去世了，现在还能让中国的老朋友记得父亲，我感到很高兴。

　清水进一于 1970 年首次参加广交会，1973 年访问北京香山的中国蜜蜂研究所，开始了中日养蜂技术交流。

　我们公司已经创业 111 年了，今后会继续努力获得更多的蜂蜜、蜂王浆、蜂胶以及养蜂相关的中国朋友。

　衷心祝愿中国养蜂学会不断发展。

埼玉养蜂株式会社

清水俊有

台湾蜜蜂与蜂产品学会理事长祝贺中国养蜂学会成立40周年

今天非常高兴、也非常荣幸能受邀参加今天的盛会，台湾蜜蜂与蜂产品学会特别由理事长杜武俊、常务监事陈裕文教授、常务理事李仁杰先生以及陈淑君小姐组成代表团，带来台湾养蜂界与蜂学科研学界的祝贺。热烈祝贺中国养蜂学会四十周年生日快乐！

两岸蜜蜂界的交流始于1999年何铠光教授、安奎教授、张复兴理事长、缪晓青院长等人的倡议，并于2000年在台湾苗栗举办第一届两岸蜜蜂生物学研讨会，自此在这20年间，分别在台湾的台北、台中、宜兰，以及大陆的福州、武汉、昆明、天水、扬州、西安等地方，由双方轮流举办了十二届海峡两岸蜜蜂研讨会。

一个交流活动能延续20年，这是一件非常难能可贵的事。我们看过一些两岸交流活动，一届、两届、可能至三届就没有后续了。我们能持续20年不间断的交流合作，见证了双方的深厚友谊，以及海峡两岸双方为养蜂事业、蜜蜂产业兴盛的理念而努力不懈。

由于这种甜蜜的交流，也直接促成了我们台湾蜜蜂与蜂产品学会的成立，这点真要谢谢中国养蜂学会。这怎么说呢？第1-8届的两岸蜜蜂交流活动，台湾方面都借壳上市，拜托台湾昆虫学会出面代为办理，导致有些事情需要台湾昆虫学会理监事会通过才能执行。所以张复兴理事长总希望台湾方面能有一个真正的蜂学团体来签署双方合作协议。在2011年一次徐祖荫教授举办的活动上，张理事长又提到这事；于是有一天晚上在曾志将教授的招待下，台湾大学杨恩诚教授、宜兰大学陈裕文教授跟我三个人就在江西庐山决定发起成立台湾的专业蜂学团体"台湾蜜蜂与蜂产品学会"。成立了这个学会不但更增进两岸蜂学交流，也让台湾的蜜蜂研究更能聚焦，以及促进国际交流合作。

我们两会、两岸蜂届，能有这么深厚的情谊，非常难得，完全见证、完全体现蜜蜂"相互合作"的核心精神与核心价值！在这里我们也要特别对在两岸蜂界交流长期支持的伙伴们表达感谢之意。感谢吴杰理事长、张复兴理事长、胡福良院长、缪晓青院长、胥保华院长、薛运波所长、余林生院长、苏松坤院长、孙丽萍教授、陈黎红秘书长、罗辅琳、吴银松两位主编以及许许多多大陆蜂界的好朋友们，感谢你们！此外，我也要代表台湾蜂农朋友与蜜蜂科研界对颜志立老师在两岸蜂界交流的无私奉献表达高度的敬意。是的，让我们继续携手合作，共同为广大的蜂农朋友、蜜蜂产业而服务，以及为自然生态尽一份保育的心力。

今天我谨代表台湾蜜蜂与蜂产品学会带来一份贺礼，贺礼上简单的"两岸蜂情"四个字，道尽海峡两岸蜂界的紧密关系。

再次祝贺中国养蜂学会生日快乐！预祝大会活动顺利成功！

台湾蜜蜂与蜂产品学会理事长 杜武俊

2019年11月26日

台湾蜜蜂与蜂产品学会

中兴大学昆虫学系

台湾养蜂协会

第三部分
40年回眸

第一章　领导关怀

40 年来，中国养蜂学会在国家、农业农村部、民政部等政府各级领导的关心及关爱下，坚持党的领导，坚持党的路线、方针、政策，艰辛起航，砥砺奋进。我国是世界养蜂第一大国，改革开放以来，我国养蜂业得到了长足的发展，国际地位得到明显提升，养蜂已成为农业、生态不可或缺的重要组成部分，养蜂对促进农民增收、农作物增产提质、维护自然生态平衡等都具有重要意义，这归功于党和国家对我国蜂业发展的关怀和高度重视。

◎ 习近平主席关爱蜂业

◎ 朱德委员长关爱蜂业

◎ 周恩来总理关爱蜂业

◎ 江泽民主席关爱蜂业

◎ 胡耀邦总书记关爱蜂业

◎ 邓子恢副总理关爱蜂业

◎ 郭沫若副总理关爱蜂业

◎ 徐特立部长关爱蜂业

◎ 彭佩云副委员长关爱蜂业

◎ 中央书记处关爱蜂业

◎ 黄树则副部长关爱蜂业

◎ 韩长赋部长关爱蜂业

◎ 黄国强副部长关爱蜂业

◎ 农业农村部领导关爱蜂业

注：本章节所有历史性资料均引自中国蜜蜂博物馆

一 领导关怀

习近平主席关爱蜂业

2009年9月3日，中国农业科学院蜜蜂研究所、中国养蜂学会向国家呈报"蜜蜂授粉作为一项农业增产措施亟待我国政府高度重视"的建议信。

2009年11月29日，获时任国家副主席习近平批示：蜜蜂授粉的"月下老人"作用，对农业的生态、增产效果似应刮目相看。

2009年12月1日，获回良玉副总理批示：长赋、朝安同志，我国是世界第一养蜂大国，蜂资源丰富，应采取有力举措，充分发挥蜂业的作用。望按近平同志批示精神，对此建议作深入研究并拿出意见。

朱德委员长关爱蜂业

养蜂是一室、加强科学研究和普及养蜂，予以大力增加各作物的产量和质量和繁殖为，种以益。

朱德题 一九六〇年
二月廿七日

朱德委员长亲笔题词

1960 年 1 月 16 日，朱德委员长给中共中央和毛泽东主席写了一封亲笔信，他表示：深感在我国大力发展养蜂事业是必要的。养蜂事业，仅就它的直接收益来说，就高于一般农业的收益，更重要的是它对农业增产有巨大的作用。发展养蜂这件事，实在要大大提倡一下。

1960 年 2 月 27 日，朱德委员长亲笔题词：

周恩来总理关爱蜂业

1958 年 7 月，周恩来总理在广东视察时以蜜蜂为榜样教导新闻工作者：你们记者要像蜜蜂一样，到处采访，交流经验，充当媒介，就像蜜蜂采花酿蜜，传播花粉，到处结果，自己还能酿出蜜糖来。

1960 年，在周总理的支持与关怀下，《中国养蜂》杂志复刊。

1974 年，上映了《养蜂促农》彩色科教影片，影片介绍了蜜蜂授粉促进农作物增产的成效和科学技术。

1975 年 9 月，周总理委托去西藏参加自治区成立 20 周年庆祝活动的华国锋同志，把《养蜂促农》这部彩色科教影片作为珍贵礼物赠送给西藏百姓，借以推动西藏养蜂事业。

江泽民主席关爱蜂业

1996 年 9 月 18 日，江泽民主席视察我会理事单位——湖北英联营养食品有限公司。

胡耀邦总书记关爱蜂业

　　1985 年 6 月 12 日，时任农业部部长何康同志针对"我国蜂蜜质量低劣，将被挤出国际市场"的局面，提出几点建议，得到中央胡耀邦同志的及时批示："认真抓，问题都可以解决"。

邓子恢副总理关爱蜂业

1957 年 12 月 4 日，王吉彪、孔繁昌、黄文诚三位同志向国务院副总理邓子恢同志汇报，建议在《全国农业发展纲要》中列入养蜂。邓副总理批示，意见很好，拟列入在 40 条中。在邓副总理的批示下，于 1956—1967 年全国农业发展纲要上列入了养蜂。

郭沫若副总理关爱蜂业

郭沫若副总理为《中国养蜂》题写刊名

徐特立部长关爱蜂业

中国農业科学院養蜂研究所

我國蜜蜂資源潜力很大，群众養蜂經驗很多，外國養蜂技術也有新的發展。要在深入实際總結經驗学習先进的基礎上積極指导推廣。这样才能多快好省地發展我國養蜂科学，更好地爲發展我國養蜂事業服务。

徐特立 一九六〇年十一月二批

徐特立部长题词

彭佩云副委员长关爱蜂业

彭佩云，原全国人大常委会副委员长、全国妇联主席、中国红十字会会长等关爱蜂业，视察中国养蜂学会福建副理事长单位。

中央书记处关爱蜂业

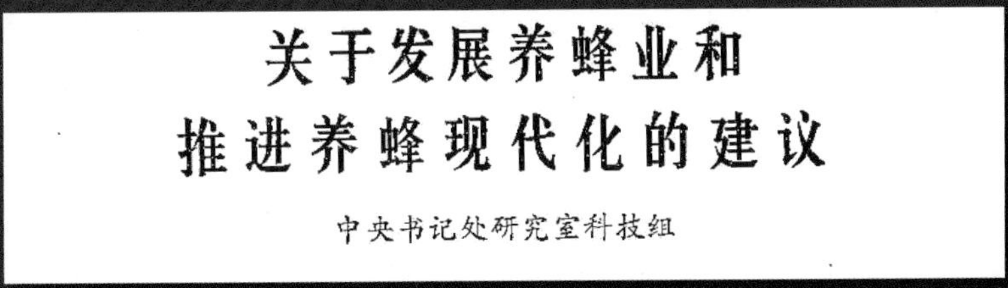

关于发展养蜂业和推进养蜂现代化的建议

中央书记处研究室科技组

1983 年，中央书记处研究室科技组发布了"关于发展养蜂事业和推进养蜂现代化的建议"，为充分发挥养蜂对农业增产的作用和有效提高蜂产品质量提出了八条建议，养蜂生产及科学、教育事业，进一步蓬勃发展，开创了养蜂事业的新局面。

1984 年 10 月 16—20 日，中央书记处研究室顾问于若木等领导莅临"中国养蜂学会第二次全国会员代表大会"祝贺致辞并指导工作。

黄树则副部长关爱蜂业

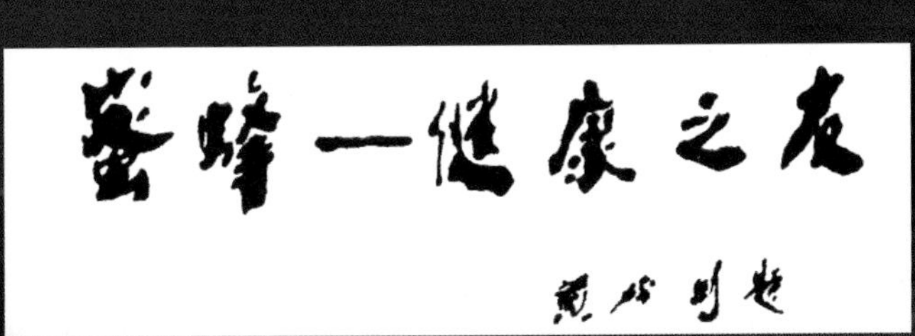

蜜蜂—健康之友

黄树则也

原卫生部副部长黄树则为我国第一家蜂疗专科医院题词：蜜蜂——健康之友

韩长赋部长关爱蜂业

韩长赋主持会议研究促进养蜂业持续健康发展问题

　　2013年5月22日，农业部部长韩长赋主持召开专题会议，研究促进养蜂产业持续健康发展问题。韩部长强调，养蜂业不仅是畜牧业的重要组成部分，而且对于提高农作物产量、维护生态平衡具有重要意义。要充分认识养蜂业在促进健康生活、发展有机生态农业、农业节本增效和保护生物多样性方面的地位和作用，认真落实《全国养蜂业"十二五"规划》，进一步提高养蜂业发展水平，促进标准化规模养殖发展。

农业部部长韩长赋视察工作，吴杰（原中国农业科学院蜜蜂所所长）理事长等陪同调研

王国强副部长关爱蜂业

王国强，原国家卫生部副部长、中医药管理局局长与中国养蜂学会蜂疗专家就中医蜂疗深入交谈。

农业农村部领导关爱蜂业

农业部召开 21 世纪第一次蜂业座谈会
（张喜武副局长、刘加文处长亲临）

农业部人事司司长、处长莅临中国养蜂学会成就展　农业部畜牧业司领导视察我会"基地"
[指导基地标准化发展]

二 行业关爱

贺 信

贵州省养蜂学会文件

黔蜂学〔2019〕6号

中国养蜂学会：

（正文内容）

二〇一九年十一月二十日

重庆市蜂业学会

贺信

中国养蜂学会：

（正文内容）

2019年11月

四川省蜂业学会

贺信

中国养蜂学会：

（正文内容）

海南省蜂业学会

理事会函〔2019〕08号

热烈庆祝中国养蜂学会成立40周年

中国养蜂学会：

（正文内容）

2019年11月4日

广西壮族自治区养蜂指导站

贺信

中国养蜂学会：

（正文内容）

2019年11月5日

广西蜜蜂产业协会贺信

（正文内容）

湖北省养蜂学会

贺信

中国养蜂学会：

（正文内容）

2019年11月6日

青海省蜂产品协会文件

青海蜂协字2019〔117〕号

贺信

中国养蜂学会：

（正文内容）

浙江省蜜蜂产业协会

贺信

中国养蜂学会：

（正文内容）

2019年11月

长葛市农业农村局

庆祝中国养蜂学会成立四十周年贺词

中国养蜂学会：

（正文内容）

2019年11月5日

广东广昆园蜂业有限公司

贺信

中国养蜂学会：

（正文内容）

2019年11月26日

中国食品土畜进出口商会文件

贺信

（正文内容）

中国医药保健品进出口商会

贺信

（正文内容）

中国蜂产品协会

贺信

中国养蜂学会：

（正文内容）

贺 词

驻马店颐坤农业科技有限公司　　　　　　陈渊　　　　　　徐培晨

贺 礼

1. 台湾蜜蜂与蜂产品学会

2. 台湾养蜂协会

3. 湖北省养蜂学会

4. 国药励展

5. 扬州凤凰岛蜜蜂文化园

6. 山东蜜源

7. 第 33 届 APIMONDIA 养蜂大会上获赠部分贺礼（珍藏于中国蜜蜂博物馆）

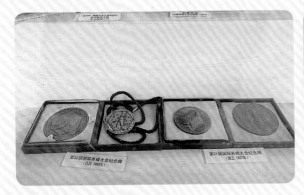

蜜蜂小镜框
（33届比利时参会团赠 1993年）

石制炮台
（33届阿根廷参会团赠 1993年）

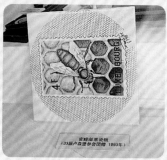

蜜蜂邮票瓷板
（33届卢森堡参会团赠 1993年）

第二章　荣光溢彩

40 年来，中国养蜂学会在农业农村部、民政部及各级政府的关怀与关爱下，在中国农业科学院蜜蜂研究所的支持及全体会员的不懈努力下，在国际众多竞争中，砥砺前行，取得辉煌成就，荣获多项荣誉。令人欣慰的是中国蜂蜜终于登上国际舞台并摘得金奖，填补了空白。荣获主要荣誉：

- ◎ APIMONDIA 奖项 130 余项
- ◎ AAA 奖项 90 余项
- ◎ AAA 亚洲最优秀学会奖
- ◎ 泰国公主致谢奖
- ◎ 全球领导者通过社团活动共建知识社会奖
- ◎《国际蜜蜂邮票》银奖
- ◎《蜜蜂视界》金奖
- ◎《No Bee, No Life》银奖
- ◎ 农业农村部最佳组织奖
- ◎ 农业农村部巾帼建功奖
- ◎ 中国农科院巾帼建功奖
- ◎ APIMONDIA 成员国中国代表
- ◎ AAA 成员国中国代表
- ◎ AAA 副主席席位
- ◎ AAA 秘书长席位
- ◎ 国际蜜蜂大奖赛裁判
- ◎ ISO 亚洲成员
- ◎ UAF 成员
- ◎ 其他荣誉

一 国际荣誉

1987 年，APIMONDIA 第 31 届国际养蜂大会中国养蜂学会获奖

中国养蜂学会获"蜂疗产品创新和成就"特别金奖和最佳展台奖

1993 年，APIMONDIA 第 33 届国际养蜂大会中国养蜂学会获奖

中国养蜂学会获金、银、铜奖

2000 年，AAA 第 5 届亚洲养蜂大会中国养蜂学会获奖

张复兴理事长荣获亚洲蜂联（AAA）副主席席位，同时获"为亚洲蜂业作出突出贡献的专家奖"

2008 年，AAA 第 9 届亚洲养蜂大会，中国养蜂学会获奖

中国养蜂学会办公室荣获
"成功组织第九届亚洲养蜂大会暨博览会奖"

陈黎红秘书长获
"AAA 优秀秘书长奖"

中国养蜂学会获
"AAA 最优秀学会奖"

2010 年，AAA 第 10 届亚洲养蜂大会
中国养蜂学会中国蜂业代表团荣获 5 枚奖牌

中国养蜂学会荣获"AAA 亚洲蜂业最优秀国家组织奖"（常务副理事长吴杰代表学会领奖）

中国养蜂学会中国蜂业代表团展台
获"AAA优秀展览二等奖"

张复兴理事长再次获
"亚洲蜂业突出贡献奖"

2013年，APIMONDIA第43届国际养蜂大会
中国养蜂学会中国蜂业代表团荣获4枚奖牌

中国养蜂学会进入世界养蜂评比团

中国养蜂学会获"国际蜜蜂邮票收藏创作银牌"

泰国诗琳通公主60寿辰纪念大会及"国际跨学科可持续研究与发展论坛"，
中国养蜂学会、陈黎红秘书长荣获泰国诗琳通公主颁发的中泰合作致谢证书

泰国诗琳通公主为中国养蜂学会、陈黎红秘书长颁发中泰合作致谢证书，并亲切交流

2015年，APIMONDIA第44届国际养蜂大会

中国养蜂学会中国蜂业代表团荣获12枚奖牌（6金、4银、2铜）

获奖者合影留念

获奖证书

吴杰理事长、陈黎红副理事长兼秘书长获评委奖

2016年，AAA第13届亚洲养蜂大会

中国养蜂学会中国蜂业代表团荣获11枚奖牌（3金、3银、3铜、1"最佳组织"奖、1"全球领导者通过社团合作共建知识社会"奖）

中国养蜂学会中国蜂业代表团荣获12枚奖牌，陈黎红秘书长获"全球领导者通过社团合作共建知识社会奖"

中国养蜂学会与常务理事单位河南福美生物科技有限公司获"最佳展台金奖"

中国养蜂学会中国蜂业代表团获11枚国际奖牌

2017 年，APIMONDIA 第 45 届国际养蜂大会

中国养蜂学会中国蜂业代表团荣获 8 枚奖牌（2 金、2 银、4 铜）

机械类：金奖（移虫机）　　工艺品类：铜奖　　出版物类：金奖　　照片类：银奖
（大型摄影集《蜜蜂视界》）　　（蜜蜂摄影）

工艺品类：铜奖　　化妆品类：铜奖　　包装类：铜奖　　工艺品类：银奖
（蜜蜂邮票）　　（蜂胶香皂）　　（蜂蜜包装）　　（蜜蜂发育过程的仿真模型）

2018 年，AAA 第 14 届养蜂大会

中国养蜂学会中国蜂业代表团荣获 23 枚奖牌（8 金、5 银、3 铜、四等和五等各 1、最佳组织奖 2、评审专家奖 1、特邀报告奖 1）

中国养蜂学会最佳组织奖　　　　特邀报告奖（陈黎红）

中国养蜂学会吴杰理事长、陈黎红秘书长获得评审专家奖

2018 年，进入澳大利亚 UAF

中国养蜂学会陈黎红秘书长、蜂产品专委会张红城主任被聘为 UAF 委员

2019 年，APIMONDIA 第 46 届国际养蜂大会
中国养蜂学会中国蜂业代表团荣获 6 枚成熟蜜奖牌（1 金、4 银、1 铜）

2019 年，斯洛文尼亚向中国颁发感谢状并赠送珍贵纪念品

斯洛文尼亚国务秘书向农业农村部、中国养蜂学会颁发感谢状，
感谢中国、中国养蜂学会对斯洛文尼亚发起"世界蜜蜂日（5·20）"的大力支持

斯洛文尼亚国务秘书向农业农村部、中国养蜂学会赠送手工制品——著名斯洛文尼亚养蜂房

2019年，进入国际标准化组织（ISO）

ISO/TC 34/SC 19 Bee Products

Xuan Li, Ph. D
Committee Manager
ISO TC 34/SC 19
138 XianlinDadao,
Nanjing, China, 210023
Telephone: 86-13770508902
E-mail: xuanli@njucm.edu.cn

Certification   20 December, 2019

To whom it may concern,

Here we verify that Professor Lihong Chen works for ISO TC 34/SC 19 as
the Liaison Representative of Asian Apiculture Association.

Sincerely yours,

Xuan Li

Committee Manager
ISO TC 34/ SC 19

二　其他荣誉掠影

台湾赠送大陆中国养蜂学会感谢状

台湾蜜蜂与蜂产品学会
赠送"蜂系蜂情"牌匾

台湾代表团赠送"蜜蜂图画"牌匾

台湾养蜂协会赠送
"大展鸿图"牌匾

亚太蜂针研究会
赠送"蜂谊长存"
牌匾

中兴大学
昆虫学系赠送
"群蜂之首"
牌匾

荣誉证书

中国养蜂学会荣获农业农村部
优秀组织奖

第三章　历届概况

为适应现代化科学养蜂生产，经农业部、民政部批准，成立中国养蜂学会。1978 年在北京通县召开中国养蜂学会筹备会议，1979 年 6 月，在北京召开中国养蜂学会成立大会暨学术研讨会。自 1979 年 6 月成立的 40 年以来，学会紧跟中央步伐，顺应时代潮流，经过几届蜂业工作者的辛勤耕耘，人才荟萃，逐步发展壮大，从选举产生的第一届至今已完成第八届换届选举工作，产生了八届理事会领导机构，开展了八届工作，成长为拥有 14 个分支机构、1 个国家特有工种（蜂）职业技能鉴定站、团体会员 600 多个、个人会员 2050 名，成为以科技引领中国蜂业发展事业的重要社会力量。

◎ 现任领导机构

◎ 历届理事长

◎ 历届秘书长

◎ 历届秘书处 / 办公室

◎ 历届理事

◎ 历届分支机构

◎ 国家特有工种（蜂）职业技能鉴定站

一 现任领导机构

理事长

第八届（2018.3— ）

（法人代表）

理事长：吴 杰

（博士、研究员）

副理事长兼秘书长

第八届（2018.3— ）

副理事长兼秘书长：陈黎红

（博士、研究员）

副理事长

第八届（2018.3— ）

副理事长：庞国芳

（院士、研究员）

第八届（2018.3— ）

副理事长：宋心仿

（第十一、十二届全国人大代表）

第八届（2018.3— ）

副理事长：彭文君

（博士、研究员）

第八届（2018.3— ）

副理事长：杨永坤

（博士、副研究员）

第八届（2018.3— ）

副理事长：薛运波

（大专、研究员）

第八届（2018.3— ）

副理事长：罗岳雄

（本科、教授级高级工程师）

第八届（2018.3— ）

副理事长：胡福良

（博士、教授）

第八届（2018.3— ）

副理事长：胥保华

（博士、教授）

第八届（2018.3— ）

副理事长：陈国宏

（博士、教授）

第八届（2018.3— ）

副理事长：曾志将

（博士、教授）

第八届（2018.3— ）

副理事长：缪晓青

（大专、教授）

第八届（2018.3— ）

副理事长：刘进祖

（本科、研究员）

第八届（2018.3— ）

副理事长：余林生

（博士、教授）

第八届（2018.3— ）

副理事长：孙　毅

（硕士、董事长）

第八届（2018.3— ）

副理事长：孙津安

（本科、总监）

第八届（2018.3— ）

副理事长：钱志明

（本科、董事长）

第八届（2018.3— ）

副理事长：季福标

（大专、董事长）

第八届（2018.3— ）

副理事长：唐　辉

（本科、总监）

副秘书长

第八届（2018.3—　）

副秘书长：周锋铭

（本科、副总）

第八届（2018.3—　）

副秘书长：王建梅

（本科）

第八届（2018.3—　）

副秘书长：曹　炜

（博士、研究员）

第八届（2018.3—　）

副秘书长：韦小平

（博士、副所长）

第八届（2018.3—　）

副秘书长：谭宏伟

（硕士、高级畜牧师）

第八届（2018.3—　）

副秘书长：高　清

（本科、站长）

第八届（2018.3—　）

副秘书长：王顺海

（本科、副站长）

第八届（2018.3—　）

副秘书长：仇志强

（本科、总经理）

第八届（2018.3—　）

副秘书长：邵兴军

（博士、董事长）

第八届（2018.3—　）

副秘书长：刘新军

（本科、总经理）

第八届（2018.3—　）

副秘书长：蔡凌凯

（本科、副会长）

第八届（2018.3—　）

副秘书长：何家全

（本科、总经理）

第八届（2018.3—　）

副秘书长：郑　凯

（大专、副总经理）

分支机构 / 专业委员会主任

（按学科顺序排列）

蜜源与授粉
专业委员会主任
吴　杰（博士、研究员）

蜜蜂育种
专业委员会主任
石　巍（博士、研究员）

蜜蜂生物学
专业委员会主任
李建科（博士、研究员）

蜜蜂饲养管理
专业委员会主任
朱翔杰（博士、副教授）

蜜蜂保护
专业委员会主任
刁青云（博士、研究员）

蜂产品加工
专业委员会主任
张红城（博士、研究员）

蜂疗保健
专业委员会主任
缪晓青（大专、教授）

蜂业经济
专业委员会主任
赵芝俊（博士、研究员）

中蜂协作
委员会主任
林尊诚（本科、副站长）

蜂业维权

专业委员会主任

宋心仿（本科、所长）

蜂业标准化研究

工作委员会主任

李　熠（博士、研究员）

蜂机具及装备

专业委员会主任

王以真（本科、董事长）

蜜蜂文化

专业委员会主任

仇志强（本科、总经理）

科普

委员会主任

姚　军（硕士、副研究员）

二 历届理事长

历任理事长

第一届（1979.6—1984.10）

（法人代表）

理事长：马德风

（创始人）

第二届（1984.10—1989.11）

第三届（1989.11—1994.11）

第四届（1994.11—1999.11）

（法人代表）

理事长：陈耀春

第五届（1999.11—2006.3）

（法人代表）

第六届（2006.3—2012.3）

理事长：张复兴

第七届（2012.3—2018.3）

（法人代表）

理事长：吴　杰

三 历届秘书长

第一届（1979.6—1984.10）

秘书长：何国震

第二届（1984.10—1989.11）

秘书长：范正友（兼）

第三届（1989.11—1994.11）

秘书长：金振明（兼）

第四届（1994.11—1999.11）

第五届（1999.11—2006.3）

秘书长：张复兴（兼）

第六届（2006.3—2012.3）

（法人代表）

第七届（2012.3—2018.3）

秘书长：陈黎红

四 历届秘书处 / 办公室

第一任

主任：王彦姿（兼）

第二、三任

主任：孔繁萌

成员：孔繁萌（1989—1991）、
吴伟民（1991—1994）

第四任

主任：吴伟民

成员：吴伟民、吴金泉、
陈黎红（1997）

第五任

主任：陈黎红

成员：陈黎红、王秀红（2000）、王建梅（2005）

第六任

主任：陈黎红

成员：陈黎红、王秀红、王建梅、张婷（2008）、
郑鑫（2009）

第七任

主任：陈黎红

成员：陈黎红、王建梅、胡玼玼（2013）、
柏杨（2013）、陈芳（2015）、
齐烟舟（2016）、刘雪菊（2016）

第八任

主任：陈黎红

成员：陈黎红、王建梅、王楠（2018）、
张艺萌（2019）、朱蕊（2019）

五 历届理事

第一届理事会（1979.6—1984.10）

1979年6月27日，中国养蜂学会成立大会在北京召开，选举产生第一届理事会

理 事 长：马德风
副理事长：常英瑜、周　崧、龚一飞、房　柱
秘 书 长：何国震
副秘书长：陈世璧、金　沛、王吉彪

常务理事：
马德风、常英瑜、周　崧、王吉彪、张新钿、何国震、龚一飞、周　彤、徐万林、房　柱、邱隽斌、于　明、陈世璧、江小毛、张全华、金　沛、黄文诚、史允和、陈文章（19名）

特邀理事：
章元玮、李振纲、张宗炳、戴日镳、刘仰文、刘国士、李　容（7名）

理　　事：
于　明、马德风、王吉彪、王贻节、王彦姿、计德浩、甘家铭、史允和、叶振挺、纪天祥、刘集生、刘继宗、江小毛、江杜规、庄建雄、吕效吾、祁幼祥、朱有炎、李易方、李思良、邱隽斌、陈世璧、陈文章、陈毓宏、杨　林、杨俊伍、杨冠煌、何国震、何发祥、江志新、吴　曙、吴国强、来文林、房　柱、金　沛、张启明、张新钿、张书翰、张全华、张正松、周　崧、周　彤、林巾英、赵尚武、郭　郛、范正友、徐万林、唐文炎、常英玉、龚一飞、黄文诚、崔国海、靳德润、董文胜、诸葛群、黎可仁、瞿守睦（57名）

第二届理事会（1984.10—1989.11）

1984 年 10 月 16—20 日，中国养蜂学会第二届全国会员代表大会在北京召开

顾问组组长：马德风、常英瑜

顾　　问：周崧、张宗炳、刘继宗、管　和

理　事　长：陈耀春

副理事长：范正友、龚一飞、房　柱、王吉彪、黄文诚

秘　书　长：范正友（兼）

副秘书长：邱隽斌、陈世璧

常务理事：

王吉彪、王贻节、史允和、江小毛、乔廷昆、祁幼祥、陈耀春、陈世璧、邱隽斌、李举怀、范正友、房　柱、杨承梓、周　彤、赵尚武、高运启、徐万林、凌家球、龚一飞、黄文诚、鲍年松（21 名）

理　　事：

王吉彪、王素芝、王　熊、王贻节、王建鼎、王连仁、计德浩、甘家铭、史允和、吕效吾、江小毛、江杜规、乔廷昆、祁幼祥、刘先蜀、刘集生、庄德安、陈耀春、陈世璧、陈盛禄、陈毓宏、吴永中、吴　曙、吴国强、邱隽斌、邱汉辉、李思良、李举怀、李建修、匡邦郁、来文林、范正友、房　柱、杨冠煌、杨俊伍、杨承梓、张新钿、张全华、张启明、张秀实、张永恒、周　彤、林巾英、赵尚武、赵伯玉、胡鼎君、高运启、徐景耀、徐万林、凌家球、郭　郅、诸葛群、唐文炎、侯其道、夏平开、龚一飞、黄文诚、崔国海、崔宪章、章定生、曾玉昆、鲍年松、傅占元、赖友胜、韩行舟、蒙承慕、靳德润、葛凤晨、戴光增、瞿守睦（河北省保留 1 名）（71 名）

第三届理事会（1989.11—1994.11）

1991 年 11 月 2 日，中国养蜂学会第三届理事会第二次会议在江苏召开

顾 问 组 组 长：马德风、常英瑜

顾　　　　问：周 崧、管 和、李振纲

理　事　　长：陈耀春

副 理 事 长：金振明、范正友、龚一飞、房 柱、黄文诚、黄松滨、邱隽斌、葛凤晨、王昌铉

秘　书　　长：金振明（兼）

副 秘 书 长：陈洪鼎、陈世璧、张新钿、王素芝、方有生、乔廷昆、吕泽田

常 务 理 事：

王贻节、王素芝、王昌铉、方有生、毛春旭、邱隽斌、邱汉辉、毕志林、乔廷昆、李举怀、江小毛、
祁幼祥、吕泽田、陈耀春、陈洪鼎、陈世璧、陈盛禄、陈 谋、吴余泉、匡邦郁、杨雪珍、宋振贤、
金振明、范正友、房 柱、周振寰、张全华、张新钿、张明俊、赵尚武、徐万林、徐友弟、黄文诚、
黄松滨、龚一飞、章定生、葛凤晨（37 名）

理　　　　事：

马学忠、王贻节、王素芝、王建鼎、王连仁、王昌铉、王维义、王雪明、王建业、王化南、方有生、
计德浩、毛春旭、邓德万、孔繁荫、甘家铭、甘汝云、刘先蜀、刘从堂、刘集生、刘玉梅、田庆华、
布日诺、冯 峰、邱隽斌、邱汉辉、许文龙、毕志林、李举怀、李盛东、李建修、李继庸、李位三、
李玉珊、李青山、李忠谱、李 利、李明元、李有泉、乔廷昆、乔新科、江小毛、祁幼祥、庄德安、
朱承祖、吕泽田、陈耀春、陈洪鼎、陈世璧、陈毓宏、陈盛龙、陈盛禄、陈纪涵、陈 谋、陈文章、
杨冠煌、杨俊伍、杨寒冰、杨雪珍、宋振贤、吴 曙、吴余泉、吴本熙、吴燕如、吴伟民、吴芳洲、
叶宝玲、陆朝章、陆国正、余金安、来文林、匡邦郁、金振明、范正友、房 柱、张全华、张新钿、
张启明、张仲锡、张明俊、张大隆、袁泽良、周振寰、赵尚武、赵伯玉、胡季强、姜 宁、徐万林、
徐景耀、徐友弟、徐祖荫、诸葛群、夏平开、黄文诚、黄松滨、黄双源、黄双修、曾玉昆、龚一飞、
章定生、催文学、傅占元、韩行舟、赖友胜、葛凤晨、靳世恒、颜志立、戴启镒、瞿守睦（天津市、
台湾省各保留 1 名）（111 名）

第四届理事会（1994.11—1999.11）

1994年11月，中国养蜂学会第四届全国会员代表大会在重庆召开

顾 问 组 组 长：马德风

顾　　　　问：常英瑜、周　崧、范正友、黄文诚、邱隽斌、徐万林

理　事　长：陈耀春（1994.11—1997.3）、张复兴（代理事长，1997.3—1999.11）

副 理 事 长：龚一飞、房　柱、葛凤晨、乔玉锋、乔廷昆、张复兴（常务，1994.11—1997.4）

秘　书　长：张复兴（兼）

副 秘 书 长：陈世璧、周锋铭

常 务 理 事：

王建鼎、王焕文、王振山、方有生、叶月皎、匡邦郁、乔玉峰、乔廷昆、祁幼祥、刘进祖、田晓薇、冯　峰、邱汉辉、毕志林、李鹏飞、李青山、沈惠琴、杨冠煌、杨玉华、房　柱、张复兴、张　欣、张新钿、张大隆、张全华、陈耀春、陈世璧、陈盛禄、林巾英、周锋铭、夏平开、康晓凡、曾志将、梅　峰、龚一飞、章定生、赖友胜、葛凤晨、颜志立（39名）

理　　　　事：

乃善柏、马学忠、王宝林、王建鼎、王庆波、王　堪、王连仁、王焕文、王振山、王素芝、牛传魁、方有生、尹成怀、尹栩颖、邓德万、邓学武、甘家铭、刘先蜀、刘进祖、刘　亮、刘从堂、刘玉梅、刘勉之、刘集生、刘承来、叶振生、叶月皎、叶宝林、田晓薇、田中人、田时玲、艾志强、冯　峰、邱汉辉、许金根、毕志林、李玉姗、李鹏飞、李良忠、李通权、李举怀、李盛东、李青山、李文成、沈惠琴、乔玉峰、乔廷昆、祁幼祥、朱　光、巫锡成、陈耀春、陈世璧、陈盛禄、陈根林、陈尔程、杨冠煌、杨　洁、杨玉华、杨寒冰、何介田、吴余泉、吴本熙、吴伟民、陆国正、汪礼国、肖玉腾、宋心仿、杜桃柱、匡邦郁、孟宪佐、孟祥金、金振明、林　绮、林巾英、林珏霞、房　柱、张复兴、张新钿、张　欣、张世英、张大隆、张长生、张运瑛、张全华、张启明、张明俊、袁泽良、周锋铭、尹成怀、赵明温、班国民、顾志春、郭芳彬、郭福伦、唐章德、宫之瑞、胥保华、姜黎光、徐景耀、徐祖荫、夏平开、黄双修、黄双源、黄富贤、黄　亮、梁诗魁、康晓凡、康　浦、曾志将、梅　峰、龚一飞、章定生、傅永顺、傅学明、赖友胜、程文显、程传仁、葛凤晨、楼　云、颜志立、潘江波、戴启镒、黎九洲、魏冠军、魏秀昆（125名）

第五届理事会（1999.11—2006.3）

1999 年 11 月 22—27 日，中国养蜂学会第五届全国会员代表大会在浙江江山召开

荣誉理事长：马德风

名誉理事长：陈耀春

首席顾问：龚一飞

顾　　　问：王贻节、甘家铭、祁幼祥、刘集生、张全华、邱隽斌、沈基楷、杨冠煌、范正友、
周　崧、林巾英、金振明、徐万林、徐景耀、韩行舟、黄文诚

理　事　长：张复兴

副理事长：陈世璧、葛凤晨、颜志立、王振山、张大隆、陈崇羔、陈盛禄、匡邦郁、章定生、
程文显

秘　书　长：张复兴（兼）

副秘书长：陈黎红（常务）、吴　杰、刘进祖、周锋铭、潘建国

常务理事：

乃善柏、王开发、王建鼎、王振山、王淑芬、邓德万、巨万栋、龙学军、叶振生、田晓薇、冯　峰、
朱　光、刘进祖、刘张林、刘承来、乔廷昆、任国奎、吕泽田、宋心仿、汪礼国、邱汉辉、沈惠琴、
吴　杰、吴伟民、陈世璧、陈明虎、陈廷珠、陈崇羔、陈盛禄、陈黎红、杨玉华、杨寒冰、李　萍、
杜桃柱、张大隆、张启明、张复兴、张新钿、张家盛、罗岳雄、罗辅林、周　玮、周锋铭、房　柱、
郭芳彬、宫之睿、岳发强、胥保华、柏鹏程、徐祖荫、程文显、曾志将、梁正之、梁诗魁、章定生、
康　浦、黄家和、楼　云、葛凤晨、蔡英伟、缪晓青、颜志立、潘建国、魏冠军（64 名）

理　　事：

马志江、马金龙、尹怀成、王　升、王又康、王素芝、王盛桥、王习合、王振山、王建鼎、王凤鹤、
王宪增、王开发、王顺海、王淑芬、仇兴光、亢永成、牛传魁、邓德万、历延芳、冯国海、冯　峰、
叶振声、龙学军、孙　毅、古有源、田晓薇、田惠争、巨万栋、边成均、乔廷昆、朱　黎、朱　光、
朱其琼、祁志勇、刘张林、刘心忠、刘博浩、刘家银、刘承来、刘喜刚、刘太和、刘玉梅、刘进祖、

刘长国、刘从堂、刘世伟、刘先蜀、任国奎、闫永祥、朴建有、吕泽田、李生观、李玉珊、李鹏飞、李良昌、李广福、李　勇、李玉发、李易谷、李通权、许望山、许小云、向忠纯、纪　鸿、陈廷珠、陈洪琪、陈黎红、陈世璧、陈崇羔、陈明虎、陈　静、陈海洋、陈盛禄、陈宝昆、陈　昭、杜桃柱、杜富相、杜　刚、吴惠民、吴永生、吴伟民、吴　杰、吴本熙、吴粹文、邵有全、张兴军、张大隆、张其康、张复兴、张心钿、张启明、张　铁、张家盛、余习春、邱汉辉、来文林、宋心仿、宋　涛、宋桂珍、陆网余、严新文、孟祥金、汪李明、汪　进、汪礼国、汪尤金、巫锡成、匡邦郁、沈惠琴、季福标、何　胜、杨传全、杨玉华、杨寒冰、杨　洁、庞国芳、周靖邦、周　斌、周　婷、周锋铭、周伟良、周　玮、周雪清、武国英、罗岳雄、罗辅林、段俊明、林玉霞、林尊诚、郑建航、房　柱、岳发强、闻海科、郭芳珊、郭春生、胥保华、柏鹏程、赵光培、赵伟亚、赵世展、宫之瑞、宫元上、胡登富、胡福良、胡元强、祝　捷、姜黎光、秦汉荣、袁泽良、袁立人、高建村、高新云、唐伟兴、唐维昆、夏鸣玮、顾纪东、顾君复、顾永良、钱建华、钱志明、徐祖荫、徐彦康、贾龙龙、贾连吉、黄秉正、黄家和、黄　亮、黄双修、黄文忠、梁　勤、梁诗魁、梁正之、梁永灿、萧玉蔽、章定生、康　浦、葛豫东、葛凤晨、韩胜明、谢新民、谢英俊、蒋　滢、曾志将、程文显、舒　仲、楼　云、蔡英伟、虞纪浩、缪晓青、颜志立、臧石泉、潘建国、薛运波、薛万林、魏冠军、魏秀昆、攀晓敏（198 名）

第六届理事会（2006.3—2012.3）

2006年3月11日，中国养蜂学会第六届全国会员代表大会在重庆召开，农业部畜牧业司邓兴照出席会议并颁发证书

［应对欧盟对我国蜂蜜禁进，自2002年始，中国养蜂学会以"小规模大群体"战略，开展"学会＋会员企业＋养蜂大户"的"蜂产品安全与标准化生产基地"建设。大会评选出12家"全国蜂产品安全与标准化生产基地"，1家"中国蜂产品之乡"］

首 席 顾 问： 刘 坚

荣 誉 理 事 长： 马德风

名 誉 理 事 长： 陈耀春

顾　　　　问： 王素芝、龚一飞、范正友、黄文诚、周 崧、王贻节、金振明、陈世璧、章定生、翟文蓉、徐万林、甘家铭、张全华、戴启镒、刘集生、刘玉梅、陈崇羔、杨冠煌、吴伟民、冯 峰、梁诗魁、袁泽良、吴粹文、刘先蜀、徐景耀、黄双修、叶振生、吴本熙、王建鼎、沈基楷

理　事　长： 张复兴

副 理 事 长： 吴 杰（常务）、颜志立、匡邦郁、陈盛禄、张大隆、程文显、王振山、周 玮、薛运波、梁 勤、胡箭卫（增补企业家：章征天、郑春强、巫锡成；增补：庞国芳、宋心仿、郑友民）

秘书长兼法人： 陈黎红

副 秘 书 长： 周锋铭、刘进祖、潘建国（增补：胡福良、罗岳雄）

（备注：由于对2008AAA会议的贡献，2009年胡福良、刘进祖、罗岳雄被提升为副理事长；石巍、胥保华、曾志将、林尊诚、李 浩、朱黎被提名为副秘书长）

常 务 理 事：

牛传魁、王文洋、王永康、王振山、邓荣臻、史怀涛、巨万栋、石 巍、龙学军、任国奎、刘张林、

刘进祖、刘家银、刘维龙、匡邦郁、吕泽田、孙　毅、朱　黎、祁志勇、许小云、许正鼎、闫永祥、余习春、吴　杰、宋心仿、张大隆、张复兴、张新军、时　锋、杜　钢、杜国平、杜相富、杨玉华、杨寒冰、汪　进、汪礼国、沈崇钰、肖玉腾、陈　静、陈廷珠、陈国宏、陈昌卓、陈明虎、陈盛禄、陈黎红、周　玮、周　斌、周锋铭、和绍禹、孟祥金、季福标、巫锡成、庞国芳、林尊诚、罗　灿、罗岳雄、罗辅林、段俊明、胡福良、胡箭卫、赵　静、赵小川、赵建航、饶奇生、夏晓华、徐祖荫、钱志明、钱建华、顾纪东、高新云、梁　勤、梁正之、黄兆新、黄倜慎、彭文君、曾志将、程文显、葛凤晨、谢　勇、楼　云、缪晓青、蔡英伟、潘　斌、潘建国、颜志立、薛运波

（增补：李　浩、郑友民、郑春强、林尊诚、章征天、曾志将）（92 名）

理　　　事：

刁青云、马志江、历延芳、尹成怀、方文富、牛传魁、王　升、王　勇、王凤鹤、王文洋、王以真、王永康、王作新、王秀红、王振山、王淑芬、王福元、邓荣臻、邓家军、冯四海、冯佳伦、古有源、史怀涛、巨万栋、白万钧、石　巍、龙学军、任国奎、刘　毓、刘　攀、刘心忠、刘长国、刘张林、刘良男、刘进祖、刘国恩、刘建学、刘昌宏、刘家银、刘桂舟、刘维龙、刘博浩、刘喜刚、刘新亮、匡邦郁、向忠纯、吕志祥、吕泽田、孙　峰、孙　毅、孙开丰、孙华彬、朱　斌、朱　黎、祁志勇、纪　鸿、许小云、许正鼎、许望山、闫永祥、闭炳芬、何日扬、何薇莉、余习春、余林生、吴　杰、吴建荣、吴忠高、吴珍红、吴惠民、宋心仿、张　武、张大隆、张启明、张应湘、张学文、张复兴、张映升、张新军、时　锋、李万瑶、李玉珊、李生观、李良昌、李建科、李易谷、李海燕、李致贤、李满长、李福亭、杜　钢、杜国平、杜相富、杜桃柱、杨玉华、杨传全、杨忠诚、杨茂森、杨寒冰、汪　进、汪礼国、汪宗德、沈　平、沈冯强、沈崇钰、沈雪仁、钟海荣、肖玉腾、苏松坤、苏荣茂、苏惠民、邵有全、陈　昭、陈　静、陈廷珠、陈国宏、陈尚发、陈昌卓、陈明虎、陈明胜、陈洪琪、陈振起、陈盛禄、陈黎红、周　玮、周　婷、周　斌、周云川、周冰峰、周雪清、周锋铭、和绍禹、孟祥金、季福标、巫锡成、庞国芳、房　柱、林玉霞、林尊诚、罗　灿、罗运泉、罗岳雄、罗建能、罗辅林、郑英花、郑春强、金水华、姜黎光、宫之睿、宫元上、恽君郎、段俊明、胡元强、胡延安、胡福良、胡箭卫、胥保华、赵　静、赵上生、赵小卫、赵小川、赵光培、赵建航、赵饶军、饶奇生、夏晓华、徐水和、徐连宝、徐祖荫、袁兰珍、袁金茂、郭春生、钱志明、钱建华、顾纪东、顾君复、高春宝、高新云、梁　勤、梁正之、章振东、黄文忠、黄兆新、黄建发、黄秉正、黄倜慎、黄家和、彭文君、曾志将、曾清泉、程文显、程春生、童晓刚、舒　仲、葛凤晨、董　捷、蒋　滢、谢　勇、谢英俊、韩方志、韩胜明、韩振和、楼　云、缪南浩、缪晓青、臧石泉、臧煜儿、蔡英伟、谭东生、潘　斌、潘建国、颜志立、黎九洲、薛　源、薛万林、薛运波

（增补：李　浩、郑友民、章征天）（219 名）

第七届理事会（2012.3—2018.3）

2012年3月11日，中国养蜂学会第七届全国会员代表大会在江苏盱眙召开，农业部畜牧业司（现农业农村部畜牧兽医局）谢双红处长出席指导会议

首 席 顾 问：刘　坚、张宝文

特 邀 顾 问：舒惠国

名 誉 理 事 长：张复兴

名誉副理事长：陈盛禄、张大隆、颜志立、程文显、王振山、梁　勤

顾　　　　问：王素芝、龚一飞、范正友、黄文诚、周　崧、金振明、陈世璧、葛凤晨、陈崇羔、
　　　　　　　徐万林、杨冠煌、吴伟民、冯　峰、袁泽良、刘先蜀、徐景耀、黄双修、叶振生、
　　　　　　　吴本熙、王建鼎

理 事 长：吴　杰

副理事长兼秘书长：陈黎红

副 理 事 长：郑友民、周　玮、庞国芳、宋心仿、薛运波、罗岳雄、胡福良、缪晓青、胥保华、
　　　　　　　曾志将、刘进祖、章征天、巫锡成、孙　毅、郑春强、季福标、李思红

副 秘 书 长：周锋铭、石　巍、林尊诚、朱　黎、苏松坤、邵兴军、许晓宇（2015年增补）、
　　　　　　　刘新军（2015年增补）

常务理事（96人，以下按姓氏拼音排序）：

蔡英伟、陈　静、陈　亮、陈昌卓、陈功杰、陈国宏、陈黎红、陈廷珠、程庭宏、仇志强、杜崧峻、
杜忠东、冯　刚、郭利军、和绍禹、胡福良、季福标、巨万栋、雷兴生、刘新军、李福亭、李海燕、
李思红、林　伟、林尊诚、刘博浩、刘进祖、刘世东、龙学军、楼　云、吕泽田、罗　扬、罗岳雄、
孟祥金、缪晓青、庞国芳、彭文君、钱建华、邱巨香、任国奎、邵兴军、邵有全、石　巍、时　锋、
史怀涛、宋心仿、苏松坤、孙　毅、孙德官、谭宏伟、汪礼国、王淑芬、王顺海、王以真、王振山、
王作新、巫锡成、吴　杰、吴银松、夏晓华、肖玉腾、谢　勇、胥保华、许　政、许小云、薛其斌、
薛运波、席芳贵、杨玉华、朱劲松、余　勇、余林生、曾志将、张世文、张新军、章征天、赵　静、
赵建航、赵小川、郑春强、郑友民、周　斌、周　婷、周　玮、周冰峰、周锋铭、周雪清、周俊峰、

第八届理事会（2018.3 至今）

2018 年 3 月 9 日，中国养蜂学会第八届全国会员代表大会在南昌召开，农业部畜牧业司（现农业农村部畜牧兽医局）周晓鹏同志出席大会

中国养蜂学会第八届领导

理　事　长：吴　杰（法人代表）

副理事长兼秘书长：陈黎红

副　理　事　长（按姓氏笔画排序）：

朱庆华、刘进祖、孙　毅、杨永坤、余林生、宋心仿、陈国宏、罗岳雄、季福标、庞国芳、胡福良、胥保华、钱志明、彭文君、曾志将、缪晓青、薛运波、耿跃华

副　秘　书　长：王建梅、王顺海、韦小平、仇志强、刘新军、许晓宇、周锋铭、郑　凯、绍兴军、高　清、曹　炜、蔡凌凯、谭宏伟（注：2019.3 许晓宇更换为何家全）

常务理事（123 人，以下按姓氏拼音排序）：

闭正辉、蔡英伟、曹　炜、曾志将、常凤荣、陈　静、陈昌卓、陈大福、陈国宏、陈黎红、陈明胜、陈廷珠、陈宜斗、程林兵、程庭宏、仇志强、董　坤、冯　钢、高　清、高景林、耿跃华、郭利军、胡福良、黄少康、黄忠连、吉　挺、吉进卿、季福标、姜风涛、姜玉锁、赖秋萍、李　奎、李　翔、李　熠、李福亭、李建科、李江红、李满长、李思红、李有志、林尊诚、刘富海、刘卉红、刘进祖、刘仁刚、刘世东、刘新军、龙学军、罗文华、罗岳雄、吕泽田、马根卿、缪晓青、牛庆生、庞国芳、彭文君、钱志明、邱巨香、尚建国、绍兴军、沈崇钰、石　巍、宋心仿、苏松坤、孙　毅、孙德官、谭宏伟、谭主奇、唐　定、田志勤、汪礼国、王建梅、王丽华、王三红、王顺海、王穗生、王文峰、王以真、韦小平、巫锡成、吴　杰、吴银松、吴珍红、夏晓华、肖玉腾、谢　勇、谢双红、胥保华、徐希莲、许化斌、许晓宇、薛其斌、薛运波、杨　旗、杨传全、杨文超、杨小林、杨永坤、杨玉华、杨子涛、叶繁盛、叶武光、于世宁、于志斌、余林生、张　勇、张国君、张红城、张加东、张进杰、张世文、张新军、张正蓉、张中印、赵　亮、赵红霞、赵上生、赵小川、郑　凯、周冰峰、周锋铭、朱　黎、朱庆华

理事（372 人，以下按姓氏拼音排序）：

安传远、安建东、柏道云、闭正辉、蔡凌凯、蔡仁军、蔡英伟、曹　炜、曹联飞、曾荆阳、曾振华、曾志将、常凤荣、陈　静、陈　震、陈昌利、陈昌卓、陈大福、陈东海、陈驸桦、陈光国、陈国宏、

陈海根、陈黎红、陈明胜、陈廷珠、陈祥富、陈秀英、陈宜斗、陈岳贤、程林兵、程苏亮、程庭宏、仇志强、崔立军、戴景育、邓定军、刁青云、董坤、董平、方兵兵、房冰、房柱、冯钢、冯玉敏、付乃安、付中民、傅刚、高清、高智、高夫超、高景林、高志鸿、耿跃华、郭媛、郭诚俊、郭传海、郭利军、何德华、何日扬、贺彬、贺先作、贺占林、胡福良、胡元强、胡志华、黄克伟、黄少康、黄忠连、霍老二、吉挺、吉进卿、纪正兴、季福标、江威、姜琦、姜德勇、姜风涛、姜卫东、姜玉锁、蒋德文、蒋新立、金汤东、孔令波、寇相粉、赖洪生、赖秋萍、雷宏声、雷秋云、雷武锋、李春、李奎、李翔、李熠、李勇、李宝珠、李彬之、李定顺、李峰华、李福亭、李海滨、李海军、李红亮、李纪恩、李建科、李江红、李景安、李俊尧、李利平、李联明、李良昌、李满长、李名文、李思红、李逍然、李有志、李泽正、李长安、梁斌、梁朝友、梁雄明、林黎、林山、林拱阳、林伟忠、林尊诚、凌宝平、刘浩、刘强、刘睿、刘毓、刘富海、刘桂舟、刘国恩、刘卉红、刘加善、刘建红、刘建林、刘建萍、刘建学、刘进祖、刘俊熙、刘仁刚、刘世东、刘晓华、刘新军、刘星品、刘在芳、龙小飞、龙学军、龙训明、陆浩、罗集心、罗其花、罗文华、罗叶平、罗岳雄、罗照亮、吕定生、吕焕明、吕泽田、吕志祥、马根卿、马广运、马卫华、毛长明、孟华峰、孟军锋、孟少伟、孟祥金、米云峰、缪晓青、倪逸民、倪仔鑫、牛庆生、庞国芳、逢焕三、彭代明、彭景春、彭文君、彭艳花、钱枫荣、钱志明、丘志淡、邱巨香、邱汝民、任国奎、尚建国、绍兴军、申磊、沈远、沈崇钰、沈云康、沈云卓、石巍、史开军、史培颖、宋健、宋顺其、宋心仿、苏昌鹏、苏松坤、孙峰、孙毅、孙大和、孙德官、孙健男、孙苠方、孙渝胜、孙兆平、谭东山、谭宏伟、谭主奇、唐定、唐洪、唐基润、唐清科、唐友海、腾跃中、滕纯森、田媛媛、田志勤、涂熹娟、汪昌宏、汪礼国、汪妙红、汪新辉、王彪、王斌、王惠、王军、王顺、王晓、王正、王德玲、王德祥、王东生、王洪强、王建刚、王建国、王建梅、王金华、王军营、王丽华、王丽君、王三红、王顺海、王穗生、王文峰、王以真、王祖明、王作新、韦小平、翁建雄、巫锡成、吴杰、吴平、吴建荣、吴健新、吴黎明、吴敏敏、吴小波、吴银松、吴珍红、吴忠高、伍河春、夏晓华、肖玉腾、谢勇、谢双红、辛国平、熊新民、胥保华、徐崇喜、徐国钧、徐书法、徐水荣、徐希莲、徐晓兰、徐新建、徐友文、徐祖荫、许化斌、许金山、许金亭、许晓宇、许学斌、薛国圈、薛其斌、薛聿冰、薛运波、杨旗、杨传全、杨东风、杨国铭、杨红卫、杨建军、杨龙军、杨文超、杨小林、杨永坤、杨玉华、杨忠诚、杨子涛、姚刚、叶德国、叶发金、叶繁盛、叶根娥、叶武光、尹成怀、于世宁、于志斌、余林生、袁德美、扎罗、翟大福、詹胜林、战立新、张魁、张伟、张勇、张大利、张冯斌、张国君、张海峰、张红城、张加东、张建忠、张进杰、张敬群、张梅兰、张其安、张青杰、张秋钦、张世文、张晓峰、张新军、张学文、张异才、张云毅、张振红、张正蓉、张中印、张自秋、章晋武、章振东、赵行、赵亮、赵光政、赵红霞、赵慧婷、赵丽梅、赵上生、赵学昭、赵义存、郑凯、郑浩亮、郑火青、郑燕珍、郑永惠、钟菊生、周冰峰、周春雷、周锋铭、周文亮、朱黎、朱强、朱庆华、朱姝婧、朱翔杰、朱志强

六 历届分支机构

　　中国养蜂学会为引领、推动行业发展，从 1980 年至今成立了 14 个专业委员会，涵盖蜂业全领域。学会利用各专业委员会优势，引领和组织各专业委员会积极开展蜂行业工作。各专委会每年召开各自领域学术交流、培训、座谈等，每 5 年进行换届选举。

中国养蜂学会专业委员会

（一）中国养蜂学会中蜂协作委员会（1974）

前身：南方中蜂主产区协作组

挂靠单位：云南农业大学（第一届、二届、五届、六届）、云南省畜牧局（第三届）、农业部（第四届）、云南省家畜改良工作站（第七届）

第一届

主　任：彭　荣

副主任：马德风

第二届

主　任：彭　荣

副主任：马德风、匡邦郁

第三届

主　任：甘汝云

副主任：王素芝、金振明、匡邦郁、王建鼎、苗发源、杨冠煌

秘　书：匡邦郁

第四届

主　任：王素芝

副主任：匡邦郁、杨冠煌、王建鼎、赖友胜、颜志立

秘　书：杨冠煌

第五届

主　任：和绍禹

副主任：葛凤晨、罗岳雄、石　巍、杜相富、周冰峰、徐祖荫、胡剑卫、林尊诚

秘　书：林尊诚

第六届

主　任：和绍禹

副主任：林尊城、石　巍、周冰峰、许　政、王建文、张雪锋、戴荣国、谭　垦

秘　书：刘意秋

第七届

主　任：林尊诚

副主任：董　坤、石　巍、周姝婧、王建文、赵红霞、王瑞生、祁文忠

秘　书：刘意秋

（二）中国养蜂学会蜂疗保健专业委员会（1980）

挂靠单位： 江苏连云港蜂疗医院（第一至第六届）、福建农林大学蜂学学院（第七届）

第一届至第六届

主　任：房　柱

第七届

主　任：缪晓青

副主任：薛国圈、李万瑶、孙丽萍、刘富海、花家元、程林兵、张中印、邵兴军

秘　书：杨文超、叶守英

（三）中国养蜂学会蜜蜂育种专业委员会（1986）

挂靠单位： 中国农业科学院蜜蜂研究所（第一、四届）、吉林省养蜂科学研究所（第二、三届）

第一届

主　任：周　崧

第二届

主　任：葛凤晨

第三届

主　任：葛凤晨

副主任：王加聪、杜桃柱

秘　书：牛庆生

第四届

主　任：石　巍

副主任：杨红杰、牛庆生、王丽华、苏松坤、方兵兵

秘　书：刘之光

（四）中国养蜂学会蜂产品加工专业委员会（1987）

挂靠单位： 中国农业科学院蜜蜂研究所

第一届

主　任：王振山

常务副主任：袁泽良、徐景耀

副主任：刘进祖、王焕文

秘　书：何薇莉

第二届

主　任：袁泽良

常务副主任：何薇莉

副主任：吕泽田、沈惠琴、潘建国、刘进祖、刘建平

秘　书：董　捷

第三届

主　任：彭文君

副主任：董　捷、何薇莉、吕泽田、胡福良、陈婉玉、郭利军、吴忠高、章征天

秘　书：董　捷

第四届

主　任：彭文君

副主任：董　捷、何薇莉、吕泽田、胡福良、陈婉玉、吴忠高、郭利军、章征天

秘　书：董　捷

第五届

主　任：张红城

副主任：曹　炜、董　捷、刘　睿、罗丽萍、绍兴君、孙丽萍、孙淑珍、田文礼、张翠平、
　　　　张玉海

秘　书：赵亚周、杨文超

（五）中国养蜂学会蜜蜂饲养管理专业委员会（1989）

挂靠单位：中国农业科学院蜜蜂研究所（第一、二届）、浙江大学动物科学学院（第三、四届）、福建
农林大学蜂学学院（第五、六届、七届）

第一届

主　任：陈世璧

第二届

主　任：陈世璧

副主任：沈基楷、陈盛禄、刘集生、周冰峰

第三届

主　任：陈盛禄

副主任：周冰峰、吴本熙、颜志立、蔡英伟

第四届

主　任：周冰峰

副主任：周　玮、苏松坤、陈廷珠、杜相富、刘富海、蔡英伟

第五届

主　任：周冰峰

副主任：苏松坤、曾志将、和绍禹、李建科、胥保华、石　巍、陈廷珠、杜相富、刘富海、
　　　　刘博浩

第六届

主　任：周冰峰

副主任：苏松坤、李建科、和绍禹、刘博浩、陈廷珠、刘富海、康明江、朱翔杰、吴小波

第七届

主　任：朱翔杰

副主任：李建科、董　坤、吴小波、王红芳、于世宁

秘　书：徐新建

（六）蜜蜂保护专业委员会（1990）

挂靠单位：中国农业科学院蜜蜂研究所

第一届

主　任：冯　峰

副主任：张全华、王建鼎、郑国安

秘　书：陈淑静

第二届

主　任：冯　峰

副主任：王建鼎、陈淑静、张家盛、石培彰

秘　书：陈淑静

第三届

主　任：冯　峰

常务副主任：周　婷

副主任：梁　勤、薛运波、胡箭卫、余林生、吴忠高

秘　书：周　婷

第四届

主　任：周　婷

副主任：王　强、余林生、陈大福、滕跃中、张永贵

秘　书：王　强（兼）

第五届

主　任：周　婷

副主任：王　强、余林生、陈大福、滕跃中、张永贵

秘　书：代平礼

第六届

主　任：周　婷

副主任兼秘书：王　强

副主任：余林生、陈大福、滕跃中、张永贵

第七届

主　任：刁青云

副主任：王　强、余林生、陈大福、滕跃中、张永贵

秘　书：代平礼

（七）中国养蜂学会蜜源与授粉专业委员会（1991）

挂靠单位：中国农业科学院蜜蜂研究所

第一届

主　任：梁诗魁

副主任：章定生、柯贤港

秘　书：吴　杰

第二届

主　任：梁诗魁

副主任：柯贤港、章定生、吴　杰、董　霞

秘　书：彭文君

第三届

主　任：梁诗魁

第四届

主　任：吴　杰

副主任：安建东、邵有全、董　霞、方文富、祁文忠、刘进祖、王凤鹤、王　彪

秘　书：安建东

第五届

主　任：吴　杰

副主任：安建东、邵有全、董　霞、方文富、祁文忠、刘进祖、王凤鹤、王　彪、刘新宇

秘　书：李继莲

（八）中国养蜂学会蜂业经济专业委员会（1993）

　　挂靠单位：农业部（第一届）、江苏省蜂业协会（第二、三届）、山东农业大学动物科学学院（第四届）、中国农业科学院农业经济与发展研究所（第五届）

第一届

主　任：王素芝

副主任：张大隆、高运其

第二、三届

主　任：张大隆、周　斌

副主任：高运其、周　斌、肖玉腾、张新军、李海燕、胥保华、朱　黎、季福标、杜相富、肖玉腾

第四届

主　任：胥保华

副主任：李海燕、张新军、肖玉腾、徐国均、赵之俊、刘建平、胡元强、周俊峰、陈建中

第五届

主　任：赵芝俊

副主任：邵有全、毛晓红、李树超、李敬锁、游兆彤、徐国钧、肖玉腾、孙翠清、高　芸、
　　　　　张社梅、方兵兵

秘　书：麻吉亮

（九）蜜蜂生物学专业委员会（1996）

　　挂靠单位：云南农业大学（第一届）、福建农林大学蜂学学院（第二、三届）、中国农业科学院蜜蜂研究所（第四、五届）

第一届

主　任：匡邦郁

副主任：刘先蜀、缪晓青、和绍禹

秘　书：匡海鸥

第二、三届

主　任：缪晓青

副主任：曾志将、胥保华、韩胜明、薛运波、周冰峰

第四、五届

主　任：李建科

副主任：陈大福、董　坤、黄少康、吉　挺、姜玉锁、匡海鸥、牛庆生、苏松坤、孙亮先、
　　　　颜伟玉、张学锋、郑火青

秘　书：冯　毛

（十）中国养蜂学会蜜蜂文化专业委员会（2006）

挂靠单位：四川锡成生物科技有限公司（第一届）、扬州蜂驰天下文化发展有限公司（第二届）

第一届

主　任：巫锡成

副主任：胥保华、罗岳雄、张新军、薛运波、王建文

秘　书：刘集生

第二届

主　任：仇志强

副主任：薛运波、胥保华、罗岳雄、张新军、姚　军、吴银松、孙　毅、王建文、崔崇昆

秘　书：仇志强

（十一）中国养蜂学会蜂业标准化专业委员会（2009）

挂靠单位：中国农业科学院蜜蜂研究所

第一届

主　任：吴　杰

副主任：赵　静、陈国平、李　熠、胡福良、刘进祖、郑小华、郭利军

秘　书：吴黎明

第二届

主　任：赵　静

副主任：赵　静、吴黎明、陈国平、李　熠、胡福良、刘进祖、郑小华、郭利军

秘　书：吴黎明

第三届

主　任：李　熠

副主任：胡福良、刘进祖、郑小华、郭利军、吴黎明

秘　书：吴黎明

（十二）中国养蜂学会蜂机具及装备专业委员会（2009）

挂靠单位：江西上饶益精蜂业公司

第一届

主　任：王以真

副主任：徐连宝、蔡英伟、向忠纯、赵泽民、谢　勇、尚建国、汪新海、刘喜刚、胡志华、
匡海鸥、徐友文、汪新正、黄良秋

秘　书：谢　勇

第二届

主　任：王以真

副主任：蔡凌凯、蔡英伟、胡志华、黄忠连、匡海鸥、刘喜刚、尚建国、沈仲辉、王宝龙、向忠纯、
谢　勇、徐友文、赵泽民

秘　书：谢　勇

（十三）中国养蜂学会蜂业维权专业委员会（2012）

挂靠单位：山东省东营市蜜蜂研究所

主　任：宋心仿

秘　书：周　军

（十四）中国养蜂学会蜜蜂科普专业委员会（2018）

挂靠单位：中国农业科学院蜜蜂研究所

第一届

主　任：姚　军

副主任：罗　兵、李　芸、黄家兴、王　志、蔡昭龙、贾金龙

七　国家特有工种（蜂）职业技能鉴定站

中华人民共和国劳动保障部

特有工种职业技能鉴定站（蜂）

Ministry of Labour and Social Security . PRC

Occupational Skill Testing Center (Apiculture)

- 成立：2007 年 7 月，国家批复成立"国家特有工种（蜂）职业技能鉴定站"
- 设立地点：中国养蜂学会
- 工种：蜜蜂饲养工、蜂产品加工工
- 等级：五级、四级、三级、二级、一级
- 获得职业资格证者：5600 人
- 获得考评员资格者：30 人
- 获得督导员资格者：8 人

第四章　桥梁纽带

40 年来，中国养蜂学会不仅是全国蜂业的权威性学术团体，而且一直赋有行业职能，是落实国家各项蜂业政策、法规的重要抓手，是政府部门的得力助手和应急事件的快捷应对能手，被全国蜂业誉为"娘家"。长期以来，学会承上启下，有着做好助手、当好桥梁、及时传递政府声音、及时反馈蜂业诉求、替政府分忧、为蜂农解难、维护国家声誉、维护行业和会员利益、引领蜂业各领域科技快速发展的优良传统，始终如一地为政府、为蜂业服好务。

◎ 建议修订《养蜂暂行规定》"保护中华蜜蜂种质资源"（2000 年）——学会极力呼吁

◎ 启动"全国蜂产品安全与标准化生产基地建设"（2002 年始）——学会倡议

◎ "非典"时期，解决全国养蜂"进、退、返"三难困境（2003 年）——学会的辛勤付出

◎ 建议《中华人民共和国畜牧法》中含"蜂"（2005 年）——学会的不懈努力

◎ 建议蜜蜂纳入"国家现代农业技术体系"（2006）——学会的不懈努力

◎ 起草、制定《养蜂管理办法》（2008 年）——学会的奉献

◎ 建议蜜蜂"绿色通道"（2009 年）——学会的不懈努力

◎ 起草制定《全国蜂业"十二五"规划》（2009 年）——学会的辛勤付出

◎ "全国蜂业救灾应急技术培训"（2010 年）——学会的辛勤劳动

◎ 农业部系列授粉法规政策（2010 年）——有学会的倡议与努力

◎ 蜂产品纳入《中国农产品加工业年鉴》（2015 年）——学会的倡议与付出

◎ 开展"全国蜜蜂中毒事件普查"（2015 年）——学会的辛勤劳动

◎ 启动"农业部标准化养蜂示范"（2012 年始）——有学会的辛勤付出

◎ "国家食品安全'蜂蜜'标准不安全"（2015 年）——学会呼吁修订

◎ 质疑央视"蜂王浆致癌"负面报道（2017 年）——学会呼吁更正

◎ 蜂产品纳入《中国食品工业年鉴》（2018 年始）——学会的倡议与努力

◎ 农业农村部开展全国蜂业提质行动（2018 年）——有学会的辛勤付出

◎ 启动"全国蜜蜂农药中毒事故检测分析"（2018 年）——学会的努力奉献

◎ 质疑四川大学华西医院"蜂蜜除了长胖没得啥子用"不负责任言论（2018 年）
　　——学会呼吁更正

◎ 恢复蜜蜂"绿色通道"——学会再次努力呼吁

政府助手　蜂业娘家

——为全国蜂业办的大事

2003年，"非典"时期，
中国养蜂学会帮助全国养蜂解决
"进、退、返"三难困境

"非典"时期，面对蜂群转地面临"进、退、返"三难困境，中国养蜂学会全力以赴与各方联络协调，一边安置、安抚蜂农，一边多次电话与书面向农业部请求并建议对这个特殊行业给予特殊政策支持。

中国养蜂学会向相关部委呈报汇报、建议主要有："关于'非典'时期全国养蜂业情况（转地蜂农处于'进、退、返'三难）的反映"；"关于解决'非典'时期全国养蜂转地受阻的建议"；向全国蜂业发出函件，主要有："关于加强'非典'防范 慎重转地放蜂的通知""再致全国养蜂员一封信（急）"。

农业部给予蜜蜂"非常"的关怀，刘加文处长百忙中致电农业相关部门要求协助安排，刘坚部长亲自关注养蜂转地面临的困境并给予了批示，将我会建议转国家"非典"办。

国务院给予蜜蜂"特别"的关注，国家"非典"办发布了国务院令："全国防治非典型肺炎指挥办公室关于在防治非典型肺炎期间认真做好蜂农转地工作的紧急通知"。

中国养蜂学会代表全国蜂业向农业部、国务院"非典"办发了感谢信，该感谢信被农业部刘坚部长批阅：转致国务院副秘书长徐绍史先生，并请"非典"指挥部办公室阅；该感谢信同时转载翌日农民日报。

2001年，中国养蜂学会向农业部呈递"关于将蜂列入《中华人民共和国畜牧法》（以下简称《畜牧法》）的建议"。

　　2003年，中国养蜂学会再次呈递"蜂"列入《中华人民共和国畜牧法》的必要性，得到农业部畜牧业司的高度重视与大力支持，并委托中国养蜂学会起草《中华人民共和国畜牧法》中的"蜂"条款（起草9条，录用4条）。

　　2003年，"非典"期间，受农业部之委托，中国养蜂学会秘书长前往北京医院看望人大农委舒主任，磋商"蜂"条款并致谢。在舒主任及农业部对蜜蜂的关爱与支持下，"蜂"纳入了《中华人民共和国畜牧法》，中国蜂业终于有法可依。

　　2005年12月29日，第十届全国人民代表大会常务委员会第十九次会议通过《中华人民共和国畜牧法》。

　　2006年7月1日，《中华人民共和国畜牧法》实施。

　　2007年，起草《中华人民共和国畜牧法释义》中的"蜂"条款释义。

《中华人民共和国畜牧法》含"蜂"
（2006）

中华人民共和国主席令
第四十五号

2006年

《中华人民共和国畜牧法》中的"蜂"条款

　　第二条　"……蜂、蚕的资源保护利用和生产经营，适用本法有关规定。"

　　第四十七条　国家鼓励发展养蜂业，维护养蜂生产者的合法权益。有关部门应当积极宣传和推广蜜蜂授粉农艺措施。

　　第四十八条　养蜂生产者在生产过程中，不得使用危害蜂产品质量安全的药品和容器，确保蜂产品质量。养蜂器具应当符合国家技术规范的强制性要求。

　　第四十九条　养蜂生产者在转地放蜂时，当地公安、交通运输、畜牧兽医等有关部门应当为其提供必要的便利。

　　养蜂生产者在国内转地放蜂，凭国务院畜牧兽医行政主管部门统一格式印制的检疫合格证明运输蜂群，在检疫合格证明有效期内不得重复检疫。

《中华人民共和国畜牧法》中的"蜂"条款释义
（2007年，中国养蜂学会受农业部之委托起草）

创建"国家特有工种（蜂）职业技能鉴定站"

2006 年，中国养蜂学会向农业部提出将蜂列入"国家特有工种职业技能鉴定"建议。

2007 年，中华人民共和国劳动和社会保障部批准成立"国家特有工种（蜂）职业技能鉴定站"，农业部将此设立在中国养蜂学会，并颁发职业技能鉴定许可证。

2008 年，中国养蜂学会在北京开展首期培训与鉴定。

2008—2019 年，开展培训与鉴定 18 期，蜂业工作者通过考试获得"蜜蜂饲养工"国家职业资格证者 5600 人，为一线养蜂输送了技术人员，大大提高了全国养蜂技能。

2008—2019 年，中国养蜂学会推荐具有资格的科、教、研人员获得考评员资格者 30 人、督导员资格者 8 人，加强了鉴定队伍的建设。

"国家特有工种（蜂）职业技能鉴定站"的成立，标志着我国养蜂业已纳入劳动和社会保障部特有工种，我国养蜂生产者可以通过培训与考核取得国家承认职业资格证书。

农业部考评员培训班（2006.9.20, 新疆）

"全国养蜂职业技能培训与鉴定"启动仪式
（2008.6.10，北京）

职业资格证书

考评员资格证书

"全国养蜂职业技能培训与鉴定"第二期培训（2011.9，河北）

"全国养蜂职业技能培训与鉴定"笔试现场

"全国养蜂职业技能培训与鉴定"实践现场

首次承办 AAA "亚洲养蜂大会"
——农业部支持中国养蜂学会主办
"第 9 届亚洲养蜂大会暨博览会"

2006 年，农业部畜牧业司谢双红处长带队赴澳大利亚出席第 8 届亚洲养蜂大会，中国养蜂学会秘书长陈黎红在大会上做申办 2008 年 AAA 会议报告，并成功申办第 9 届亚洲养蜂大会在中国召开。

2008 年 1 月 28 日，农业部部长主持 2008 年第 1 次部常务会议，批准中国养蜂学会主办"第 9 届亚洲养蜂大会暨博览会"。

2008 年 11 月 1—4 日，中国养蜂学会在杭州成功举办此次国际蜂业盛会，28 个国家 1000 余人出席。农业部领导评价说："会议出乎意料地好"；亚洲蜂联主席突出评价说："第 9 届 AAA 大会，是 AAA 历史上最具规模、最出色、最成功、内容最丰富、组织最好的一次盛会！我为它感到骄傲！2008 年，中国有成功的奥运，中国也有成功的 AAA！我爱中国，我爱杭州，我爱 ASAC！"又一次提升了中国蜂业的国际地位。

亚洲蜂联主席 Sirwat Wongsiri 教授（右 3）、农业部于康震总兽医师（左 4）、杭州市市长（左 4）、中国养蜂学会理事长张复兴研究员（右 1）等领导出席开幕式并为开幕式剪彩

来自六大洲 28 个国家千余名代表参会　　张复兴理事长陪同农业部等领导参观博览会

制定《养蜂管理办法（试行）》

　　2000 年，中国养蜂学会向农业部建议修订《养蜂管理暂行规定》。

　　2001 年，受农业部之委托，中国养蜂学会修订《养蜂管理暂行规定》，制定《养蜂管理办法》。

　　2002 年，中国养蜂学会再次报送《养蜂管理办法》请示。

　　2008 年，中国养蜂学会向人大代表递交议案。

　　2012 年，农业部颁布《养蜂管理办法（试行）》。

　　《养蜂管理办法（试行）》第八条规定，养蜂者可以自愿向县级人民政府养蜂主管部门登记备案，免费领取《养蜂证》，为此中国养蜂学会设计了《养蜂证》样式呈报农业部，促使全国《养蜂证》印制和发放工作顺利开展。

辉煌四十载 奋斗新时代
——中国蜂业：不忘初心 砥砺前行

助力开通"蜜蜂绿色通道"

2004年，中国养蜂学会向农业部等国家部委呈报：开通"蜜蜂绿色通道"建议。

2009年，中华人民共和国交通运输部等发布开通"绿色通道"，蜜蜂首次享受"绿色通道"。

2018年11月，全国养蜂者被滞留不同高速收费站，蜜蜂遭到严重损失，中国养蜂学会即向农村农村部呈报关于"蜜蜂绿色通道"汇报及建议，得到高度重视并予以解决。

2018年11月，浙江省交通厅联合相关部门发出"关于落实调整鲜活农产品运输'绿色通道'政策的紧急通知"（浙交函〔2018〕302号），引起全国、特别是浙江省蜂业界及广大养蜂者的强烈反响。我会多次致函致电浙江省交通运输厅，恳请该厅务必深思并商农业农村厅出台补救"通知"，维护养蜂者利益，按国家原规定执行"蜜蜂绿色通道"。

2018年11月，中国养蜂学会再次致函致电国家交通运输部，恳请出函指导协调各省交通厅或高速收费站，蜜蜂非畜禽、属昆虫，与非洲猪瘟无关，恳请通融蜜蜂转地的特殊性，支持推广全国蜜蜂授粉，维护养蜂者利益，按国家原规定"关于进一步完善和落实鲜活农产品运输绿色通道政策的通知"执行"蜜蜂绿色通道"。

2019年1月，中国养蜂学会向国务院办公厅及李克强总理致《关于继续放行"蜜蜂绿色通道"的请求》汇报，接到国务院办公厅三次来电，高度重视，关注蜜蜂并指导助力解决。我会代表全国蜂业表示衷心感谢！

2019年3月6日，国家交通运输部办公厅正式发文（交办公路明电〔2019〕20号），对转地放蜂车辆恢复执行鲜活农产品运输"绿色通道"政策。

2009年，开通蜜蜂"绿色通道"

2018年11月，中国养蜂学会发文质疑浙江省交通运输厅"关于蜜蜂转地按原'绿色通道'规定执行的建议"

2019年1月，中国养蜂学会向国务院办公厅汇报《关于继续放行蜜蜂"绿色通道"的请求》

2019年3月6日，恢复执行鲜活农产品运输"绿色通道"政策

制定《全国养蜂业"十二五"发展规划》

2009 年，在农业部指导下，中国养蜂学会协助起草"全国蜂业发展规划大纲"、组织召开"全国蜂业发展规划（2010—2015）"座谈会、组织起草"全国蜂业发展规划（2010—2015）"。

2010 年，农业部颁布《全国养蜂业"十二五"发展规划》，这是政府部门首次为"蜂"单独出台"五年规划"，对全国蜂业发展起到了重要的鼓励和促进作用。

农业部召开"全国蜂业发展规划座谈会"，讨论"'十二五'蜂业规划"（2009.5，北京）

右中：农业部畜牧处谢双红处长

农业部"全国蜂业发展规划座谈会"第二次会议（2009.10，北京）

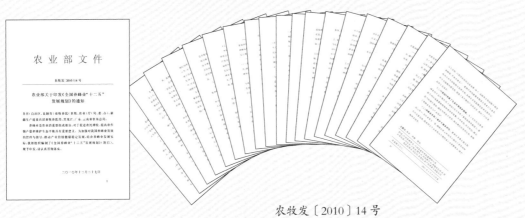

农牧发〔2010〕14 号

农业部关于印发《全国养蜂业"十二五"发展规划》的通知

农业部调研全国蜂业 中国养蜂学会负责东北三省

农业部畜牧处谢双红处长、邓兴照先生分别带领调研组前往福建、浙江进行调研、考察（2009.4）

陈黎红秘书长被委派带领调研组前往东北进行调研、考察（2009.4）

农业部领导关注蜜蜂授粉

农业部王智才司长等领导在"2010蜜蜂为西瓜授粉观摩会"会上讲话（2010.4.28，北京）

农业部王智才司长、陈伟生司长等领导亲临蜜蜂为西瓜授粉现场（2010.4.28，北京）

农牧发〔2010〕5号
农业部关于加快蜜蜂授粉技术推广促进养蜂业持续健康发展的意见

农办牧〔2010〕8号
农业部办公厅关于印发
《蜜蜂授粉技术规程（试行）》的通知

农医发〔2010〕41号
农业部关于印发蜜蜂检疫规程
的通知

受农业部委托
中国养蜂学会举办"全国蜂业救灾应急技术培训"

　　2010年，全国蜂农受灾严重，农业部高度重视我国蜂业的发展，关注全国蜂业受灾情况，委托中国养蜂学会开展"全国蜂业救灾应急技术培训"。农业部畜牧业司王智才司长、陈伟生巡视员、谢双红处长、邓兴照先生，全国畜牧总站郑友民副站长、王志刚处长、张金松副处长等领导百忙中莅临会议发表讲话并指导工作。

　　自2010年10月至2011年5月期间，中国养蜂学会分别在吉林、湖北、四川、云南、河南、辽宁、广东、江西、北京、宁夏、陕西举行了11期培训，来自养蜂主产区、主要受灾区的蜂业部门管理人员、技术人员和蜂农代表共11省300多个区县3200余人参加了培训。共赠送全国蜂农《蜂业救灾应急实用技术手册》25000余册。

培训班启动仪式上，农业部王智才司长亲临会议并发表指导性讲话，
陈伟生司长主持会议（2010.10.27，吉林）

中国养蜂学会助力农业农村部实施蜂业质量提升行动

2018年1月，中国养蜂学会向农业农村部推荐了全国养蜂示范县（共16个）。

2018年9月，黑龙江、江苏、浙江、江西、山东、河南、湖北、湖南、四川、云南等10个蜂业主产省获得500万元/个资金支持。

中国养蜂学会文件
（向农业农村部推荐示范县）

农业农村部办公厅、财政部办公厅文件
（实施蜂业质量提升行动）

2018年12月10-12日，农业农村部畜牧兽医局张晓宇主任、中国养蜂学会副理事长兼秘书长陈黎红赴江西调研指导蜂业质量提升行动的实施情况

2020年8月20日，中国养蜂学会副理事长兼秘书长陈黎红应邀赴江苏出席中华蜜蜂产业发展提升项目论证会

感谢农业农村部、财政部对小蜜蜂的关爱与鼎力支持！

中国养蜂学会负责《中国农产品加工业年鉴》：蜂产品加工

2015 年至今，中国养蜂学会副理事长兼秘书长陈黎红任《中国农产品加工业年鉴》编委，负责"蜂产品加工"部分，撰写全国养蜂生产、蜂蜜生产与市场、蜂王浆生产与市场、蜂花粉生产与市场、蜂胶生产与市场、蜂蜡生产与市场等。

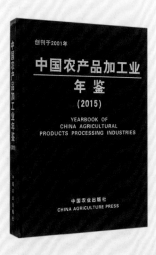
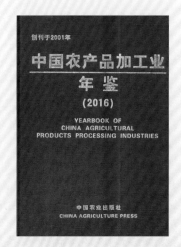

蜂产品进入《中国农产品加工业年鉴》

中国养蜂学会开展全国蜜蜂中毒事件普查

　　近年来，鉴于全国各省蜜蜂农药中毒事故频频发生，给蜂农造成了严重的经济损失，中国养蜂学会商农业农村部药监部门，并在全国范围内免费跟踪监测农药使用对蜜蜂影响的事故发生情况分析。

中国养蜂学会文件

开展"标准化养蜂示范"

　　2002 至今，为规范并促进全国养蜂生产标准化，提升我国蜂业生产技术与质量，在农业部的大力支持与指导下，中国养蜂学会对接精准扶贫在全国开展"全国蜂产品安全与标准化生产基地""成熟蜜基地"等建设、培训指导，促进我国蜂业标准化、规范化、规模化、产业化可持续发展。

农业标准化实施示范项目

　　2012 年始，为规范并促进全国养蜂生产标准化，提升我国蜂业生产技术与质量，在农业农村部的大力支持与指导下，中国养蜂学会对接精准扶贫在全国开展"标准化养蜂生产示范"基地建设，指导标准化养蜂及成熟蜜生产。

针对国家食品安全"蜂蜜"标准安全问题
——国家食品药品监督管理总局邀请中国养蜂学会磋商

　　2015年12月1日，中国养蜂学会副理事长兼秘书长陈黎红、蜂业标准化研究工作委员会主任李熠等一行应邀赴国家食品药品监督管理总局对我会"关于国家食药监总局发布预防食用生鲜蜂蜜中毒的消费提示的几点意见"进行了深入交流与探讨，双方达成共识，建议有针对性地采取防控，防止类似事件的发生。双方还就蜂产品安全方面进行了磋商。

　　2019年，中国养蜂学会向卫健委、国家市监总局呈递"国家食品安全《蜂蜜》标准不安全"的汇报与建议。

　　2020年6月9日，国家食品安全风险评估中心邀请中国养蜂学会、国家卫生健康委、国家市场监督管理总局等12个单位，以网络视频形式召开《蜂蜜》标准研讨，会议针对全国提出的35条意见（其中国家市场监督管理总局8条、中国养蜂学会27条）进行了讨论，以维护我国世界第一养蜂大国声誉，维护全国蜂农的利益，维护全国蜂蜜市场及广大消费者安全，促进中国蜂业健康安全持续发展。

中国养蜂学会副理事长兼秘书长陈黎红、蜂业标准化研究工作委员会主任李熠与
国家食药监总局张靖司长、范学慧副司长等座谈交流

第五章　科技创新乡村振兴

40 年来，中国养蜂学会全面贯彻落实党中央、国务院、农业农村部关于农业、农村与农业科技工作的方针政策，面向蜂业需求、面向科技前沿、面向"三农"建设主战场，坚持科技创新驱动产业发展，大力开展全国蜂业关键技术攻关、高技术研究及产业化等，在解决农业和农村经济全局性、方向性、前瞻性、关键性重大科技问题上，为服务"三农"、振兴乡村，以科技创新引领全国蜂业发展等方面做出了重要贡献。据不完全统计，仅新世纪以来，学会及其领导机构成员产生的科技成果达数百项：

◎ 蜂业科技成果 200 余项

◎ 发明专利 114 项

◎ 出版图书 144 册

◎ 发表核心期刊、SCI 论文 375 篇

◎ 服务"三农"振兴乡村

◎ 标准化"基地"建设（94 个）

◎ 创建"全国蜜蜂博物馆""蜜蜂文化基地"（21 个）

◎ "观光蜂业"（12 个）

◎ 共建"蜜蜂之乡""蜜蜂小镇"（30 个）

◎ "特色村庄"（3 个）

◎ "美丽乡村"（9 个）

一 科技成果驱动蜂业发展

由于时间紧，据不完全统计，仅统计了中国养蜂学会领导机构获得的重大奖项：国家级奖项 11 项，省部级奖项 65 项，市厅级以及其他级别奖项 12 项，国际奖 81 项，亚洲奖 50 项。共计 219 项。

各类奖项共计 219 项（按时间排序）

中国养蜂学会领导机构科技成果列表

编号	时间	省、市	获奖名称	奖项类别	颁奖机构	获奖人/单位	备注学会职务
1	1980	北京	国家科技进步三等奖（蜜蜂强群优质高产饲养技术研究）	国家级	国家科学技术进步奖评审委员会	沈基楷	前任顾问
2	1980	北京	农业部农牧业技术改进二等奖（普及推广养蜂技术促进固原地区养蜂生产迅速发展）	省部级	农业部	陈世璧	顾问
3	1981	北京	国家金鸡奖（科教片"蜜蜂王国"）	省部级	中国电影金鸡奖评选委员会	杨冠煌	顾问
4	1981	北京	农业部农牧业技术改进二等奖（慢性蜜蜂麻痹病毒的纯化和酶联免疫吸附诊断技术的研究）	省部级	农业部	冯峰	前蜂保专委会主任
5	1983	北京	农业部农牧业技术改进二等奖（中国蜜源植物的调查研究）	省部级	农业部	徐万林	顾问
6	1984	北京	农业部农牧业技术改进二等奖（中蜂十框蜂箱）	省部级	农业部	杨冠煌	顾问
7	1984	北京	农业部农牧业技术改进二等奖（喀高、喀意蜜蜂杂交种选育研究）	省部级	农业部	葛凤晨	前任副理事长
8	1984	北京	农业部科技进步一等奖（浙农大 1 号意蜂品种的培育）	省部级	农业部	陈盛禄	前任副理事长
9	1985	北京	国家科技进步三等奖（我国南方茶花蜜源的采集利用和防止蜜蜂茶花蜜中毒技术）	国家级	国家科学技术进步奖评审委员会	范正友	前任顾问
10	1987	国际	"蜂疗产品创新和成就"特别金奖和最佳展台奖	国际	国际蜂联	中国养蜂学会中国蜂业代表团	
11	1989	北京	科学进步奖三等奖"白山 5 号三变种蜜蜂选育研究"第三完成人	省部级	农业部	薛运波	副理事长

编号	时间	省、市	获奖名称	奖项类别	颁奖机构	获奖人/单位	备注学会职务
12	1989	福建	福建省科技进步二等奖（捕杀蜜蜂的胡蜂生物学及其防治）	省部级	福建省科学技术进步奖评审委员会	王建鼎	前任顾问
13	1990	北京	国家科技进步三等奖（新型王浆高产全塑台基条的研制）	国家级	国家科学技术进步奖评审委员会	陈盛禄	前任副理事长
14	1991	北京	国家科技进步二等奖［喀（阡）黑环系蜜蜂选育研究］	国家级	国家科学技术进步奖评审委员会	葛凤晨	前任副理事长
15	1991	北京	国家科学技术进步二等奖［喀（阡）黑环系蜜蜂选育研究］	国家级	国家科学技术进步奖评审委员会	薛运波	副理事长
16	1991	广东	广东省科技进步三等奖（大蜡螟综合防治研究）	省部级	广东省科学技术进步奖评审委员会	罗岳雄	副理事长
17	1993	国际	金、银、铜奖	国际	国际蜂联	中国养蜂学会中国蜂业代表团	
18	1994	北京	农业部科技进步一等奖（浙农大1号意蜂品种的培育）	省部级	农业部	陈世璧	顾问
19	1994	北京	国家教委科技进步二等奖（安徽省蜜源资源的研究与应用）	省部级	国家教委	余林生	副理事长
20	1994	安徽	安徽省科学技术进步三等奖［九州意蜂品种（配套系）］	省部级	安徽省人民政府	余林生	副理事长
21	1994	吉林	吉林省科学技术进步三等奖（松丹双变种蜜蜂选育研究）	省部级	吉林省科学技术进步奖评审委员会	薛运波	副理事长
22	1995	北京	国家发明二等奖（王浆、蜂蜜双高产浙农大1号意蜂品种培育）	国家级	国家科学技术委员会	陈盛禄	前任副理事长
23	1995	北京	国家科技成果完成者（蜜蜂强群优质高产饲养技术）	国家级	国家科学技术委员会	沈基楷	前任顾问
24	1995	北京	国家发明二等奖（王浆、蜂蜜双高产浙农大1号意蜂品种的培育）	国家级	国家科学技术委员会	陈世璧	顾问
25	1995	吉林	省政府科教兴农竞赛二等奖（良种蜜蜂及配套技术）	省部级	吉林省人民政府	薛运波	副理事长
26	1996	北京	国家技术发明四等奖（QF-1型蜜蜂电子自动取毒器）	省部级	国家科学技术委员会	缪晓青	副理事长
27	1996	吉林	省政府牧业技术推广成果二等奖（松丹系列良种蜜蜂的推广）	省部级	吉林省人民政府	薛运波	副理事长
28	1996	吉林	吉林省第四届科技青年奖	省部级	中共吉林省委组织部	薛运波	副理事长

编号	时间	省、市	获奖名称	奖项类别	颁奖机构	获奖人/单位	备注学会职务
29	1997	北京	全国优秀科技图书一等奖《中国农业百科全书》	省部级	新闻出版署科技进步奖（科技著作）评审工作委员会	黄文诚、龚一飞	顾问
30	1997	北京	第五届中国青年科技奖	省部级	省部级	薛运波	副理事长
31	1997	吉林	省政府科教兴农竞赛二等奖（抗白垩病蜜蜂良种推广）	省部级	吉林省人民政府	薛运波	副理事长
32	1998	北京	科学技术进步三等奖（系列养蜂机具的研制与应用）	省部级	农业部	薛运波	副理事长
33	1998	山西	山西省科技著作二等奖《蜂蜜产品的生产与加工利用》	省部级	山西省科技著作评审工作委员会	宋心仿	副理事长
34	1998	吉林	吉林省农业丰收计划二等奖（千群蜜蜂乡优质蜂产品基地及科技示范小康乡建设）	省部级	吉林省人民政府	薛运波	副理事长
35	1999	吉林	吉林省科教兴农竞赛二等奖（蜜蜂良种良法科学饲养技术推广）	省部级	吉林省人民政府	薛运波	副理事长
36	1999	安徽合肥	安徽省农牧渔业科技进步二等奖（蜜蜂白垩病发病规律与防治措施的研究）	市（厅）级	安徽省农牧业厅	余林生	副理事长
37	2000	吉林	吉林省科学技术三等奖（蜂王群外贮存技术的研究）	省部级	吉林省科学技术奖励委员会	薛运波	副理事长
38	2001	北京	中国农业科学院科学技术二等奖（中国北方三种主要木本蜜源植物泌蜜生理及预测预报方法的研究）	中国农业科学院科技成果奖	中国农业科学院	薛运波	副理事长
39	2001	吉林	吉林省政府牧业技术推广成果一等奖（蜂王群外贮存技术的研究）	省部级	吉林省科学技术奖励委员会	薛运波	副理事长
40	2002	北京	中国农业科学院科学技术成果奖二等奖（熊蜂的周年繁育技术与温室蔬菜授粉）	中国农业科学院科技成果奖	中国农业科学院	吴杰等	理事长
41	2003	浙江	浙江省科学技术三等奖（蜜蜂优质高产育种综合技术研究）	省部级	浙江省人民政府	宋心仿	副理事长
42	2003	安徽合肥	安徽省自然科学优秀论文二等奖（安徽省两种蜜蜂春季繁殖及数量动态特征）	市（厅）级	安徽省科学技术协会	余林生	副理事长
43	2004	北京	新世纪百千万人才工程国家级人选	省部级	人事部	薛运波	副理事长
44	2004	北京	中国农业科学院科学技术二等奖（蜜蜂良种的选育和推广）	中国农业科学院科技成果奖	中国农业科学院	薛运波	副理事长

编号	时间	省、市	获奖名称	奖项类别	颁奖机构	获奖人／单位	备注学会职务
45	2004	吉林	吉林省科学技术三等奖（黄环系密浆高产蜜蜂选育研究）	省部级	吉林省科学技术奖励委员会	薛运波	副理事长
46	2005	北京	全国农牧渔业丰收奖三等奖（蜜蜂授粉配套技术研究和应用）	省部级	农业部	吴 杰	理事长
47	2006	安徽合肥	安徽省自然科学优秀论文二等奖（中华蜜蜂交配和产卵行为生态学研究）	市（厅）级	安徽省科学技术协会	余林生	副理事长
48	2007	吉林	吉林省科学技术三等奖（超早期蜂王培育技术的研究）	省部级	吉林省科学技术奖励委员会	薛运波	副理事长
49	2007	安徽合肥	安徽省科技进步三等奖［九州意蜂品种（配套系）］	省部级	安徽省人民政府	余林生	副理事长
50	2008	浙江	浙江省著名商标	省部级	浙江省工商行政管理局	蜂之语	副理事长
51	2008	浙江	浙江省名牌农产品	省部级	浙江省农业厅	蜂之语	副理事长
52	2008	安徽合肥	合肥市科技进步一等奖（蜂产品安全与标准化生产技术的研究与推广应用）	市（厅）级	合肥市人民政府	余林生	副理事长
53	2009	北京	国家驰名商标	国家级	国家工商局	蜂之语	副理事长
54	2010	浙江	国家级认可实验室	国家级	中国合格评定国家认可委员会	蜂之语	副理事长
55	2009	广东	广东省农业技术推广三等奖（无公害蜂产品生产技术推广）	省部级	广东省农业技术推广奖评审委员会	罗岳雄	副理事长
56	2009	浙江	浙江省知名商号	省部级	浙江省工商局	蜂之语	副理事长
57	2009	福建	福建省第二届杰出人民教师	省部级	中共福建省委、福建省人民政府	缪晓青	副理事长
58	2009	吉林	吉林省科学技术二等奖（蜂胶高产良种蜜蜂选育研究）	省部级	吉林省科学技术奖励委员会	薛运波	副理事长
59	2010	亚洲	5枚奖牌（1最优秀国家组织奖、1优秀展览奖、2亚洲蜂业突出贡献奖、1蜂蜜优秀产品奖）	亚洲	亚洲蜂联	中国养蜂学会中国蜂业代表团	
60	2010	北京	农业技术推广成果二等奖（高产蜜蜂良种养殖技术示范推广）	省部级	农业部	薛运波	副理事长
61	2010	浙江	浙江省专利示范企业	省部级	浙江省知识产权局	蜂之语	副理事长
62	2010	浙江	浙江省和谐关系引领企业	省部级	浙江省工商行政管理局	蜂之语	副理事长
63	2010	吉林	吉林省科学技术二等奖（高效养蜂综合配套技术研究与示范）	省部级	吉林省科学技术奖励委员会	薛运波	副理事长

编号	时间	省、市	获奖名称	奖项类别	颁奖机构	获奖人/单位	备注学会职务
64	2011	浙江	优秀工业新产品新技术三等奖	省部级	浙江省经济和信息化委员会	蜂之语	副理事长
65	2011	吉林	吉林省科学技术二等奖（蜜浆胶高产蜜蜂良种选育研究）	省部级	吉林省科学技术奖励委员会	薛运波	副理事长
66	2012	南昌	江西省科技进步二等奖（蜜蜂高效养殖及其产品研究与应用）	省部级	江西省人民政府	曾志将	副理事长
67	2012	吉林	吉林省科学技术三等奖（高效养蜂科技示范）	省部级	吉林省科学技术奖励委员会	薛运波	副理事长
68	2012	吉林	吉林省第三批拔尖创新人才第一层次人选	省部级	吉林省人民政府	薛运波	副理事长
69	2013	国际	4枚奖牌（2金、1银、1特别奖）	国际	国际蜂联	中国养蜂学会中国蜂业代表团	
70	2013	国际	国际蜜蜂邮票获国际蜜蜂大奖赛银奖	国际	国际蜂联	陈黎红	秘书长
71	2013	北京	农业技术推广成果三等奖（蜜浆胶高产蜜蜂良种选育及推广）	省部级	农业部	薛运波	副理事长
72	2013	北京	中国农业科学院科学技术成果二等奖（蜂资源高效利用技术与产业化开发）	中国农业科学院科技成果奖	中国农业科学院	吴杰等	理事长
73	2013	吉林	吉林省科学技术三等奖（中蜂复脾立式野巢型盒蜜生产技术和设备应用）	省部级	吉林省科学技术奖励委员会	薛运波	副理事长
74	2013	福州	第四届振兴中国畜牧贡献奖	省部级	中国畜牧兽医学会	缪晓青	副理事长
75	2013	福州	外事暨港澳台工作先进个人	国际	福建农林大学	缪晓青	副理事长
76	2014	北京	北京市农业技术推广三等奖	省部级	北京市人民政府	刘进祖	副理事长
77	2013-2014	北京	农业部直属机关"巾帼建功标兵"	省部级	农业部	陈黎红	秘书长
78	2013-2014	北京	中国农业科学院"巾帼建功标兵"	北京	中国农业科学院	陈黎红	秘书长
79	2014	吉林长春	吉林省第十三批有突出贡献的中青年专业技术人才	省部级	吉林省人民政府	薛运波	副理事长
80	2014	吉林长春	吉林省劳动模范	省部级	中共吉林省委吉林省人民政府	薛运波	副理事长
81	2014	福州	福建省教学成果奖二等奖	省部级	福建省教育厅	缪晓青	副理事长
82	2014	福州	仓山区第一届优秀人才	市（厅）级	中共福州市仓山区委、福州市仓山区人民政府	缪晓青	副理事长

编号	时间	省、市	获奖名称	奖项类别	颁奖机构	获奖人/单位	备注学会职务
83	2014	福州	福建省教学成果二等奖（产学研孕育现代蜂业人才）	市（厅）级	福建省教育厅	缪晓青	副理事长
84	2015	国际	12枚奖牌（6金、4银、2铜）	国际	国际蜂联	中国养蜂学会中国蜂业代表团	
85	2015	国际	泰国公主颁发为泰国蜜蜂发展做出贡献证书	国际	泰国公主	陈黎红	秘书长
86	2015	国际	国际蜜蜂大奖赛裁判	国际	国际蜂联、亚洲蜂联	吴　杰陈黎红	理事长、秘书长
87	2015	福州	中国绿色食品博览会金奖	省部级	第十六届中国绿色食品博览会组委会	神蜂科技开发有限公司	副理事长单位
88	2016	国际	亚洲最佳组织奖	亚洲	亚洲蜂联（AAA）	中国养蜂学会	学会
89	2016	国际	全球领导者通过社团合作共建知识社会奖	亚洲	亚洲蜂联（AAA）	陈黎红	副理事长兼秘书长
90	2016	亚洲	11枚奖牌（3金、3银、3铜、1"最佳组织"奖、1"全球领导者通过社团合作共建知识社会"奖）	亚洲	亚洲蜂联	中国养蜂学会中国蜂业代表团	
91	2016	福州	绿色食品博览会王浆金奖	省部级	第十七届中国绿色食品博览会组委会	神蜂科技开发有限公司	副理事长单位
92	2016	福州	2015年福建省院士专家示范工作站	省部级	中共福建省委组织部、福建省科学技术协会	神蜂科技开发有限公司	副理事长单位
93	2016	吉林	吉林省科学技术二等奖（探索引诱剂驯化蜜蜂为田间和网室杂交大豆授粉技术研究）	省部级	吉林省科学技术奖励委员会	薛运波	副理事长
94	2017	国际	8枚奖牌（2金、2银、4铜）	国际	国际蜂联	中国养蜂学会中国蜂业代表团	
95	2017	国际	《蜜蜂视界》获国际蜜蜂大奖赛金奖获	国际	国际蜂联	仇志强陈黎红	蜜蜂文化专委会主任、学会秘书长
96	2017	国际	《No Bee, No Life》获国际蜜蜂大奖赛银奖	国际	国际蜂联	仇志强陈黎红	蜜蜂文化专业委员会主任、学会秘书长

编号	时间	省、市	获奖名称	奖项类别	颁奖机构	获奖人/单位	备注学会职务
97	2017	北京	国家技术发明二等奖（优质蜂产品安全生产加工及质量控制技术）	国家级	中华人民共和国国务院	吴黎明	理事
98	2017	北京	中国石油和化学工业联合会科学技术奖二等奖	省部级	中国石油和化学工业联合会	庞国芳	副理事长
99	2017	北京	中国食品科学技术学会科技创新奖突出贡献奖	省部级	中国食品科学技术学会	庞国芳	副理事长
100	2017	北京	何梁何利基金科学与技术奖	省部级	何梁何利基金评选委员会	庞国芳	副理事长
101	2017	广东	广东省农业技术推广二等奖（中蜂抗逆增产技术体系研究与建立）	省部级	广东省农业技术推广奖评审委员会	罗岳雄、赵红霞等	副理事长
102	2017	吉林	吉林省科学技术二等奖（蜜蜂人工授精配套设备与应用研究）	省部级	吉林省科学技术奖励委员会	薛运波	副理事长
103	2018	国际	AAA 最佳组织奖	国际	AAA	中国养蜂学会	
104	2018	国际	国际蜜蜂大奖赛裁判	国际	国际蜂联、亚洲蜂联	吴 杰陈黎红	理事长、秘书长
105	2018	亚洲	23枚奖牌（8金、5银、3铜、四等和五等各1、最佳组织奖2、评审专家奖1、特邀报告奖1）	亚洲	亚洲蜂联	中国养蜂学会中国蜂业代表团	
106	2018	吉林	吉林省科学技术三等奖（高效养蜂技术远程示范与推广）	省部级	吉林省科学技术奖励委员会	薛运波	副理事长
107	2019	国际	6枚成熟蜜奖牌（1金、4银、1铜）	国际	国际蜂联	中国养蜂学会中国蜂业代表团	
108	2019	国际	国际蜜蜂大奖赛裁判	国际	国际蜂联、亚洲蜂联	吴 杰陈黎红	理事长、秘书长
109	2019	亚洲	3枚奖牌	亚洲	亚洲蜂联	中国养蜂学会中国蜂业代表团	

其他奖项（略）

二 专利

由于时间紧，据不完全统计，此次仅统计 21 世纪中国养蜂以来学会领导机构获得的发明专利，共计114 项。

发明专利共计 114 项（按授权公告日排序）

编号	专利名称	专利类型	专利号	授权公告日	发明人 / 单位	备注 学会职务
1	一种能抑制前列腺增生的产品及生产工艺	发明专利	ZL2003104033.0	2003 年 2 月 14 日	杭州蜂之语蜂业股份有限公司	副理事长单位
2	皇浆蜂胶粉及生产工艺	发明专利	ZL2003108114.2	2003 年 3 月 20 日	杭州蜂之语蜂业股份有限公司	副理事长单位
3	蜂胶软胶囊及生产方法	发明专利	ZL200410018358.3	2004 年 5 月 11 日	杭州蜂之语蜂业股份有限公司	副理事长单位
4	包装软管	外观专利	ZL200530113403.9	2005 年 7 月 21 日	杭州蜂之语蜂业股份有限公司	副理事长单位
5	一种利用液相指纹图谱鉴别蜂胶真假的方法	发明专利	ZL200510060230.8	2005 年 7 月 29 日	杭州蜂之语蜂业股份有限公司	副理事长单位
6	一种蜂胶软胶囊内容物	发明专利	ZL200510060555.6	2005 年 8 月 30 日	杭州蜂之语蜂业股份有限公司	副理事长单位
7	高效、洁净流动采集王浆与浆虫的生产线	发明专利	ZL200710008725.5	2007 年 3 月 21 日	缪晓青、吴珍红等	副理事长单位
8	一种具有吸湿保湿功能的蜂王浆酶解产物	发明专利	ZL200710070447.6	2007 年 7 月 4 日	胡福良、季文静	副理事长单位
9	一种蜂王浆新鲜度的红外光谱评价方法	发明专利	ZL200810117290.2	2008 年 7 月 4 日	吴黎明、胡福良、赵静、孙素琴等	副理事长单位
10	一种蜂王浆品质的评价方法	发明专利	ZL200810223379.7	2008 年 7 月 4 日	吴黎明、胡福良、薛晓锋、赵静等	副理事长单位
11	一种评价蜂王浆贮存条件适合性的方法	发明专利	ZL200810223381.4	2008 年 7 月 4 日	吴黎明、胡福良、薛晓锋、赵静等	副理事长单位
12	一种评价蜂王浆贮存条件适合性的方法	发明专利	ZL200810223497.8	2008 年 7 月 4 日	吴黎明、胡福良、薛晓锋、赵静等	副理事长单位
13	破壁蜂花粉颗粒的生产方法	发明专利	ZL200810163532.1	2008 年 12 月 29 日	杭州蜂之语蜂业股份有限公司	副理事长单位
14	一种蜂王浆新鲜度的检测方法	发明专利	ZL200910154567.3	2009 年 7 月 4 日	郑火青、胡福良、魏文挺、易松强	副理事长单位

（续表）

编号	专利名称	专利类型	专利号	授权公告日	发明人/单位	备注学会职务
15	一种蜂胶与杨树胶的鉴别方法	发明专利	ZL200910101428.4	2009年7月6日	胡福良、张翠平	副理事长单位
16	气体压缩升温沸腾式制冷干燥器	实用新型专利	ZL200820145969.8	2010年1月6日	缪晓青、吴珍红等	副理事长单位
17	气体压缩升温制冷干燥箱	实用新型专利	ZL200820145716.0	2010年1月6日	缪晓青、吴珍红等	副理事长单位
18	气体压缩升温制冷自动传送干燥机	实用新型专利	ZL200820145719.4	2010年1月6日	缪晓青、吴珍红等	副理事长单位
19	气体压缩升温制冷喷雾浓缩干燥塔	实用新型专利	ZL200820145715.6	2010年1月13日	缪晓青、吴珍红等	副理事长单位
20	高效、节能气体压缩串叠式升温制冷除湿干燥装置	实用新型专利	ZL200820145638.4	2010年1月13日	缪晓青、吴珍红等	副理事长单位
21	蜂胶与杨树胶的鉴别方法	发明专利	ZL201010180675.0	2010年7月4日	胡福良、张翠平	副理事长单位
22	一种可多次取蜜的中蜂原生态养蜂法及其原生态蜂箱	发明专利	ZL200810026653.1	2010年9月22日	罗岳雄	副理事长
23	蜜蜂生物香皂	发明专利	ZL200810070497.9	2011年1月12日	缪晓青	副理事长
24	一种蜂胶微胶囊的制备方法及应用	发明专利	ZL201110067242.9	2011年7月5日	胡福良、张翠平	副理事长单位
25	一种提高蜂王浆中10-羟基-2-癸烯酸含量的方法	发明专利	ZL201110357224.4	2011年7月5日	胡福良、魏文挺、郑火青	副理事长单位
26	一种饲养蜜蜂的装置及应用	发明专利	ZL201110395444.6	2011年7月5日	郑火青、胡福良、苏晓玲	副理事长单位
27	一种防治蜂螨的药物及用途	发明专利	ZL201110395445.0	2011年7月5日	郑火青、胡福良、苏晓玲	副理事长单位
28	轴针式自控蜜蜂饲喂器	实用新型专利	ZL201020665212.9	2011年8月3日	山东农业大学	副理事长单位
29	蜜蜂仿生免移虫生产蜂王浆的方法	发明专利	ZL201110373929.5	2011年11月23日	曾志将、吴小波、王子龙、张飞	副理事长单位
30	外用蜂毒擦剂	发明专利	ZL201010103261.8	2012年2月8日	缪晓青	副理事长
31	高效液相色谱串联质谱测蜂王浆中硝基咪唑类残留的方法	发明专利	ZL201010181359.5	2012年8月15日	杭州蜂之语蜂业股份有限公司	副理事长单位

编号	专利名称	专利类型	专利号	授权公告日	发明人/单位	备注学会职务
32	高效液相色谱串联质谱测定蜂胶中氯霉素残留量的方法	发明专利	ZL201010181330.7	2012年8月15日	杭州蜂之语蜂业股份有限公司	副理事长单位
33	一种中蜂保健饲料	发明专利	ZL201110282289.7	2012年11月7日	罗岳雄、赵红霞等	副理事长单位
34	同时测定蜂王浆中林可霉素和大环内酯类残留量的方法	发明专利	ZL201010181345.3	2012年12月19日	杭州蜂之语蜂业股份有限公司	副理事长单位
35	用于蜂胶液相指纹图谱真伪鉴别的实物标样的制备方法	发明专利	ZL201010181348.7	2012年12月19日	杭州蜂之语蜂业股份有限公司	副理事长单位
36	蜂王浆割蜡取浆一体化装置	发明专利	ZL201310026122.3	2013年1月21日	曾志将、吴小波、林金龙、潘其忠等	副理事长单位
37	王浆蛋白酒的生产方法	发明专利	ZL200810163530.2	2013年4月10日	杭州蜂之语蜂业股份有限公司	副理事长单位
38	以蜂产品和西洋参为主要原料的三元片生产方法	发明专利	ZL201110207794.5	2013年5月29日	杭州蜂之语蜂业股份有限公司	副理事长单位
39	同时检测蜂王浆中氟胺氰菊酯、三唑醇和蝇毒磷残留量的方法	发明专利	ZL201110207902.9	2013年6月26日	杭州蜂之语蜂业股份有限公司	副理事长单位
40	一种亲水性蜂胶粉胶囊组合物及其生产方法	发明专利	ZL201110456323.8	2013年7月3日	杭州蜂之语蜂业股份有限公司	副理事长单位
41	一种酒神菊型蜂胶质量控制方法	发明专利	ZL201310075055.4	2013年7月6日	张翠平、胡福良、黄帅	副理事长单位
42	一种与实验室旋转蒸发仪配套的简易水循环装置	实用新型专利	ZL201310225564.0	2013年7月7日	胡福良、平舜、张翠平、郑火青	副理事长单位
43	一种蜂胶与虫草菌丝粉组合物及制备和应用	发明专利	ZL201310540701.X	2013年7月7日	张翠平、胡福良、柳刚	副理事长单位
44	一种酒神菊属型蜂胶质量控制的方法及应用	发明专利	ZL201310543934.5	2013年7月7日	张翠平、胡福良、黄帅、刘嘉	副理事长单位
45	一种杨树胶中特有成分的分离纯化方法及应用	发明专利	ZL201310721079.2	2013年7月7日	胡福良、黄帅、张翠平、王凯等	副理事长单位
46	用于研究蜂巢恒温机制的温湿度测试装置	实用新型专利	ZL201320636614.X	2013年7月10日	安徽农业大学	副理事长单位
47	一种叠压式蜂蜜保鲜灭菌杀酵机	实用新型专利	ZL201220627346.0	2013年8月14日	缪晓青	副理事长

编号	专利名称	专利类型	专利号	授权公告日	发明人/单位	备注学会职务
48	对小面积植物实施三微蜜蜂授粉的方法和设备	发明专利	ZL201410004882.9	2014年1月7日	葛凤晨、薛运波等	副理事长单位
49	一种蜂胶液制备工艺	发明专利	ZL201210523627.6	2014年4月16日	杭州蜂之语蜂业股份有限公司	副理事长单位
50	一种蜂胶与杨树胶的鉴别方法	发明专利	ZL20130075055.4	2014年4月16日	胡福良、张翠平	副理事长单位
51	一种蜂王浆微胶囊的制备方法及应用	发明专利	ZL20140136195.2	2014年7月8日	张翠平、胡福良	副理事长单位
52	用于防治酒精性脂肪肝的蜂胶乙醇提取物、制备方法及在生产肠溶片中的应用	发明专利	ZI201210500236.2	2014年7月9日	周斌、季福标、叶满红、季剑	副理事长单位
53	养蜂车移动架装置	实用新型专利	ZL201410329210.5	2014年7月11日	葛子元、宋心仿	副理事长单位
54	用于解酒的蜂胶乙醇提取物、制备方法及在生产口含片中的应用	发明专利	ZL201210500239.6	2014年9月10日	周斌、季福标、叶满红、季剑	副理事长单位
55	高效液相色谱法测定蜂胶中Artepillin C含量的方法	发明专利	ZL201310198703.5	2014年11月5日	杭州蜂之语蜂业股份有限公司	副理事长单位
56	一种酒神菊属型蜂胶质量控制方法	发明专利	ZL201310075005.4	2014年11月12日	张翠平、胡福良、黄帅	副理事长单位
57	一种可调式蜜蜂饲料饲喂器	实用新型专利	ZL201420503138.9	2014年12月24日	山东农业大学	副理事长单位
58	一种箱底自控式蜜蜂饲喂器	实用新型专利	ZL201420502278.4	2014年12月24日	山东农业大学	副理事长单位
59	养蜂专用车	实用新型专利	ZL201420870165.X	2014年12月30日	姜卫东、宋心仿	副理事长单位
60	一种蜜蜂室内饲养装置	实用新型专利	ZL201420503643.3	2014年12月31日	山东农业大学	副理事长单位
61	一种中华蜜蜂定地饲养蜂箱	实用新型专利	ZL201420503642.9	2014年12月31日	山东农业大学	副理事长单位
62	一种富含花粉脂肪类物质的提取方法	发明专利	ZL201210436578.2	2015年1月21日	刘进祖、吴忠高、刘进、吕传军	副理事长单位
63	一种蜂蜜中添加花草或者果实的保健饮品的生产工艺	发明专利	ZL201310318580.4	2015年4月1日	杭州蜂之语蜂业股份有限公司	副理事长单位
64	一种蜂胶和虫草菌丝粉组合物及其制备和应用	发明专利	ZL201310540701.X	2015年4月29日	张翠平、胡福良、柳刚	副理事长单位

编号	专利名称	专利类型	专利号	授权公告日	发明人/单位	备注学会职务
65	一种与实验室旋转蒸发仪配套的简易水循环装置	发明专利	ZL201310225564.0	2015 年 4 月 29 日	胡福良、平舜、张翠平、郑火青	副理事长单位
66	以蜂胶为原料的保健食品中总皂苷的测定方法	发明专利	ZL201310035767.3	2015 年 6 月 3 日	杭州蜂之语蜂业股份有限公司	副理事长单位
67	一种杨树胶中特有成分的分离纯化方法及应用	发明专利	ZL201310721079.2	2015 年 7 月 8 日	胡福良、黄帅、张翠平、王凯等	副理事长单位
68	一种酒神菊属型蜂胶质量控制的方法及应用	发明专利	ZL201310543934.5	2015 年 7 月 8 日	张翠平、胡福良、黄帅、刘嘉	副理事长单位
69	一种用于研究蜂巢全蜂房温度调控机制的蜂箱	实用新型专利	ZL201520266709.6	2015 年 8 月 15 日	安徽农业大学	副理事长单位
70	一种带有精密三维导轨的蜂王人工授精仪及其使用方法	发明专利	ZL201510551609.2	2015 年 9 月 1 日	薛运波、葛蓬	副理事长单位
71	一种用花粉可溶性提取物制备的固体饮料	发明专利	ZL201210435165.2	2015 年 9 月 30 日	刘进祖、吴忠高、刘进、吕传军	副理事长单位
72	一种用于研究蜂巢全蜂房温度调控机制的蜂箱	发明专利	ZL201510209764.6	2015 年 10 月 12 日	安徽农业大学	副理事长单位
73	一种单箱体蜂群使用的蜜蜂饲养装置	实用新型专利	ZL201520243589.8	2015 年 10 月 21 日	山东农业大学	副理事长单位
74	一种蜂花粉片制备系统	实用新型专利	ZL201520389108.4	2015 年 11 月 4 日	季福标、季剑等	副理事长单位
75	一种新型采胶蜜蜂箱	实用新型专利	ZL201520389110.1	2015 年 11 月 4 日	季超、季剑	副理事长单位
76	一种多功能蜂箱脱花粉装置	实用新型专利	ZL201520389700.4	2015 年 11 月 11 日	季超、季剑	副理事长单位
77	一种全自动蜂胶液灌装系统	实用新型专利	ZL201520389107.X	2015 年 11 月 18 日	季福标、季剑等	副理事长单位
78	一种新型蜂王浆含片制备系统	实用新型专利	ZL201520389122.4	2015 年 12 月 9 日	季福标、季剑等	副理事长单位
79	一种蜂王浆微胶囊的制备方法及应用	发明专利	ZL201410136195.2	2016 年 1 月 6 日	张翠平、胡福良	副理事长单位
80	一种蜂胶软胶囊制备系统	实用新型专利	ZL201520389621.3	2016 年 1 月 20 日	季福标、季剑等	副理事长单位
81	蜂王浆生产移虫机	实用新型专利	ZL201520745937.1	2016 年 3 月 16 日	王俞兴、宋心仿	副理事长单位
82	蜂箱架及养蜂装置	实用新型专利	ZL201620290662.1	2016 年 4 月 8 日	李杰銮、薛运波	副理事长单位

编号	专利名称	专利类型	专利号	授权公告日	发明人/单位	备注学会职务
83	快速推送装置	实用新型专利	ZL201620004515.3	2016 年 7 月 6 日	郝紫微、刘进祖、吴忠高、刘进等	副理事长单位
84	一种带温度警示的卧室搅拌锅	实用新型专利	ZL201620004642.3	2016 年 7 月 6 日	吴忠高、刘进祖、吕传军、刘进等	副理事长单位
85	胶囊计数装置	实用新型专利	ZL201620005866.6	2016 年 7 月 6 日	张永贵、刘进祖、吴忠高、刘进等	副理事长单位
86	一种蜂蜜浓缩罐	实用新型专利	ZL201620010048.5	2016 年 7 月 6 日	赵岳鹏、刘进祖、刘进、张永贵等	副理事长单位
87	高效花粉筛选机	实用新型专利	ZL201620004641.9	2016 年 7 月 13 日	田清伟、刘进祖、吴忠高、刘进等	副理事长单位
88	一种高精度的卧室搅拌锅	实用新型专利	ZL201620005643.X	2016 年 7 月 13 日	吴忠高、刘进祖、刘进、张永贵等	副理事长单位
89	一种蜂蜜浓缩设备	实用新型专利	ZL201620010047.0	2016 年 7 月 13 日	沈明、刘进祖、吴忠高、刘进等	副理事长单位
90	一种巢框	实用新型专利	ZL201621356644.5	2016 年 7 月 14 日	王星、刘进祖等	副理事长单位
91	多层蜂蜜过滤装置	实用新型专利	ZL201620004643.8	2016 年 8 月 10 日	吴忠高、刘进祖、刘进、吕传军等	副理事长单位
92	搅拌夹层蒸汽锅	实用新型专利	ZL201620010062.5	2016 年 8 月 10 日	褚亮军、刘进祖、吴忠高、刘进等	副理事长单位
93	夹层蒸汽锅	实用新型专利	ZL201620010063.X	2016 年 8 月 10 日	刘进祖、吴忠高、刘进、吕传军等	副理事长单位
94	带有弹性推进装置的蜂蜜过滤装置	实用新型专利	ZL201620010050.2	2016 年 8 月 10 日	汪平凯、刘进祖、吴忠高、刘进等	副理事长单位
95	一种蜂蜜封口机	实用新型专利	ZL201620005619.6	2016 年 8 月 17 日	吕传军、刘进祖、吴忠高、刘进等	副理事长单位
96	一种蜂蜜灌装机	实用新型专利	ZL201620005641.0	2016 年 8 月 17 日	刘进、刘进祖、吴忠高、吕传军等	副理事长单位
97	一种基于蜂巢视频——温度采集系统的信息融合分析方法	发明专利	ZL201610269063.6	2016 年 11 月 20 日	安徽农业大学	副理事长单位
98	装卸式专用养蜂车	实用新型专利	ZL201620095581.6	2016 年 12 月 9 日	王斌、宋心仿	副理事长单位
99	一种带视频监控的蜂巢箱装置	实用新型专利	ZL201620653034.5	2016 年 12 月 10 日	安徽农业大学	副理事长单位
100	酒伴侣饮料	发明专利	ZL201510012059.1	2016 年 12 月 30 日	宋政、宋心仿	副理事长单位
101	动能型蜂箱	实用新型专利	ZL201620053710.5	2016 年 12 月 30 日	赵通昌、宋心仿	副理事长单位

辉煌四十载 奋斗新时代
——中国蜂业：不忘初心 砥砺前行

编号	专利名称	专利类型	专利号	授权公告日	发明人/单位	备注学会职务
102	蜂王浆中三种脂肪酸成分含量的检测方法及应用	发明专利	ZL201410417420.X	2017年1月11日	胡福良、吴雨祺、魏文挺、郑火青	副理事长单位
103	一种巢蜜生产装置	实用新型专利	ZL201621355730.4	2017年7月14日	吴忠高、刘进祖、杨丽鹤	副理事长单位
104	一种新型蜂蜜生产设备	实用新型专利	ZL201720866988.9	2017年7月18日	福建省神蜂科技开发有限公司	副理事长单位
105	一种用于蜂蜜生产的搅拌设备	实用新型专利	ZL201720867037.3	2017年7月18日	福建省神蜂科技开发有限公司	副理事长单位
106	一种户外用蜂蜜产品灌装设备	实用新型专利	ZL201720868524.1	2017年7月18日	福建省神蜂科技开发有限公司	副理事长单位
107	一种蜂王幼虫干粉的微波真空干燥方法	发明专利	ZL201710639209.6	2017年11月7日	福建省神蜂科技开发有限公司	副理事长单位
108	一种穿心莲水提物的制药用途	发明专利	ZL201510078065.2	2018年1月12日	郑火青、陈秀贤、胡福良、王帅	副理事长单位
109	一种防治蜜蜂微孢子虫病的中药组合物及其用途	发明专利	ZL2015103026500.6	2018年4月17日	郑火青、陈秀贤、胡福良、张翠平	副理事长单位
110	一种防治蜜蜂微孢子虫病的药物及其用途	发明专利	ZL201510302635.1	2018年4月20日	郑火青、陈秀贤、胡福良、李利	副理事长单位
111	一种巴西绿蜂胶质量控制方法	发明专利	ZL201610279885.2	2018年4月28日	张翠平、胡福良、申小阁、刘嘉	副理事长单位
112	天然植物提取物及防治蜜蜂微孢子虫病的用途	发明专利	ZL201410672287.2	2018年5月29日	郑火青、陈秀贤、胡福良、贡红日	副理事长单位
113	一种用于废旧蜂脾的绿色集约化处理装置	实用新型专利	ZL201721430044.3	2018年6月22日	山东农业大学	副理事长单位
114	一种口腔护理液及其制备方法	发明专利	ZL201610274188.8	2018年8月10日	张翠平、胡福良、孙德官	副理事长单位

三 出版刊物、书籍

据不完全统计，21 世纪以来中国养蜂学会领导机构共出版图书 144 册。

说明：由于未收到所有领导机构自报成果，加之时间仓促，检索多有遗漏，对未列上者，深表遗憾和歉意！

出版物共计 144 本（按出版时间排序）

编号	名称	时间	字数（万字）	出版社	主（参）编
1	蜂毒疗法	2000.1	9.9	吉林科学出版社	葛凤晨
2	蜂王浆蜂花粉蜂蛹虫疗法	2000.1	13	吉林科学技术出版社	葛凤晨
3	2000 年全国蜂产品市场信息交流会论文集	2000.3	12	中国养蜂学会	中国养蜂学会
4	蜂蜜分类与进化	2000.6	10	福建科学技术出版社	龚一飞、张其康
5	蜂蜜疗法	2000.6	17	吉林科学技术出版社	葛凤晨
6	蜂胶蜂巢蜂蜡疗法	2000.6	13	吉林科学技术出版社	葛凤晨
7	蜂产品的加工与检测技术	2000.10	29.7	中国农业出版社	宋心仿
8	蜂产品知识问答	2000.11	23.6	中国农业出版社	宋心仿
9	中—德蜂蜜合作项目汇编	2000.11	6	中国养蜂学会	中国养蜂学会
10	第八届全国蜂疗保健学术研讨会论文集	2000.11	7.5	中国养蜂学会	中国养蜂学会蜂疗专业委员会
11	蜂国奥秘	2001	8.0	中国农业大学出版社	叶振生、许少玉、刁青云
12	蜂产品加工技术	2001	12.8	贵州科技出版社	何薇莉
13	蜂产品加工技术与保健	2001.1	25.7	科学技术文献出版社	袁泽良、冯峰
14	蜂疗制品加工学	2001.2	暂缺	福建农林大学	缪晓青
15	蜂疗学	2001.2	暂缺	福建农林大学	缪晓青
16	2001 年全国蜂产品市场信息交流会论文集	2001.3	12.3	中国养蜂学会	中国养蜂学会
17	养蜂实用技术	2001.3	11.3	中国农业科技出版社	吴杰、韩胜明
18	蜂产品保健与美容	2001.6	21	中国农业出版社	宋心仿
19	中国蜜蜂学	2001.7	120	中国农业出版社	陈盛禄、宋心仿
20	中国养蜂学会蜂产品加工与利用、蜜蜂保护、蜜源与蜜蜂授粉论文集	2001.11	9	中国养蜂学会	蜂产品、蜂保、蜜源授粉专委会
21	第二届海峡两岸蜜蜂生物学研讨会论文集	2001.10	9	中国养蜂学会	中国养蜂学会、福建省养蜂学会
22	"蜂产品安全与标准化生产"培训资料	2001.11	5	中国养蜂学会	中国养蜂学会
23	中国养蜂学会蜜蜂饲养管理蜂业经济论文集	2001.11	8	中国养蜂学会	蜜蜂饲养管理、蜂业经济专委会

编号	名称	时间	字数（万字）	出版社	主（参）编
24	蜜蜂饲养管理学	2002.11	56.6	厦门大学出版社	周冰峰
25	简明养蜂手册	2002.4	27.7	中国农业大学出版社	袁耀东、陈黎红
26	蜂产品奇放妙用	2002.6	40	吉林科学技术出版社	葛凤晨
27	当代蜂针与蜂毒疗法	2002.9	31.8	山西科学技术出版社	房柱
28	中国养蜂学会第九次蜂疗保健大会论文集	2002.10	9.2	中国养蜂学会	中国养蜂学会蜂疗保健专委会
29	蜂业新标准汇编	2002.11	8.5	中国养蜂学会	中国养蜂学会
30	2002年全国蜂产品市场信息会论文集	2002.3	11.6	中国养蜂学会	中国养蜂学会、湖北养蜂学会
31	无公害蜂产品加工	2003	23.7	中国农业出版社	董捷、孙丽萍、闫继红
32	蜂产品标准化生产技术	2003.1	25.1	中国农业大学出版社	陈黎红
33	养蜂学	2003.3	28	中国农业出版社	曾志将
34	中国实用养蜂学	2003.6	33.9	中国农业出版社	张中印、宋心仿
35	中国养蜂学会蜂业经济研讨会论文集	2003.9	7	中国养蜂学会	蜂业经济专委会
36	中国养蜂学会蜂产品与蜂保学术研究会论文集	2003.9	7.5	中国养蜂学会	蜂产品、蜂保专委会
37	中国养蜂学会第五次蜜源植物与蜜蜂授粉研讨会论文集	2003.10	6.8	中国养蜂学会	蜜源植物与蜜蜂授粉专委会
38	蜜蜂与人	2003.10	29	云南科技出版社	匡邦郁、匡海鸥
39	中国实用养蜂学	2003.10	128.0	河南科学技术出版社	张中印、陈崇羔
40	无公害蜂产品生产技术	2004	15.7	金盾出版社	石巍、韩胜明
41	蜜蜂高效养殖7日通	2004.1	15.2	中国农业出版社	胡福良、陈黎红
42	蜂产品治百病	2004.1	22	吉林科学技术出版社	葛凤晨
43	授粉昆虫与授粉增产技术	2004.1	16.6	中国农业出版社	吴杰
44	蜂产品与健康	2004.1	13.5	中国农业出版社	罗岳雄、陈黎红
45	2004年全国蜂产品市场交流会暨博览会论文集	2004.3	13.1	中国养蜂学会	中国养蜂学会
46	蜂产品的应用与保健	2004.5	10.0	中国农业科技出版社	袁泽良、刘建平
47	蜂胶保健法	2004.7	12	中国轻工业出版社	王振山
48	海峡两岸第四届蜜蜂生物学研讨会论文集	2004.11	6.5	中国养蜂学会	中国养蜂学会、湖北养蜂学会
49	蜂王浆优质高产技术	2004.12	10.4	金盾出版社	胡福良、黄坚
50	蜂产品与健康美容	2005.2	18.0	河南科学技术出版社	张中印、房柱
51	蜂胶蜂花粉加工技术	2005.3	15.1	金盾出版社	胡福良
52	蜂胶药理作用研究	2005.8	16.3	浙江大学出版社	胡福良
53	蜂蜜奇方	2005.8	12	吉林科学技术出版社	葛凤晨
54	蜂王浆奇方	2005.8	10	吉林科学技术出版社	葛凤晨
55	蜂花粉奇方	2005.8	10	吉林科学技术出版社	葛凤晨
56	蜂蛹虫奇方	2005.8	11	吉林科学技术出版社	葛凤晨
57	蜂胶奇方	2005.8	11	吉林科学技术出版社	葛凤晨
58	蜂巢蜂蜡奇方	2005.8	11	吉林科学技术出版社	葛凤晨
59	中国养蜂学会蜂产品、蜂保、授粉学术研究会论文集	2005.9	8.4	中国养蜂学会	蜂产品、蜂保、授粉专委会

编号	名称	时间	字数（万字）	出版社	主（参）编
60	第十次全国蜂疗保健专业大会论文集	2005.11	6.9	中国养蜂学会	蜂疗保健专委会
61	养蜂技术	2006	48	东北林业大学出版社	刘进祖
62	蜂产品检测实用技术	2006	43.1	中国农业出版社	赵静
63	蜂蜜饲养与病敌害防治	2006	16.4	中国农业出版社	彭文君、周婷
64	蜂产品：科学消费指南	2006.1	17	北京出版社	刘进祖
65	蜜蜂良种及饲养关键技术	2006.1	8.6	中国三峡出版社	吴杰、韩胜明
66	蜂胶百问	2006.2	12.3	中国医药科技出版社	吕泽田、徐景耀
67	蜜蜂病敌害防治	2006.3	15	金盾出版社	梁勤
68	新编养蜂技术问答	2006.3	26.8	中国农业出版社	吴杰、韩胜明
69	健康因子——王浆酸的研究与应用	2006.5	8.6	中国医药科技出版社	徐景耀
70	长白蜜蜂文化研究	2006.5	19.2	吉林科学出版社	葛凤晨
71	蜜蜂产品安全与标准化生产	2006.6	48	安徽科学技术出版社	余林生
72	国内外蜂产品相关法律法规汇编	2006.8	39.7	中国农业出版社	吴杰
73	中国养蜂学会蜂疗保健专业委员会及国际蜂疗大会论文集	2006.11	9.8	中国养蜂学会	蜂疗保健专委会
74	中国养蜂学会蜜蜂授粉与蜜源专业委员会、蜂产品专业委员会、蜂保专业委员会第七次学术研讨会论文集	2006.11	11.7	中国养蜂学会	蜜蜂与授粉、蜂产品、蜂保专委会
75	中国养蜂学会蜜蜂饲养管理专业委员会第十二次学术研讨会论文集	2006.11	10.3	中国养蜂学会	蜜蜂饲养管理专委会
76	无公害农产品丛书——蜂产品	2007.1	30.7	中国农业大学出版社	陈黎红、韩胜明
77	蜜蜂病敌害防治手册	2007.4	37.8	中国农业出版社	吴杰
78	现代养蜂法	2007.5	56.8	中国农业出版社	张中印
79	蜜蜂生物学	2007.8	17.5	中国农业出版社	曾志将
80	蜂业科技发展的光辉历程	2007.9	25	中国农业科技出版社	吴杰
81	蜜蜂与健康	2007.10	19.0	中国农业出版社	张中印、陈志申
82	全国中蜂学术交流论文集	2007.10	11.9	中国养蜂学会	中国养蜂学会中蜂协作委员会
83	中国养蜂学会蜜蜂生物学学术研讨会论文集	2007.10	8.4	中国养蜂学会	蜜蜂生物学专委会
84	第三届中国畜牧科技论坛——蜂业科技论文集	2007.10	6.7	中国养蜂学会	蜜蜂生物学专委会、论坛组委会
85	中国养蜂学会蜂疗专业委员会第十一次专业学术研讨会论文集	2007.11	8.2	中国养蜂学会	蜂疗专委会
86	中国养蜂学会蜜蜂经济专业委员会第九次学术研讨会文集	2007.11	6.4	中国养蜂学会	蜜蜂经济专委会

编号	名称	时间	字数（万字）	出版社	主（参）编
87	中国养蜂学会蜜蜂饲养管理专业委员会第十三次学术研讨会论文集	2007.12	5.9	中国养蜂学会	蜜蜂饲养管理专委会
88	高效养蜂技术	2007.12	9	吉林科学技术出版社	葛凤晨
89	蜜蜂标准化生产技术	2008.2	10.0	浙江科学技术出版社	陈润龙、胡福良
90	蜜蜂的神奇世界	2008.4	36.2	科学出版社	苏松坤
91	养蜂工培训教材	2008.6	11.5	金盾出版社	苏松坤
92	全国养蜂职业技能培训教材	2008.6	5.4	中国养蜂学会	中国养蜂学会
93	蜂场产品与初加工	2008.8	8	吉林科学技术出版社	葛凤晨
94	中国蜂业供需矛盾发展对策研究	2008.10	18.0	中国农业出版社	吴杰、刁青云
95	蜜蜂授粉手册	2008.10	6.6	中国农业出版社	张中印、安建东
96	AAA第九亚洲养蜂大会论文集	2008.11	9.8	中国养蜂学会	中国养蜂学会
97	中蜂科学饲养技术	2008.12	10	金盾出版社	梁勤
98	程序化养蜂	2009	20	中国农业出版社	刘进祖
99	科学养蜂实用技术指南	2009	10	北京出版社	刘进祖
100	蜂蜡也是宝	2009.1	10	中国农业科技出版社	徐景耀
101	神奇的蜂产品	2009.5	19.2	农村读物出版社	张中印、李建科
102	蜜蜂保护学	2009.5	34	中国农业出版社	梁勤
103	蜜蜂王国探奇	2009.7	19	中国农业出版社	宋心仿
104	养蜂技术	2009.7	12	吉林科学技术出版社	葛凤晨
105	养蜂学（第二版）	2009.8	32	中国农业出版社	曾志将
106	第四届畜牧科技论坛"蜂业科技论坛"论文集	2009.10	6.8	中国养蜂学会	论坛组委会、中国养蜂学会
107	涉蜂法律法规知识读本	2010	12.7	中国养蜂学会	宋心仿
108	蜂产品与健康7日通 第二版	2011	16	中国农业出版社	罗岳雄、陈黎红
109	蜜蜂饲养新技术	2011.11	23.5	中国农业出版社	宋心仿、祁海萍
110	峥嵘岁月 展蜂情	2012.2	26.7	中国养蜂学会	陈黎红、王建梅等
111	中国蜂业效益调查分析与对策研究	2012.6	10	中国农业出版社	吴杰、刁青云
112	保健美容珍品——蜂产品	2012.7	21	金盾出版社	宋心仿
113	蜜蜂学	2012.8	162.8	中国农业出版社	吴杰、胡福良
114	健康长寿因子——蜂产品消费600问	2012.9	25.4	中国传媒大学出版社	刘进祖、吴忠高、张永贵等
115	蜂王浆机械化生产技术	2013	3.0	中国农业出版社	曾志将
116	中国学会七届二次常务理事会汇编（2013.3.9上海浦东）	2013.3	6.5	中国养蜂学会	陈黎红、王建梅等
117	中国蜂业科技创新战略研究	2013.5	15	中国农业出版社	吴杰、刁青云
118	中国学会七届二次理事会汇编（2014.2.18黑龙江哈尔滨）	2014.2	8.3	中国养蜂学会	陈黎红、王建梅等

编号	名称	时间	字数（万字）	出版社	主（参）编
119	蜜蜂饲养新技术	2014.5	30	中国农业出版社	宋心仿
120	蜜蜂生物学理论中若干问题研究	2015	64.3	科学出版社	曾志将
121	中国学会七届三次常务理事会汇编（2015.3.18 广东广州）	2015.3	7.1	中国养蜂学会	陈黎红、王建梅等
122	养蜂业"十三五"规划战略研究	2015.11	8	中国农业出版社	吴杰、刁青云
123	科学养蜂技术手册	2015.11	28.6	中国农业出版社	宋心仿
124	21 世纪蜂业政策法规标准	2015.11	71	中国农业大学出版社	陈黎红、吴杰
125	养蜂学（全国统编教材）	2016	32.1	中国农业出版社	曾志将、胡福良
126	中蜂高效养殖技术	2016	15	中国农业出版社	罗岳雄
127	蜜源植物与授粉	2016	35.6	中国养蜂学会	陈黎红、吴杰
128	实用养蜂法	2016.1	23	金盾出版社	宋心仿
129	中国学会七届四次理事会汇编（2016.3.25 山东济宁）	2016.3	6.3	中国养蜂学会	陈黎红、王建梅等
130	蜜蜂人工授精技术	2016.3	3.1	中国农业出版社	薛运波
131	涉蜂法律法规知识读本	2016.5	11	中国养蜂学会	宋心仿
132	中蜂高效饲养技术	2016.7	14.5	中国农业出版社	罗岳雄、赵红霞、梁勤、刁青云
133	中国现代农业产业可持续发展战略研究蜂业分册	2016.9	40	中国农业出版社	吴杰
134	蜜蜂邮花	2017	20.3	重庆大学出版社	王荫长、张巍巍、缪晓青
135	养蜂学（第三版）	2017	35.8	中国农业出版社	曾志将
136	科学养蜂技术手册	2017.1	25	金盾出版社	宋心仿
137	中国学会七届六次常务理事会汇编（2017.3.25 湖北潜江）	2017.3	9.2	中国养蜂学会	陈黎红、王建梅等
138	蜜蜂视界 画册	2017.9	画册	广陵书社	仇志强、陈黎红
139	中蜂生态养殖技术	2018	14	广东科技出版社	罗岳雄、赵红霞
140	中国蜂业年报	2018	3.28	中国养蜂学会	陈黎红、吴杰
141	中国蜂业白皮书	2018	2.97	中国养蜂学会	陈黎红
142	高效健康养中蜂技术问答	2018.9	15.4	中国农业科学技术出版社	庄桂玉、宋心仿
143	蜂胶研究	2019.5	124.2	浙江大学出版社	胡福良
144	长白山中蜂饲养技术	2019.7	2.7	中国农业出版社	薛运波

四　SCI 论文、核心期刊论文

据不完全统计，仅统计了中国养蜂学会领导机构 21 世纪以来
发表核心期刊论文共计 375 篇（按发表时间排序）

编号	论文题目	作者	刊物名称	期/卷/页	发表时间
1	中华蜜蜂交配和产卵行为生态学研究	余林生，孟祥金，吴承武	应用生态学报	14(11): 1951–1954	2003
2	栖息环境和种间竞争对中华蜜蜂群体分布的影响	余林生，韩胜明	应用生态学报	14(4): 553–556	2003
3	中华蜜蜂群体越冬及数量动态特征	余林生，韩胜明	应用生态学报	14(5): 721–724	2003
4	安徽省蜜蜂种群消长及其分布与自然环境的关系	余林生，邹运鼎，毕守东，巫厚长，曹义锋	应用生态学报	17(8): 1465–1468	2006
5	意大利蜜蜂 (Apis mellifera ligustica) 与中华蜜蜂 (Apis cerana cerana) 生态位的比较	余林生，邹运鼎，曹义锋，毕守东，巫厚长，丁建	生态学报	28(9): 4575–4581	2008
6	皖南山区不同生态条件下中华蜜蜂形态特征差异性研究	余林生，张学锋，吴承武，邹运鼎，邬春华，李欣	生态学报	30(4): 984–988	2008
7	The prevalence of parasites and pathogens in Asian honeybees Apis cerana in China	Jilian Li, Haoran Qin, Jie Wu, Ben M. Sadd, Xiuhong Wang, Jay D. Evans, Wenjun Peng, Yanping Chen	PloS One	7(11):e47955	2012
8	A diversity of Nosema associated with bumblebees (Bombus spp.) from China	Li J, Chen W, Wu J, Peng W, An J, Schmid-Hempel P, Schmid-Hempel R	International Journal for Parasitology	42: 49–61	2012
9	蜜蜂卵巢激活研究进展	牛德芳，陈璇，胡福良 *	应用昆虫学报	49(5): 1378–1384	2012
10	4 种杀虫剂对小峰熊蜂工蜂和雄性蜂的急性经口毒性测定	刘佳霖，伍翔，廖秀丽，和绍禹，罗术东，吴杰	农药	51(6): 431–432	2012
11	甘肃麦积山风景区熊蜂多样性调查	安建东，缪正瀛，张世文，韩爱平，吴杰	应用昆虫学报	49(4):1025–1032	2012
12	中草药精油对蜜蜂狄斯瓦螨的熏杀效果	苏晓玲，郑火青，费中华，胡福良 *	应用昆虫学报	49(5): 1189–1195	2012
13	蜂胶的抗炎作用及其机制研究进展	李英华，朱威，胡福良 *	天然产物研究与开发	24(6): 856–859	2012
14	不同湿度环境下蜂王浆酶解产物的吸湿保湿性能	李英华，胡福良 *	浙江大学学报（农业与生命科学版）	38(4):504–510	2012
15	尼日利亚非洲蜂和安徽意大利蜜蜂及其杂交二代形态特征与微卫星 DNA 遗传多样性	余林生，解文飞，巫厚长	生态学报	32(11):3555–3564	2012
16	基于 β-葡萄糖苷酶活力的蜂蜜真伪鉴别研究	张金连，张翠平，郑火青，易松强，胡福良 *	食品科学	33(16): 150–153	2012
17	杨属植物化学成分的研究概况	张翠平，胡福良 *	天然产物研究与开发	24: 165–168	2012

编号	论文题目	作者	刊物名称	期/卷/页	发表时间
18	蜂胶中的萜类化合物	张翠平，胡福良*	天然产物研究与开发	24: 976–984	2012
19	蜜蜂复眼的视觉通路研究进展	赵慧霞，郑火青，胡福良*	昆虫学报	55(6): 749–757	2012
20	蜜蜂大脑的分区与功能	赵慧霞，郑火青，胡福良*	应用昆虫学报	49(5): 1385–1391	2012
21	Calcofluor White M2R 与 Sytox Green 双重染色法鉴定蜜蜂微孢子虫	秦浩然，李继莲，和绍禹，吴杰	应用昆虫学报	49(5):1132–1139	2012
22	基于线粒体和核基因序列的蜜蜂属系统发育分析	曹联飞，牛德芳，和绍禹，匡海鸥，胡福良*	遗传	34(8): 1057–1063	2012
23	蜜蜂巢脾的生物学活性研究进展	褚亚芳，胡福良*	天然产物研究与开发	24: 1870–1874	2012
24	蜂胶佐剂在兽用疫苗中的应用	王凯，何天骏，胡福良*	动物医学进展	34(10): 111–115	2013
25	蜂胶抗炎活性及其分子机制研究进展	王凯，张江临，胡福良*	中草药	44(16): 2321–2329	2013
26	巴西绿蜂胶主要生物活性成分的研究进展	王凯，张翠平，胡福良*	天然产物研究与开发	25(1): 140–145	2013
27	MicroRNAs 在调控蜜蜂个体发育、级型分化和劳动分工中的功能研究	牛德芳，陈璇，胡福良*	环境昆虫学报	35(6): 804–807	2013
28	蜜蜂无政府主义蜂群的研究进展	牛德芳，郑火青，胡福良*	昆虫学报	56(5): 561–565	2013
29	超临界 CO_2 流体萃取技术在蜂胶提取中的应用	卢媛媛，魏文挺，胡福良*	食品工业科技	34(19): 364–368	2013
30	蜂王浆的医疗保健作用研究进展	田媛媛，吴珍红，缪晓青	中国蜂业	Z1:48–49	2013
31	医疗应用蜂胶研究近况	刘婕，吴珍红，缪晓青	中国蜂业	21:19–21	2013
32	聚焦蜂王浆主蛋白功能研究	苏松坤，陶挺，缪晓青	中国蜂业	21:29–31	2013
33	蜂毒肽抗肿瘤研究新进展	杨小浪，董江涛，陈文彬，缪晓青	中国蜂业	21:22–25	2013
34	蜂胶的抗氧化活性及其分子机制研究进展	张江临，王凯，胡福良*	中国中药杂志	38(16): 2645–2652	2013
35	蜂胶中的酚酸类化合物	张翠平，王凯，胡福良*	中国现代应用药学	30(1): 102–105	2013
36	蜂胶的地理来源、植物来源及化学成分的研究	张翠平，平舜，黄帅，胡福良*	中国药学杂志	48(22): 1889–1892	2013
37	蜜蜂 (Apis mellifera) 美洲幼虫腐臭病最新研究进展	陈傲，孙杰，缪晓青	中国蜂业	Z2:28–31	2013
38	高效液相色谱—串联质谱法同时测定蜂王浆中的氟胺氰菊酯、三唑醇和蝇毒磷残留	周萍，李英华，胡福良*，赵焕，吴捷，梁世君	食品科学	34(18): 180–184	2013
39	高效液相色谱法测定蜂胶中咖啡酸及8种黄酮类化合物的含量	周萍，邵巧云，徐权华，黄帅，胡福良	蜜蜂杂志	33(4): 4–6	2013
40	以蜂胶、皂苷类化合物为原料的保健食品中总皂苷含量的测定	周萍，邵巧云，黄帅，胡福良	中国蜂业	1/64/55–57	2013

编号	论文题目	作者	刊物名称	期/卷/页	发表时间
41	蜜蜂共生菌的研究进展	徐龙龙，吴杰*，李继莲*	中国农业科技导报	15(6):107-112	2013
42	蜜蜂蜂毒主要成分与功能研究进展	高丽娇，吴杰*	基因组学与应用生物学	32(2):246-253	2013
43	小峰熊蜂蜂毒磷脂酶A2基因的克隆及表达分析	高丽娇，黄家兴*，吴杰*	昆虫学报	56(9): 974-981	2013
44	巴西绿蜂胶乙醇提取前后挥发性成分的分析比较	黄帅，卢媛媛，张翠平，胡福良*	食品与生物技术学报	32(7): 680-685	2013
45	2008—2012年蜂胶化学成分研究进展	黄帅，张翠平，胡福良*	天然产物研究与开发	25: 1146-1153, 1165	2013
46	蜂毒治疗类风湿性关节炎的研究现状	龚雁，王金胜，缪晓青，方文富	中国蜂业	Z2:44-47	2013
47	蜂针疗法知情同意书的意义及主要内容	程林兵，缪晓青	中国民间疗法	4:73-74	2013
48	蜂针疗法治疗屈指肌腱腱鞘炎	程林兵，缪晓青	光明中医	07:1492,1505	2013
49	5种设施农业常用农药对2种熊蜂的危险性评价	廖秀丽，刘佳霖，罗术东*，吴杰	西北农业学报	22(4): 191-195	2013
50	蜜蜂优质高产养殖技术	缪晓青	基层农技推广	2:56	2013
51	Therapeutical Efficacy of Bee Venom Compound Preparation Bao Yuan Ling on Rats with Chronic Heart Failure	Jie Liu，Hong Gao，Mingju Fu，Xiaoqing Miao	Journal of Animal and Veterinary Advances	13(13): 801-806	2014
52	福州地区蜜蜂养殖与蜂蜜安全生产现状调研报告	王丽华，黄秉正，江燕华，陈大福，龚蜜，陈萍	中国蜂业	(1): 46-48	2014
53	福州地区中华蜜蜂（Apis cerana cerana）工蜂春季活动规律初探	王庭云，陈大福，梁勤，李江红	福建农林大学学报：自然科学版	(4): 419-423	2014
54	蜂胶对蜂群病虫害的防治作用及机制研究	平舜，蔺哲广，胡福良*	环境昆虫学报	36(3): 427-432	2014
55	巴西蜂胶对磷脂酰胆碱特异性磷脂酶C活性的影响	玄红专，李振，张丽，宋玉冬，胡福良*	天然产物研究与开发	26(1): 128, 76	2014
56	应用环介导等温扩增技术（LAMP）检测蜜蜂黑蜂王台病毒的研究	庄明亮，李江红，陈大福，梁勤	应用昆虫学报	(6): 1612-1619	2014
57	中国明亮熊蜂复合种的分子鉴定及分布特性	刘苹，黄家兴，安建东，和绍禹，吴杰*	昆虫学报	57(2): 235-243	2014
58	宝元灵对离体蛙心脏收缩功能的影响	刘婕，高虹，缪晓青	华西药学杂志	2:140-142	2014
59	越冬蜂群调温机理仿真	江朝晖，张静，杨春合，周琼，余林生	系统仿真学报	26(6):1301-1307	2014
60	蜂王浆促细胞生长作用的研究进展	孙燕如，缪晓青	蜜蜂杂志	4:6-7	2014
61	福州中华蜜蜂春季巢温分布规律的研究	苏荣茂，周莉，孙瑜旸，温雄昭，周冰峰	中国蜂业	(9): 39-42	2014
62	不同产地蜂胶中元素分布特征及相关性分析	李樱红，罗镭，颜琳琦，周萍，应胜法，陶巧凤	中国现代应用药学	31(3): 297-302	2014

编号	论文题目	作者	刊物名称	期 / 卷 / 页	发表时间
63	蜂胶与杨树胶 HPLC 指纹图谱的建立及应用	李樱红，周萍，罗金文，周明昊，陶巧凤	药物分析杂志	34(2): 349–354	2014
64	安徽省七种蜜蜂病毒的发生与流行研究	汪天澍，施腾飞，刘芳，余林生，齐磊，孟祥金	应用昆虫学报	52(2): 324–332	2014
65	蜂胶中 Artepillin C 的高效液相色谱法测定	周萍，阮佳威，徐权华，赵焕，吴晓群，陈梅兰	浙江树人大学学报（自然科学版）	14(3): 32–36	2014
66	中华蜜蜂哺育蜂与采集蜂行为转变相关基因的表达差异研究	宗超，刘芳，余林生，汪天澍，施腾飞	应用昆虫学报	51(2):440–447	2014
67	蜜蜂白垩病的研究进展	赵红霞，梁勤，罗岳雄，李江红等	环境昆虫学报	(2) : 233–239	2014
68	意大利蜜蜂不同日龄工蜂脑部三种 mirRNA 的表达水平	施腾飞，刘芳，余林生，汪天澍，齐磊	昆虫学报	57(12):1368–1374	2014
69	蜜蜂 microRNA 的研究进展	施腾飞，余林生，刘芳	昆虫学报	57(5):601–606	2014
70	中华蜜蜂囊状幼虫病病毒非结构蛋白抗体的制备及其应用	夏晓翠，周冰峰	福建农林大学学报：自然科学版	(5) : 499–503	2014
71	共生菌群在熊蜂生长发育过程中的动态变化	徐龙龙，吴杰 *，郭军，李继莲	中国农业科学	47(10):2030–2037	2014
72	新烟碱类杀虫剂对蜜蜂健康的影响	蔺哲广，孟飞，郑火青 *，周婷，胡福良	昆虫学报	57(5): 607–615	2014
73	Characterization of gut bacteria at different developmental stages of Asian honey bees, Apis cerana.	Guo J，Wu J*，Chen YP，Evans JD，Dai RG，Luo WH，Li JL*	Journal of Invertebrate Pathology	127: 110–114	2015
74	Extreme food-plant specialisation in Megabombus bumblebees as a product of long tongues combined with short nesting seasons	Huang J，An J*，Wu J* ,Williams PH	PLoS ONE	10(8): e0132358	2015
75	Newly discovered colour-pattern poly-morphism of Bombus koreanus females (Hymenoptera: Apidae) demonstrated by DNA barcoding	Huang J，Wu J*，An J，Williams PH	Apidologie	46(2): 250–261	2015
76	Two gut community enterotypes recur in diverse bumblebee species	Li JL，Powell JE，Guo J，Evans JD，Wu J，Williams P，Lin QH，Moran NA*，Zhang ZG*	Current Biology	25: R635 – R653	2015
77	关于福州市蜜蜂协会能否承接政府职能转移的调研报告	王丽华，江燕华，黄秉正，陈萍，陈华，龚蜜，陈大福，龚小蜜，杨文超	中国蜂业	(2) : 56–57	2015
78	茶蜂花粉提取物 BPE 对 LPS 诱导的 Raw 264.7 细胞的体外抗炎症作用研究	平舜，王凯，张江临，胡福良 *	食品与生物技术学报	34(12): 1302–1307	2015

编号	论文题目	作者	刊物名称	期/卷/页	发表时间
79	巴西蜂胶化学成分的研究进展	申小阁，张翠平，胡福良*	天然产物研究与开发	27(5): 915-930, 880	2015
80	蜂巢恒温调控机理检测装置的研究	付月生，潘炜，余林生，汪天澍	湖北汽车工业学院学报	(1): 60-63	2015
81	意大利蜜蜂哺育蜂与采集蜂行为转变相关基因的表达差异研究	刘芳，宗超，余林生，苏松坤	应用昆虫学报	52(2):300-307	2015
82	凝心聚力，攻坚克难，开创蜂学科教新局面	苏松坤，张开晃，陈文彬，黄少康，纪英，付中民，林惠科	中国蜂业	(4): 59-61	2015
83	基于微传感器阵列的蜂巢温度监测与分析系统	李想，江朝晖，陆元洲，潘炜，余林生	传感器与微系统	34(11):63-65	2015
84	蜜蜂上颚腺及其分泌物研究进展	吴雨祺，蔺哲广，郑火青*，胡福良	昆虫学报	58(8): 911-918	2015
85	蜜蜂蜂群温湿度调节研究进展	汪天澍，刘芳，余林生，潘炜，江朝晖，付月生	生态学报	35(10):3172-3179	2015
86	蜜蜂球囊菌胞外蛋白酶活性与菌株毒力关系的研究	陈大福，王吉州，梁勤	中国蜂业	(10): 36-38	2015
87	福建地区三种蜂蜜荧光稳定性研究	陈文彬，李书慧，白永霞，吴德会，黄静玲，杨清云，涂熹娟，杨文超，吴珍红，缪晓青	蜜蜂杂志	10:1-4	2015
88	福建地区三种蜂蜜的荧光特性研究	陈文彬，吴德会，李书慧等	中国蜂业	66(9):40-42	2015
89	基于气候相似性研究梅氏热厉螨在时间与空间上的适生性	陈祉作，李金山，余林生，李耘	环境昆虫学报	37(3):526-533	2015
90	不同蜂为设施辣椒授粉的授粉效果比较	罗术东，王彪，褚忠桥，柳萌，吴杰*	环境昆虫学报	37(2):381-386	2015
91	小峰熊蜂可溶型海藻糖酶基因的克隆及表达分析	秦加敏，罗术东*，廖秀丽，黄家兴，和绍禹，吴杰*	中国农业科学	48(2):370-380	2015
92	昆虫海藻糖和海藻糖酶的特性及功能研究	秦加敏，罗术东，和绍禹，吴杰*	环境昆虫学报	37(1): 163-169	2015
93	蜜蜂肠道微生物的调节作用及影响因素	郭军，吴杰*，刘珊，李继莲*	中国农业科技导报	17(2): 58-63	2015
94	蜂毒制剂"神蜂精"对佐剂性关节炎大鼠血管表皮发生长因子及其受体的影响	程林兵，龚雁，王金胜，缪晓青	中国蜂业	8: 47-50	2015
95	中华蜜蜂 mab-21 基因序列分析及表达特征	薛菲，吴鹏杰，李雨时，王秀红，国占宝，徐书法*，吴杰*	昆虫学报	58(10):1072-1080	2015
96	蜂巢温度全覆盖采集系统的设计与实现	闫宇，潘炜，江朝晖，齐磊，余林生	湖南农业大学学报	42(4):460-464	2016

编号	论文题目	作者	刊物名称	期/卷/页	发表时间
97	蜜蜂丝的围观结构与物理性能研究	李诗怡，胡福良	中国农业科技导报	18(2): 47–51	2016
98	蜂胶对烟曲霉抑菌机制的体外研究	沈菲，陈艺杰，徐晓兰，缪晓青，吴珍红	中国蜂业	4:12–16,19	2016
99	烟曲霉素在防治蜜蜂孢子虫病中的应用研究进展	陈秀贤，蔺哲广，胡福良，宋伊雯，郑火青*	环境昆虫学报	38(3): 648–654	2016
100	无刺蜂蜂胶化学成分及生物学活性的研究进展	陈佳玮，申小阁，胡福良*	天然产物研究与开发	28(12): 2021–2029	2016
101	低温20℃对意大利蜜蜂未受精卵发育的影响	陈琳，周冰峰等	应用昆虫学报	(3)：574–580	2016
102	蜂胶抗心肌缺血/再灌注损伤作用机制的研究进展	陈聪海，史培颖，吴珍红等	中国蜂业	67(11)：17–21	2016
103	蜂王浆酶解产物对D-半乳糖模型小鼠体内抗衰老的作用	季文静，张翠平，魏文挺，胡福良*	中国食品学报	16(1): 18–25	2016
104	福建东方蜜蜂线粒体DNA的遗传变异和遗传多样性	周姝婧，朱翔杰，周冰峰等	福建农林大学学报：自然科学版	(3)：310–315	2016
105	蜂胶抗肿瘤活性及其机制的研究进展	郑宇斐，王凯，胡福良*	天然产物研究与开发	28(4): 627–636	2016
106	秦巴山区中华蜜蜂种群微卫星DNA遗传分析	郭慧萍，周姝婧，周冰峰等	昆虫学报	(3)：337–345	2016
107	基质固相分散在蜜蜂与蜜蜂产品分析中的应用进展	涂熹娟，马双琴，高照生，陈文彬，吴珍红，缪晓青	中国蜂业	6: 18–22	2016
108	分子印迹固相萃取在蜂蜜污染物残留分析中的研究进展	涂熹娟，高照生，马双琴，陈文彬，吴珍红，缪晓青	蜜蜂杂志	9: 1–4	2016
109	蜜蜂嗅觉研究进展	谢翠琴，聂红毅，苏松坤	中国蜂业	(7)：17–22	2016
110	狄斯瓦螨和蜜蜂残翅病毒对蜜蜂健康的协同影响	蔺哲广，秦瑶，李利，王帅，郑火青，胡福良	昆虫学报	59(7): 775–784	2016
111	一种囊状幼虫病毒分子标记的克隆	熊翠玲，林跃文，梁勤，陈大福等	中国蜂业	(12)：14–16	2016
112	环境温度对蜂巢内温湿度的影响	潘炜，付月生，邢金鹏，余林生	福建农林大学学报(自然版)	45(3): 316–319	2016
113	Transcript expression bias of phosphatidylethanolamine binding protein gene in bumblebee Bombus lantschouensis (Hymenoptera: Apidae)	Jie Dong，Lei Han，Ye Wang，Jiaxing Huang，Jie Wu	Gene	627(6): 290–297	2017
114	The complete mitochondrial genome of wild honeybee Apis florea (Hymenoptera: Apidae) in south-western China	Jie Yang，Jianxin Xu，Shaoyu He and Jie Wu	MITOCHONDRIAL DNA PART B: RESOURCES	VOL.2,NO.2,845 - 846 https://doi.org/10.1080/23802359.2017.1407690	2017
115	First Characterization of Sphingomyeline Phosphodiesterase Expression in the Bumblebee, Bombus lantschouensis.	L Han，S He，J Dong，Y Wang，J Huang，J Wu	Sociobiology	64(1): 85–91	2017

编号	论文题目	作者	刊物名称	期/卷/页	发表时间
116	Chinese Sacbrood virus infection in Asian honey bees (Apis cerana cerana) and host immune responses to the virus infection.	Liu Shan，Wang Liuhao，Guo Jun，Tang Yujie，Chen Yanping，Wu Jie，Li Jilian	Journal of Invertebrate Pathology	150: 63–69	2017
117	Native Honey Bees Outperform Adventive Honey Bees in Increasing Pyrus bretschneideri (Rosales: Rosaceae) Pollination	Tolera Kumsa Gemeda，Youquan Shao，Wenqin Wu，Huipeng Yang，Jiaxing Huang，Jie Wu	Journal of Economic Entomology	110(6): 2290–2294	2017
118	贵州省东方蜜蜂微卫星 DNA 遗传分化与遗传多样性分析	于瀛龙，周姝婧，冰峰等	福建农林大学学报：自然科学版	(3): 323–328	2017
119	兰州熊蜂气味受体家族鉴定及分析	王烨，韩蕾，董捷，黄家兴，吴杰	中国农业科学	50(10):1904–1913	2017
120	化学感受蛋白 Amel-CSP3 和 Amel-CSP4 在意大利蜜蜂成年工蜂中的时空表达水平研究	齐磊，施腾飞，刘芳，王宇飞，余林生	应用昆虫学报	54(1):76–83	2017
121	新烟碱类杀虫剂对中华蜜蜂蔗糖反应行为的影响	李梦，和静芳，李志国，苏松坤	中国蜂业	(4): 20–22	2017
122	我国养蜂机械化现状与思考	宋心仿	中国蜂业	11,57	2017
123	加速推进养蜂机械化进程与建议	宋心仿	中国蜂业	58	2017
124	胁迫中华蜜蜂幼虫肠道的球囊菌及其体外培养的高表达基因分析	陈大福，王鸿权，李汶东，熊翠玲，郑燕珍，付中民等	福建农林大学学报：自然科学版	(5)：562–568	2017
125	低温胁迫对意大利蜜蜂受精卵的孵化率和发育历期的影响	陈琳，徐新建，周冰峰等	环境昆虫学报	39(1)：114–120	2017
126	亚致死浓度噻虫嗪对意大利蜜蜂工蜂的生存风险分析	岳孟，宗伏霖，马昌盛，吴杰，罗术东	中国生物防治	33(5): 638–643	2017
127	湿法消化法测定蜂花粉中铅的研究	周萍，邵巧云，赵焕，徐权华，陈佳玮，胡福良	中国蜂业	68(3): 16–19	2017
128	东方蜜蜂微孢子虫感染对中华蜜蜂免疫基因表达和血淋巴中糖水平的影响	郑寿斌，和静芳，李志国，高照生，蒍添添，席伟军，苏松坤	应用昆虫学报	(3)：392–399	2017
129	亚致死浓度噻虫嗪对西方蜜蜂免疫相关基因表达的影响	施腾飞，王宇飞，齐磊，余林生	应用昆虫学报	54(4):576–582	2017
130	意大利蜜蜂幼虫肠道响应球囊菌早期胁迫的转录组学分析	郭睿，熊翠玲，郑燕珍，张璐，童新宇，梁勤，陈大福	应用昆虫学报	(4)：553–560	2017
131	蜂胶提取物对顺铂诱导大鼠肝、肾损伤的保护作用	黄海波，沈圳煌，耿倩倩，史培颖，吴珍红，孙燕如，韩鸣凤，缪晓青	食品科学	1–11	2017
132	蜂胶的降血糖作用及其分子机制研究进展	程晓雨，张江临，胡福良 *	天然产物研究与开发	29(6): 1070–1076	2017
133	基于 RNA-seq 数据大规模开发中华蜜蜂幼虫的 SSR 分子标记	熊翠玲，张璐，付中民，郑燕珍，陈大福，郭睿等	环境昆虫学报	39(1)：71–77	2017
134	噻虫啉对西方蜜蜂王浆主蛋白、免疫和记忆相关基因表达的影响	施腾飞，王宇飞，Burton，S.，许圣云，邓全艺，章文信	应用昆虫学报	55(4): 659–666	2018

据不完全统计中国养蜂学会领导机构发表 SCI 论文共计 241 篇（按影响因子排序）

编号	论文题目	作者	刊物名称	期 / 卷 / 页	发表时间	影响因子
1	Pinocembrin induces ER stress mediated apoptosis and suppresses autophagy in melanoma cells	Yufei Zheng, Kai Wang, Yuqi Wu, Yifan Chen, Xi Chen, Chenyue W. Hu, Fuliang Hu*	Cancer Letters	431: 31–42	2018	6.491
2	Plant microRNAs in larval food regulate honeybee caste development	Kegan Zhu, Minghui Liu, Zheng Fu, Zhen Zhou, Yan Kong, Hongwei Liang, Zheguang Lin, Jun Luo, Huoqing Zheng, Ping Wan, Junfeng Zhang, Ke Zen, Jiong Chen*, Fuliang Hu*, Chen−Yu Zhang*, Jie Ren*, Xi Chen*	PLoS Genetics	13(8): e1006946	2017	6.100
3	Making a queen: an epigenetic analysis of the robustness of the honey bee (Apis mellifera) queen developmental pathway	Xu Jiang He, Lin Bin Zhou, Qi Zhong Pan, Andrew B. Barron, Wei Yu Yan, Zhi Jiang Zeng	Molecular Ecology	26(6):1598−1607	2017	6.086
4	Glutaredoxin, glutaredoxin 2, thioredoxin 1 and thioredoxin peroxidase 3 play important roles in antioxidant defense in Apis cerana cerana	Pengbo Yao, Xiaobo Chen, Yan Yan, Feng Liu, Yuanying Zhang, Xingqi Guo, Baohua Xu	Free Radical Biology and Medicine	68: 335−346	2014	5.71
5	Starving honey bee (Apis mellifera) larvae signal pheromonally to worker bees	Xu Jiang He, Xue Chuan Zhang, Wu Jun Jiang, Andrew B. Barron, Jian Hui Zhang, Zhi Jiang Zeng	Scientific Reports	6:22359	2016	5.578
6	Protection of bovine mammary epithelial cells from hydrogen peroxide-induced oxidative cell damage by resveratrol	Xiaolu Jin, Kai Wang, Hongyun Liu*, Fuliang Hu, Fengqi Zhao, Jianxin Liu*	Oxidative Medicine and Cellular Longevity	Article ID 2572175	2016	4.593
7	Social apoptosis in honey bee superorganisms	Paul Page, Zheguang Lin, Ninat Buawangpong, Huoqing Zheng*, Fuliang Hu, Peter Neumann, Panuwan Chantawannakul*, Vincent Dietemann	Scientific Reports	6:27210	2016	4.259

编号	论文题目	作者	刊物名称	期/卷/页	发表时间	影响因子
8	Comparative transcriptome analysis on the synthesis pathway of honey bee (Apis mellifera) mandibular gland secretions	YuQi Wu, HuoQing Zheng*, Miguel Corona, Christian Pirk, Fei Meng, YuFei Zheng, FuLiang Hu*	Scientific Reports	7: 4530	2017	4.259
9	Chinese propolis exerts anti-proliferation effects in human melanoma cells by targeting NLRP1 inflammatory pathway, inducing apoptosis, cell cycle arrest, and autophagy	Yufei Zheng, Yuqi Wu, Xi Chen, Xiasen Jiang, Kai Wang and Fuliang Hu*	Nutrients	Article ID 10: 1170	2019	4.196
10	Transcriptome difference in hypopharyngeal gland between Western Honeybees (Apis mellifera) and Eastern Honeybees (Apis cerana)	Hao Liu, Zi Long Wang, Xiao Bo Wu, Wei Yu Yan, Zhi Jiang Zeng	BMC Genomics	15:744	2014	4.041
11	Characterization of poly(5-hydroxytryptamine)-modified glassy carbon electrode and applications to sensing of norepinephrine and uric	Peiying Shi, Xiaoqing Miao, Hong Yao	Electrochimica Acta	92(3):341−348	2013	SCI (IF=3.83)
12	Evidence of Apis cerana Sacbrood virus Infection in Apis mellifera	Gong HR, Chen XX, Chen YP, Hu FL, Zhang JL, Lin ZG, Yu JW, Zheng HQ*	Applied and Environmental Microbiogy	82(8):2256−2262	2016	3.807
13	Transcriptome comparison between honey bee queen- and worker-estined larvae	Xuan Chen, Yang Hu, Huoqing Zheng, Lianfei Cao, Defang Niu, Dongliang Yu, Yongqiao Sun, Songnian Hu*, Fuliang Hu*	Insect Biochemistry and Molecular Biology	42: 665−673	2012	3.756
14	Neonicotinoid insecticide interact with honeybee odorant-bindingprotein: Implication for olfactory dysfunction	Hongliang Li, Fan Wu, Lei Zhao, Jing Tan, Hongtao Jiang, Fuliang Hu	International Journal of Biological Macromolecules	81: 624−630	2015	3.671

编号	论文题目	作者	刊物名称	期/卷/页	发表时间	影响因子
15	Royal jelly alleviates cognitive deficits and b-amyloid accumulation in APP/PS1 mouse model via activation of the cAMP/PKA/ CREB/ BDNF pathway and inhibition of neuronal apoptosis	Mengmeng You, Yongming Pan, Yichen Liu, Yifan Chen, Yuqi Wu, Juanjuan Si, Kai Wang and Fuliang Hu*	Frontiers in Aging Neuroscience	Article ID 10: 428	2019	3.582
16	Royal jelly reduces cholesterol levels, ameliorates Ab pathology and enhances neuronal metabolic activities in a rabbit model of Alzheimer's disease	Yongming Pan, Jianqin Xu, Cheng Chen, Fangming Chen, Ping Jin, Keyan Zhu, Chenyue W. Hu, Mengmeng You, Minli Chen* and Fuliang Hu*	Frontiers in Aging Neuroscience	Article ID 10: 50	2018	3.582
17	Michael A. Conlon* and David L. Topping. Polyphenol-Rich Propolis Extracts Strengthen Intestinal Barrier Function by Activating AMPK and ERK Signaling	Kai Wang, Xiaolu Jin, Yifan Chen, Zehe Song, Xiasen Jiang, Fuliang Hu*	Nutrients	8: 272	2016	3.550
18	Dietary propolis ameliorates dextran sulfate sodium-induced colitis and modulates the gut microbiota in rats fed awestern diet	Kai Wang, Xiaolu Jin, Mengmeng You, Wenli Tian, Richard K. Le Leu, David L. Topping, Michael A. Conlon*, Liming Wu*, Fuliang Hu*	Nutrients	9: 875	2017	3.550
19	Royal Jelly Attenuates LPS-Induced Inflammation in BV-2 Microglial Cells through Modulating NF-κB and p38/JNK Signaling Pathways	Meng-Meng You, Yi-Fan Chen, Yong-Ming Pan, Yi-Chen Liu, Jue Tu, Kai Wang, and Fu-Liang Hu*	Mediators of Inflammation	Article ID 7834381	2018	3.549
20	Characterization and mutational analysis of Omega-class GST (GSTO1) from Apis cerana cerana, a gene involved in response to oxidative stress	Fei Meng, Yuanying Zhang, Feng Liu, Xingqi Guo, Baohua Xu	PLoS ONE	9(3): e93100	2014	3.534

编号	论文题目	作者	刊物名称	期/卷/页	发表时间	影响因子
21	Mechanisms underlying the wound healing potential of propolis based on its in vitro antioxidant activity	Xueping Cao, Yifan Chen, Jianglin Zhang, Mengmeng You, Kai Wang, Fuliang Hu*	Phytomedicine	34(2017): 76–84	2017	3.526
22	Discrimination of the entomological origin of honey according to the secretions of the bee (Apis cerana or Apis mellifera)	Yan-Zheng Zhang, Yi-Fan Chen, Yu-Qi Wu, Juan-Juan Si, Cui-Ping Zhang, Huo-Qing Zheng*, Fu-Liang Hu*	Food Research International	116: 362–369	2019	3.520
23	Potential protective effect of Trans-10-hydroxy-2-decenoic acid on the inflammation induced by Lipoteichoic acid	Yi-Fan Chen, Meng-Meng You, Yi-Chen Liu, Yi-Zhen Shi, Kai Wang, Yuan-Yuan Lu, Fu-Liang Hu*	Journal of Functional Foods	45: 491–498	2018	3.470
24	sHsp22.6, an intronless small heat shock protein gene, is involved in stress defence and development in Apis cerana cerana	Yuanying Zhang, Yaling Liu, Xulei Guo, Yalu Li, Hongru Gao, Xingqi Guo, Baohua Xu	Insect Biochemistry and Molecular Biology	53(C): 1–12	2014	3.42
25	Antiinflammatory ffects of Chinese propolis in lipopolysaccharidestimulated human umbilical vein endothelial cells by suppressing autophagy and MAPK/NF-κB signaling pathway	Hongzhuan Xuan*, Wenwen Yuan, Huasong Chang, Minmin Liu, Fuliang Hu*	Inflammopharmacology	Article ID 10: 1007	2019	3.304
26	Caffeic acid phenethyl ester exhibiting distinctive binding interactionwith human serum albumin implies the pharmacokinetic basis of propolis bioactive components	Hongliang Li*, Fan Wu, Jing Tan, Kai Wang, Cuiping Zhang, Huoqing Zheng, Fuliang Hu*	Journal of Pharmaceutical and Biomedical Analysis	122: 21–28	2016	3.255
27	Effects of Chinese propolis in protecting bovine mammary epithelial cells against mastitis pathogens-induced cell damage	Kai Wang, Xiaolu Jin, Xiaoge Shen, Liping Sun, Liming Wu, Jiangqin Wei, Maria Cristina Marcucci, Fuliang Hu*, Jianxin Liu	Mediators of Inflammation	Article ID 8028291	2016	3.232

编号	论文题目	作者	刊物名称	期/卷/页	发表时间	影响因子
28	In Vitro anti-inflammatory effects of three fatty acids from royal jelly	Yi-Fan Chen, Kai Wang, Yan-Zheng Zhang, Yu-Fei Zheng, Fu-Liang Hu*	Mediators of Inflammation	Article ID 3583684	2016	3.232
29	Polyphenol-rich propolis extracts from China and Brazil exert anti-inflammatory effects by modulating ubiquitination of TRAF6 during the activation of NF-κB	Kai Wang, Lin Hu, Xiao-Lu Jin, Quan-Xin Ma, Maria Cristina Marcucci, Amandio Augusto Lagareiro Netto, Alexandra Christine Helena Frankland Sawaya, Shuai Huang, Wen-Kai Ren, Michael A. Conlon, David L. Topping, Fu-Liang Hu*	Journal of Functional Foods	19: 464–478	2015	3.144
30	Antioxidant and anti-inflammatory effects of Chinese propolis during palmitic acid-induced lipotoxicity in cultured hepatocytes	Xiaolu Jin, Kai Wang, Qiangqiang Li, Wenli Tian, Xiaofeng Xue, Liming Wu*, Fuliang Hu	Journal of Functional Foods	34: 216–223	2017	3.144
31	A new propolis type from Changbai Mountains in North-east China: chemical composition, botanical origin and biological activity	Xiasen Jiang, Jing Tian, Yufei Zheng, Yanzheng Zhang, Yuqi Wu, Cuiping Zhang, Huoqing Zheng and Fuliang Hu*	Molecules	Article ID 24: 1369	2019	3.098
32	Royal jelly ameliorates behavioral deficits, cholinergic system deficiency, and autonomic nervous dysfunction in ovariectomized cholesterol-fed rabbits	Yongming Pan, Jianqin Xu, Ping Jin, Qinqin Yang, Keyan Zhu, Mengmeng You, Fuliang Hu* and Minli Chen*	Molecules	Article ID 24: 1149	2019	3.098
33	Authentication of Apis cerana Honey and Apis mellifera Honey Based on Major Royal Jelly Protein 2 Gene	Yan-Zheng Zhang, Shuai Wang, Yi-Fan Chen, Yu-Qi Wu, Jing Tian, Juan-Juan Si, Cui-Ping Zhang, Huo-Qing Zheng and Fu-Liang Hu*	Molecules	Article ID 24: 289	2019	3.098
34	Anti-inflammatory effects of ethanol extracts of Chinese propolis and buds from poplar (Populus × canadensis)	Kai Wang, Jianglin Zhang, Shun Ping, Quanxin Ma, Xuan Chen, Hongzhuan Xuan, Jinhu Shi, Cuiping Zhang, Fuliang Hu*	Journal of Ethnopharmacology	155: 300–311	2014	2.981

编号	论文题目	作者	刊物名称	期/卷/页	发表时间	影响因子
35	Functional and mutational analyses of an omeg-class glutathione-transferase (GSTO2) that is required for reducing oxidative damage in Apis cerana cerana	Zhang YY, Guo XL, Liu YL, Liu F, Wang HF, Guo XQ, Xu BH	Insect Molecular Biology	25(4): 470–486	2016	2.866
36	Recent advances in the chemical composition of propolis	Shuai Huang, Cui-Ping Zhang, Kai Wang, George Q. Li*, Fu-Liang Hu*	Molecules	19: 19610–19632	2014	2.861
37	Identification of catechol as a new marker for detecting propolis adulteration	Shuai Huang, Cui-Ping Zhang, George Q. Li, Yue-Yi Sun, Kai Wang, Fu-Liang Hu*	Molecules	19: 10208–10217	2014	2.861
38	Transcriptome comparison between inactivated and activated ovaries of the honey bee Apis mellifera L	D. Niu, H. Zheng, M. Corona, Y. Lu, X. Chen, L. Cao, A. Sohr, F. Hu*	Insect Molecular Biology	23(5): 668–681	2014	2.844
39	Neuromechanism study of insect–machine interface: flight control by neural electrical stimulation	Huixia Zhao, Nenggan Zheng*, Willi A. Ribi, Huoqing Zheng, Lei Xue, Fan Gong, Xiaoxiang Zheng, Fuliang Hu*	PLoS ONE	9(11): e113012	2014	2.806
40	Go east for better honey bee health: Apis cerana is faster at hygienic behavior than A. mellifera	Zheguang Lin, Paul Page, Li Li, Yao Qin, Yingying Zhang, Fuliang Hu, Peter Neumann, Huoqing Zheng*, Vincent Dietemann	PLoS ONE	11(9): e0162647	2016	2.806
41	Protective effect of Schisandra chinensis bee pollen extract on liver and kidney injury induced by cisplatin in rats	Huang Haibo, Miao Xiaoqing	Biomedicine & pharmacotherapy = Biomedecine & pharmacotherapie	95:1765	2017	SCI (IF=2.759)
42	Soxhlet–assisted matrix solid phase dispersion to extract flavonoids from rape (Brassica campestris) bee pollen	Ma Shuangqin, Tu Xijuan, Miao Xiaoqing, Wu Zhenhong	Journal of Chromatography B	1005, 17–22	2015	SCI (IF=2.687)

编号	论文题目	作者	刊物名称	期/卷/页	发表时间	影响因子
43	High-performance liquid chromatography combined with intrinsic fluorescence detection to analyse melittin in individual honeybee (Apis mellifera) venom sac	Dong, Jiangtao., Miao Xiaoqing	Journal of Chromatography B	1002, 139–143	2015	SCI (IF=2.687)
44	Evidence of the synergistic effect of honey bee pathogens Nosema ceranae and Deformed wing virus	Zheng HQ, Gong HR, Huang SK, Sohr A, Hu FL, Chen YP	Veterinary Microbiology	177(1–2): 1–6	2015	2.628
45	The effects of clove oil on the enzyme activity of Varroa destructor Anderson and Trueman (Arachnida: Acari: Varroidae)	Li Li, Zheguang Lin, Shuai Wang, Xiaoling Su, Hongri Gong, Hongliang Li, Fuliang Hu, Huoqing Zheng*	Saudi Journal of Biological Sciences	24(2017): 996–1000	2017	2.564
46	Sublethal doses of neonicotinoid imidacloprid can interact with honey bee chemosensory protein 1 (CSP1) and inhibit its function	Hongliang Li*, Jing Tan, Xinmi Song, Fan Wu, Mingzhu Tang, Qiyun Hua, Huoqing Zheng, Fuliang Hu	Biochemical and Biophysical Research Communications	486(2017): 391–397	2017	2.466
47	Genetic structure of Chinese Apis dorsata population based on microsatellites	Lian-Fei CAO, Huo-Qing ZHENG, Fu-Liang HU*, H.R. HEPBURN	Apidologie	43(6): 643–651	2012	2.196
48	A scientific note on Israeli acute paralysis virus infection of Eastern honeybee Apis cerana and vespine predator Vespa velutina	Orlando Yañez, Huo-Qing Zheng, Fu-Liang Hu, Peter Neumann, Vincent Dietemann	Apidologie	43(5): 587–589	2012	2.196
49	A scientific note on the lack of effect of mandible ablation on the synthesis of royal scent by honeybee queens	Huo-Qing ZHENG, Vincent DIETEMANN, Fu-Liang HU*, Robin M. CREWE, Christian W. W. PIRK	Apidologie	43: 471–473	2012	2.196

编号	论文题目	作者	刊物名称	期/卷/页	发表时间	影响因子
50	Reproductive traits and mandibular gland pheromone of anarchistic honey bee workers Apis mellifera occurring in China	De-Fang NIU, ChristianW. W. PIRK, Huo-Qing ZHENG, Shun PING, Jin-Hu SHI, Lian-Fei CAO, Fu-Liang HU*	Apidologie	47: 515–526	2016	2.196
51	Ethanol extract of Chinese propolis attenuates early diabetic retinopathy by protecting the blood-retinal barrier in streptozotocin-induced diabetic rats	Yi-zhen Shi , Yi-chen Liu, Yu-fei Zheng, Yi-fan Chen, Juan-juan Si, Min-li Chen, Qi-yang Shou, Huo-qing Zheng, and Fu-liang Hu*	Journal of Food Science	84(2): 358–369	2019	2.018
52	Longevity extension of worker honey bees (Apis mellifera) by royal jelly: optimal dose and active ingredient	Yang Wenchao, Miao Xiaoqing	Peerj	5(3):e3118	2017	SCI(IF=2)
53	The hydrolysis of flavonoid glycosides by propolis β-glucosidase activity	Cui-Ping Zhang, Gang Liu, Fu-Liang Hu*	Natural Product Research	26(3): 270–273	2012	1.828
54	Artepillin C, is it a good marker for quality control of Brazilian green propolis?	Cuiping Zhang, Xiaoge Shen, Jiawei Chen, Xiasen Jiang, Kai Wang, Fuliang Hu*	Natural Product Research	31(20): 2441–2444	2017	1.828
55	Geographical influences on content of 10-hydroxy-trans-2-decenoic acid in royal jelly in China	Wen-Ting WEI, Yuan-Qiang HU, Huo-Qing ZHENG, Lian-Fei CAO, Fu-Liang HU*, H. Randall HEPBURN	Journal of Economic Entomology	106(5): 1958–1963	2013	1.824
56	High royal jelly-producing honeybees (Apis mellifera ligustica) (Hymenoptera: Apidae) in China	Lian-Fei Cao, Huo-Qing Zheng, Christian W. W. Pirk, Fu-Liang Hu, Zi-Wei Xu*	Journal of Economic Entomology	109(2): 510–514	2016	1.824
57	Fast determination of royal jelly freshness by a chromogenic reaction	Huo-Qing Zheng, Wen-Ting Wei, Li-Ming Wu, Fu-Liang Hu*, Vincent Dietemann	Journal of Food Science	77(6): S247–S252	2012	1.815
58	Development of high-performance liquid chromatographic for quality and authenticity control of Chinese propolis	Zhang Cui-ping, Huang Shuai, Wei Wen-ting, Ping Shun, Shen Xiao-ge, Li Ya-jing, Hu Fu-liang*	Journal of Food Science	79(7): C1315–C1322	2014	1.815

编号	论文题目	作者	刊物名称	期/卷/页	发表时间	影响因子
59	Identification of free radical scavengers from Brazilian green propolis using off-line HPLC-DPPH assay and LC-MS	Cuiping Zhang, Xiaoge Shen, Jiawei Chen, Xiasen Jiang, and Fuliang Hu*	Journal of Food Science	82(7): 1602–1607	2017	1.815
60	Therapeutic effects of propolis essential oil on anxiety of restraint stress mice	Y-J Li, H-Z Xuan, Q-Y Shou, Z-G Zhan, X Lu, F-L Hu*	Human and Experimental Toxicology	31(2): 157–165	2012	1.802
61	Chemosensory proteins of the eastern honeybee, Apis cerana: Identification, tissue distribution and olfactory related functional characterization	Hong-Liang Li*, Cui-Xia Ni, Jing Tan, Lin-Ya Zhang, Fu-Liang Hu*	Comparative Biochemistry and Physiology, Part B	194–195: 11–19	2016	1.757
62	Effects of encapsulated propolis on blood glycemic control, lipid metabolism, and insulin resistance in type 2 diabetes mellitus rats	Yajing Li, Minli Chen, Hongzhuan Xuan, Fuliang Hu*	Evidence-Based Complementary and Alternative Medicine (eCAM)	Article ID 981896	2012	1.740
63	Molecular mechanisms underlying the in-vitro anti-inflammatory effect of a flavonoids rich ethanol extract from Chinese propolis (poplar type)	Kai Wang, Shun Ping, Shuai Huang, Lin Hu, Hongzhuan Xuan, Cuiping Zhang, Fuliang Hu*	Evidence-Based Complementary and Alternative Medicine (eCAM)	Article ID 127672	2013	1.740
64	Antitumor activity of Chinese propolis in human breast cancer MCF-7 and MDA-MB-231 cells	Hongzhuan Xuan, Zhen Li, Haiyue Yan, Qing Sang, Kai Wang, Qingtao He, Yuanjun Wang, Fuliang Hu*	Evidence-Based Complementary and Alternative Medicine (eCAM)	Article ID 280120	2014	1.740
65	Propolis reduces phosphatidylcholine-specific phospholipase C activity and increasing annexin a7 level in oxidized LDL-stimulated human umbilical vein endothelial cells	Hongzhuan Xuan, Zhen Li, Jiying Wang, Kai Wang, Chongluo Fu, Jianlong Yuan, Fuliang Hu*	Evidence-Based Complementary and Alternative Medicine (eCAM)	Article ID 465383	2014	1.740

编号	论文题目	作者	刊物名称	期/卷/页	发表时间	影响因子
66	Comparisons of ethanol extracts of Chinese propolis (poplar type) and poplar gums based on the antioxidant activities and molecular mechanism	Jianglin Zhang, Xueping Cao, Shun Ping, KaiWang, Jinhu Shi, Cuiping Zhang, Huoqing Zheng, Fuliang Hu*	Evidence-Based Complementary and Alternative Medicine (eCAM)	Article ID 307594	2015	1.740
67	Potential Protective Effects of bioactive constituents from Chinese propolis against acute oxidative stress induced by hydrogen peroxide in cardiac H9c2 cells	Liping Sun*, Kai Wang, Xiang Xu, Miaomiao Ge, Yifan Chen, Fuliang Hu	Evidence-Based Complementary and Alternative Medicine	Article ID 7074147	2017	1.740
68	Royal jelly causes hypotension and vasodilation induced by increasing nitric oxide production	Yongming Pan, Yili Rong, Mengmeng You, Quanxin Ma, Minli Chen, Fuliang Hu*	Food Science & Nutrition	Article ID 3: 970	2019	1.521
69	Multivariate morphometric analyses of the giant honey bees, Apis dorsata F. and Apis laboriosa F. in China	Lian-Fei Cao, Huo-Qing Zheng, Xuan Chen, De-Fang Niu, Fu-Liang Hu*, H Randal Hepburn	Journal of Apicultural Research	51(3): 245−251	2012	1.364
70	Miscellaneous standard methods for Apis mellifera research	Hannelie Human*, … Fu-Liang Hu, and Huo-Qing Zheng	Journal of Apicultural Research	52(4): 1−55	2013	1.364
71	Potential for virus transfer between the honey bees Apis mellifera and A. cerana	Orlando Yanez, Huo-Qing Zheng*, Xiao-Ling Su, Fu-Liang Hu, Peter Neumann, Vincent Dietemann	Journal of Apicultural Research	54(3): 179−191	2015	1.364
72	A survey of the incidence of poplar tree gum in propolis products on the Chinese retail market	Cui-Ping Zhang, Shun Ping, Kai Wang, Shuai Huang, Fu-Liang Hu*	Journal of Apicultural Research	54(1): 30−35	2015	1.364
73	Potential for virus transfer between the honey bees Apis mellifera and A. cerana	Yañez O, Zheng HQ*, Su XL, Hu FL, Neumann P, Dietemann V	Journal of Apicultural Research	54(3): 179−191	2015	1.364
74	Preservation of orange juice using propolis	Yang W, Wu Z, Huang Z Y, et al.	J Food Sci Technol	54(11): 3375−3383	2017	SCI (IF=1.3)

编号	论文题目	作者	刊物名称	期/卷/页	发表时间	影响因子
75	Phylogeography of Apis dorsata (Hymenoptera: Apidae) from China and neighboring Asian areas	Lian-Fei Cao, Huo-Qing Zheng, Chen-Yue Hu, Shao-Yu He, Hai-Ou Kuang, Fu-Liang Hu*	Annals of the Entomological Society of America	105 (2): 298−304	2012	1.222
76	Standard methods for Apismellifera royal jelly research	Fu-Liang Hu*, Katarína Bíliková, Hervé Casabianca, Gaëlle Daniele, Foued Salmen Espindola, Mao Feng, Cui Guan, Bin Han, Tatiana Krištof Kraková, Jian-Ke Li, Li Li, XingAn Li, Jozef Šimúth, Li-Ming Wu, Yu-Qi Wu, Xiao-Feng Xue, Yun-Bo Xue, Kikuji Yamaguchi, ZhiJiang Zeng, Huo-Qing Zheng & Jin-Hui Zhou	Journal of Apicultural Research	58(2): 1−68	2019	1.015
77	Morphmetric analysis of Apis cerana populations in Huangshan, China	Yu LS, Liu F, Huang SS, Bi SD, Zong C , Wang TS	Journal of Apicultural Science	57(2):117−124	2013	SCI
78	Flumethrin Residue Levels in Honey from Apiaries of China by High-Performance Liquid Chromatography, Journal of Food Protection	Yu LS, Liu F, Wu H, Tan HR, Ruan XC, Chen Y, Chao Z	Journal of Food Protection	78(1):151−156	2015	SCI
79	Genetic structure of Mount Huang honey bee (Apis cerana) populations: Evidence from microsatellite polymorphism	Liu F, Shi T, Huang S, Yu L, Bi S	Hereditas	153:8	2016	SCI
80	Multi-Residue Analysis of Pesticide Residues in Crude Pollens by UPLC-MS/MS	Tong Z, Wu YC, Liu QQ, Shi YH, Zhou LJ, Liu ZY, Yu LS, Cao HQ	Molecules	21(12): 1651−1663	2016	SCI
81	Occurrence of erythromycin and its degradation products residues in honey	Zhao L, Cao W, Xue X, Wang M, Wu L, Yu L	Validation of an analytical method	40(6):1353−1360	2017	SCI
82	Influence of the Neonicotinoid Insecticide Thiamethoxam on miRNA Expression in the Honey Bee (Hymenoptera:Apidae)	Shi TF, Wang YF, Liu F, Qi L, Yu LS	Journal of Insect Science	17(5)	2017	SCI

编号	论文题目	作者	刊物名称	期/卷/页	发表时间	影响因子
83	The microRNA ame-miR-279a regulates sucrose responsiveness of forager honey bees (Apis mellifera)	Liu F, Shi T, Yin W, Su X, Qi L, Huang ZY, Zhang S, Yu L	Insect Biochemistry and Molecular Biology	(90): 34–42	2017	SCI
84	Sublethal Effects of the Neonicotinoid Insecticide Thiamethoxam on the Transcriptome of the Honey Bees (Hymenoptera: Apidae)	Shi TF, Wang YF, Liu F, Qi L, Yu LS	Journal of Economic Entomology	110(6): 2283–2289	2017	SCI
85	Effects of Field-Realistic Concentrations of Carbendazim on Survival and Physiology in Forager Honey Bees (Hymenoptera: Apidae)	Shi T, Burton S, Zhu Y, Wang Y, Xu S, Yu L	Journal of Insect Science	18(4)	2018	SCI
86	A Survey of Multiple Pesticide Residues In Pollen And Beebread Collected in China	Tong Z, Duan J, Wu Y, Liu Q, He Q, Shi Y, Yu L, Cao H	Science of the Total Environment	640–641:1578–1586	2018	SCI
87	Metabolomic analysis of honey bee, Apis mellifera L. response to thiacloprid	Shi T, Burton S, Wang Y, Xu S, Zhang W, Yu L	Pesticide Biochemistry and Physiology	152:17–23	2018	SCI
88	The Effect of Neonicotinoid Insecticide and Fungicide on Sugar Responsiveness and Orientation Behavior of Honey Bee (Apis mellifera) in Semi-Field Conditions	Jiang X, Wang Z, He Q, Liu Q, Li X, Yu L, Cao H	Insects	9(4):130	2018	SCI
89	Proteome Analysis Reveals a Strong Correlation Between Olfaction and Pollen Foraging Preference in Honeybees	Guo Y, Fu B, Qin G, Song , Wu W, Shao Y, Altaye SZ, Yu L	International Journal of Biological Macromolecules	121 (2019): 1264–1275	2019	SCI

蜜源与授粉 Melliferous Flora and Pollination

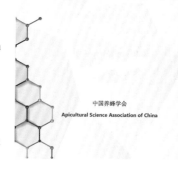

01. Two gut community enterotypes recur in Diverse bumblebee species
    熊蜂肠道中存在两种生态型
    【出版物：Current Biology；影响因子：9.571】

02. Genomic and transcriptomic analysis of the Asian honeybee *Apis cerana* provides novel insights into honeybee biology
    通过基因组学和转录组学分析中华蜜蜂（*Apis cerana*）能够为研究蜜蜂生物学提供新的见解
    【出版物：Scientific Reports；影响因子：4.1】

03. Proteome analysis reveals a strong correlation between olfaction and pollen foraging preference in honeybees
    蜜蜂嗅觉和采集花粉偏好性行为相关性的蛋白质组学分析
    【出版物：International Journal of Biological Macromolecules；影响因子：3.9】

04. Identification of suitable reference genes for miRNA quantitation in bumblebee (Hymenoptera: Apidae) response to reproduction
    熊蜂生殖相关的 miRNA 定量研究中最适内参基因的筛选
    【出版物：Apidologie；影响因子：2.856】

05. Broad-complex Z3 contributes to the ecdysone-mediated transcriptional regulation of the vitellogenin gene in Bombus lantschouensis
    在兰州熊蜂中 Broad-complex Z3 有助于蜕皮激素介导卵黄原蛋白基因的转录调控
    【出版物：PLOS ONE；影响因子：2.766】

06. Pollen trapping and sugar syrup feeding of honey bee (Hymenoptera: Apidae) enhance pollen collection of less preferred flowers
    脱粉器和糖水饲喂可以提高蜜蜂对非优选花粉的收集能力
    【出版物：PLOS ONE；影响因子：2.766】

07. Extreme Food-Plant Specialisation in Megabombus Bumblebees as a Product of Long Tongues Combined with Short Nesting Seasons
    长吻和极短的筑巢时间导致巨熊蜂亚属昆虫形成较为极端的采集花粉偏好性
    【出版物：PLOS One；影响因子：2.766】

08. Characterization of gut bacteria at different developmental stages of Asian honey bees, Apis cerana
    中华蜜蜂不同发育阶段肠道微生物的特征
    【出版物：Journal of Invertebrate Pathology；影响因子：2.7】

09. Newly discovered colour-pattern polymorphism of Bombus koreanus females (Hymenoptera: Apidae) demonstrated by DNA barcoding
    利用 DNA 条形码技术研究朝鲜熊蜂体色型变化多态性
    【出版物：《Apidologie》；影响因子：2.52】

10. Transcript expression bias of phosphatidylethanolamine binding protein gene in bumblebee, Bombus lantschouensis (Hymenoptera: Apidae)
    兰州熊蜂中磷脂酰乙醇胺结合蛋白基因的表达偏好性
    【出版物：Gene；影响因子：2.489】

11. Native Honey Bees Outperform Adventive Honey Bees in Increasing *Pyrus bretschneideri* (Rosales: Rosaceae) Pollination
    在提高白梨（*Pyrus bretschneideri*）授粉方面本土蜜蜂优于外来蜜蜂
    【出版物：Journal of Economic Entomology；影响因子：1.9】

12. First record of the velvet ant *Mutilla europaea* (Hymenoptera: Mutillidae) parasitizing the bumblebee *Bombus breviceps*

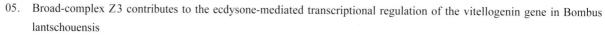

(Hymenoptera: Apidae)

欧蚁蜂（膜翅目：蚁蜂科）寄生短头熊蜂（膜翅目：蜜蜂科）的首次记录

【出版物：Insects ；影响因子：1.848】

13. Characterization of Sphingomyelin Phosphodiesterase Expression in Bumblebee (*Bombus lantschouensis*)

兰州熊蜂中鞘磷脂磷酸二酯酶基因的表达特性

【出版物：Journal of Insect Science ；影响因子：1.324】

14. Expression Characterization and Localization of the foraging Gene in the Chinese Bee, *Apis cerana cerana* (Hymenoptera: Apidae)

中华蜜蜂 foraging 基因表达特性和定位分析

【出版物：Journal of Insect Science ；影响因子：1.324】

15. Prediction of the post-translational modifications of adipokinetic hormone receptors from solitary to eusocial bees

蜂类社会化进化过程中脂动激素受体翻译后修饰的演变

【出版物：Sociobiology ；影响因子：0.699】

16. First Characterization of Sphingomyeline Phosphodiesterase Expression in the Bumblebee, *Bombus lantschouensis*

兰州熊蜂中鞘磷脂酶磷酸二酯酶表达特性

【出版物：Sociobiology ；影响因子：0.604】

17. The complete mitochondrial genome of wild honeybee *Apis florae* (Hymenoptera: Apidae) in south-western China

中国西南野生小蜜蜂（*Apis florea*）的完整线粒体基因组

【出版物：Mitochondrial DNA Part B-Resources ；影响因子：0.5】

蜜蜂生物学 Bee Biology

18. Honey bee inhibitory signaling is tuned to threat severity and can act as a colony alarm signal

蜜蜂抑制信号可以根据威胁的严重程度进行调节，并作为蜂群警报信号

【出版物：PLOS Biology ；影响因子：9.79】

19. A Maternal Effect on Queen Production in Honeybees

母体效应对蜜蜂蜂王发育的影响

【出版物：Current Biology ；影响因子：9.193】

20. In-depth ptoteomics characterization of embryogenesis of the honey bee worker (Apis mellifera ligustica)

意大利蜜蜂工蜂胚胎发育期蛋白质组分析

【出版物：Molecular & Cellular Proteomics ；影响因子：7.25】

21. Proteomics Reveals the Molecular Underpinnings of Stronger Learning and Memory in Eastern Compared to Western Bees

蜜蜂大脑蛋白质组揭示中华蜜蜂较意大利蜜蜂学习记忆能力强的分子机理

【出版物：molecular & Cellular Proteomics ；影响因子：6.54】

22. Making a Queen: an Epigenetic Analysis of the Robustness of the Honeybee (*Apis mellifera*) Queen Developmental Pathway

蜂王的形成：蜂王（意蜂）发育途径的表观遗传学分析

【出版物：Molecular Ecology ；影响因子：6.13】

23. Behavioral, physiological, and molecular changes in alloparental care givers may be responsible for selection response for female reproductive investment in honey bees

选育蜜蜂改变行为、生理和分子特征增强哺育蜂繁殖投资

【出版物：Molecular Ecology ；影响因子：5.855】

24. Proteomics Analysis of Major Royal Jelly Protein Changes under Different Storage Conditions

蜂王浆中蜂王浆蛋白随储存条件变化的蛋白质组研究

【出版物：Journal of Proteome Research ；影响因子：5.675】

25. Glutaredoxin 1, Glutaredoxin 2, Thioredoxin 1, and Thioredoxin Peroxidase 3 Play Important Roles in Antioxidant

Defense in *Apis cerana cerana*

谷胱甘肽还蛋白 1、谷胱甘肽还蛋白 2、硫氧还蛋白 1 和硫氧还蛋白过氧化物酶 3 在中华蜜蜂抗氧化防御中起重要作用

【出版物：Free Radical Biology and Medicine ；影响因子：5.657】

26. Mitochondrial Proteins Differential Expression during Honeybee (*Apis mellifera* L.) Queen and Worker Larvae Caste Determination

蜂王和工蜂幼虫等级鉴定过程中线粒体蛋白的差异表达

【出版物：Journal Proteome Research ；影响因子：5.46 】

27. Royal jelly proteome comparison between *A. mellifera ligustica* and *A. cerana cerana*

意大利蜜蜂和中华蜜蜂蜂王浆蛋白质组差异分析

【出版物：Journal of Proteome Research ；影响因子：5.46 】

28. Proteome Comparison of Hypopharyngeal Gland Development between Italian and Royal Jelly Producing Worker Honeybees (*Apis mellifera* L.)

蜂王浆高产蜜蜂和意大利蜜蜂咽下腺发育蛋白质组分析

【出版物：Journal of Proteome Research ；影响因子：5.132 】

29. An Integrated Proteomics Reveals Pathological Mechanism of Honeybee (*Apis cerena*) Sacbrood Disease

蛋白质组研究揭示蜜蜂囊病致病机制

【出版物：Journal of Proteome Research ；影响因子：5.001 】

30. Differential antennal proteome comparison of adult honeybee drone, worker and queen (Apis mellifera L.)

意大利蜜蜂成年工蜂、雄蜂及蜂王蛋白质组差异分析

【出版物：Journal of Proteomics ；影响因子：4.88 】

31. In-depth Proteome of the Hypopharyngeal Glands of Honeybee Workers Reveals Highly Activated Protein and Energy Metabolism in Priming the Secretion of Royal Jelly

采用蛋白质组学方法揭示蜂王浆高产蜜蜂咽下腺组织通过蛋白质和能量代谢途径的增强实现蜂王浆高产

【出版物：Molecular Cellular Proteomics ；影响因子：4.828 】

32. Mechanistic insight into binding interaction between chemosensory protein 4 and volatile larval pheromones in honeybees (*Apis mellifera*)

蜜蜂化学感受蛋白 CSP4 与挥发性幼虫信息素结合机制研究

【出版物：International Journal of Biological Macromolecules ；影响因子：4.784 】

33. Proteome analysis unravels mechanism underling the embryogenesis of the honeybee drone and its divergence with the worker

意大利蜜蜂工蜂和雄蜂胚胎发育期差异蛋白质组分析

【出版物：Journal of Proteome Research ；影响因子：4.25 】

34. In-Depth Phosphoproteomic Analysis of Royal Jelly Derived from Western and Eastern Honeybee Species

西方蜜蜂与东方蜜蜂蜂王浆磷酸化蛋白质组比较研究

【出版物：Journal of Proteome Research ；影响因子：4.245 】

35. In-Depth N-Glycosylation Reveals Species-Specific Modifications and Functions of the Royal Jelly Protein from Western (*Apis mellifera*) and Eastern Honeybees (*Apis cerana*)

意大利蜜蜂和中华蜜蜂蜂王浆蛋白质具有种间差异性的 N- 糖基化修饰及功能特征

【出版物：Journal of Proteome Research ；影响因子：4.23 】

36. Quantitative Neuropeptidome Analysis Reveals Neuropeptides Are Correlated with Social Behavior Regulation of the Honeybee Workers

神经肽组学定量研究揭示其在工蜂行为调控中的作用机制

【出版物：Journal of Proteome Research ；影响因子：4.173 】

37. Transcriptome Analysis of Newly Emerged Honeybees Exposure to Sublethal Carbendazim During Larval Stage

刚出房的蜜蜂幼虫暴露于亚致死多菌灵的转录组分析

【出版物：Frontiers in Genetics ；影响因子：3.97 】

38. Brain Membrane Proteome and Phosphoproteome Reveal Molecular Basis Associating with Nursing and Foraging Behaviors of Honeybee Workers
大脑膜蛋白质组和膜磷酸化蛋白质组研究揭示工蜂哺育和采集行为分子基础
【出版物：Journal of Proteome Research；影响因子：3.950】

39. Molecular cloning and characterization of juvenile hormone acid methyltransferase in the honey bee, Apis mellifera, and its differential expression during caste differentiation
西方蜜蜂保幼激素酸性甲基转移酶的分子克隆、特征及其在级型分化过程中的差异表达
【出版物：PLoS ONE；影响因子：3.730】

40. Genetic Differentiation of Eastern Honey Bee (Apis cerana) Populations Across Qinghai-Tibet Plateau-Valley Landforms
青藏高原河谷地貌区东方蜜蜂种群的遗传分化
【出版物：Journal Citation Reports；影响因子：3.517】

41. Novel Royal Jelly Proteins Identified by Gel-Based and Gel-free Proteomics
基于凝胶与非凝胶蛋白质组学方法的蜂王浆新蛋白质成分鉴定
【出版物：Journal of Agricultural Food and Chemistry；影响因子：2.823】

42. Honeybee (*Apis mellifera ligustica*) drone embryo proteomes
意大利蜜蜂雄蜂胚胎发育蛋白质组分析
【出版物：Journal of Insect Physiology；影响因子：2.24】

蜜蜂育种 Bee Breeding

43. Population genomics provide insights into the evolution and adaptation of the eastern honey bee (*Apis cerana*)
种群基因组学为研究东方蜜蜂（*Apis cerana*）的进化和适应提供了见解
【出版物：Molecular Biology and Evolution；影响因子：14.797】

44. Genomic analyses reveal demographic history and temperate adaptation of the newly discovered honey bee subspecies *Apis mellifera sinisxinyuan* n. ssp
基因组分析揭示了新发现的蜜蜂亚种 - 西域黑蜂种群历史和温带适应性
【出版物：Molecular Biology and Evolution；影响因子：10.217】

45. Genomic and transcriptomic analysis of the Asian honeybee *Apis cerana* provides novel insights into honeybee biology
亚洲蜜蜂的基因组和转录组分析为蜜蜂生物学提供了新的见解
【出版物：Scientific Reports；影响因子：4.1】

46. Large-scale transcriptome changes in the process of long-term visual memory formation in the bumblebee, *Bombus terrestris*
熊蜂长期视觉记忆形成过程中大规模转录组的变化
【出版物：Scientific Reports；影响因子：4.1】

47. Viral Infection Affects Sucrose Responsiveness and Homing Ability of Forager Honey Bees, *Apis mellifera* L
病毒感染对采集蜂的蔗糖反应性和归巢能力有一定影响
【出版物：PLOS ONE；影响因子：3.234】

48. RNA-Seq analysis on effects of royal jelly on tumour growth in 4T1-bearing mice
蜂王浆对 4T1 荷瘤小鼠肿瘤生长影响的 RNA-Seq 分析
【出版物：Journal of Functional Foods；影响因子：3.197】

49. Differential circular RNAs expression in ovary during oviposition in honey bees
蜜蜂产卵时卵巢中环状 RNA 的差异表达
【出版物：Genomic；影响因子：3.16】

50. Managed honeybee colony losses of the Eastern honeybee (*Apis cerana*) in China (2011–2014)
中国东方蜜蜂群体管理损失研究 (2011–2014)
【出物版：Apidologie；影响因子：2.856】

51. Differential physiological effects of neonicotinoid insecticides on honey bees: A comparison between *Apis mellifera and*

Apis cerana

新烟碱类杀虫剂对蜜蜂的不同生理作用：西方蜜蜂和东方蜜蜂的比较

【出版物：Pesticide Biochemistry and Physiology；影响因子：2.806】

52. Larva-mediated chalkbrood resistance-associated single nucleotide polymorphism markers in the honey bee *Apis mellifera*
    蜜蜂幼虫介导的抗白垩病相关单核苷酸多态性标记
    【出版物：Insect Molecular Biology；影响因子：2.734】

53. Comparative transcriptome analysis of *Apis mellifera* antennae of workers performing different tasks
    不同分工的意大利蜜蜂工蜂触角转录组分析比较
    【出版物：Molecular Genetics and Genomics；影响因子：2.734】

54. Next-generation small RNA sequencing for microRNAs profiling in *Apis mellifera*: comparison between nurses and foragers
    利用二代测序比较哺育蜂和采集蜂的 microRNA
    【出版物：Insect Molecular Biology；影响因子：2.529】

55. Comparative transcriptome analysis of *Apis mellifera* antennae of workers performing different tasks
    不同工种工蜂触角的比较转录组分析
    【出版物：Molecular Genetics & Genomics；影响因子：2.734】

56. High-abundance mRNAs in Apis mellifera: Comparison between nurses and foragers
    哺育蜂与采集蜂中高丰度 mRNAs 的比较研究
    【出版物：Journal of Insect Physiology；影响因子：2.310】

57. Genome-Wide Identification and Characterization of Fox Genes in the Honeybee, *Apis cerana*, and Comparative Analysis with Other Bee Fox Genes
    蜜蜂中 Fox 基因的全基因组鉴定及与其他蜜蜂基因的比较分析
    【出版物：International Journal of Genomics；影响因子：2.303】

58. Transcriptional and physiological responses of hypopharyngeal glands in honeybees (*Apis mellifera* L.) infected by *Nosema ceranae*
    蜜蜂神经鞘瘤被感染后咽下腺的转录和生理反应
    【出版物：Apidologie；影响因子：2.25】

59. Differences in microRNAs and their expressions between foraging and dancing honey bees, *Apis mellifera* L
    意大利蜜蜂采集蜂和跳舞蜂 microRNA 的差异表达研究
    【出版物：Journal of Insect Physiology 影响因子：2.236】

60. Identification of genes related to high royal jelly production in the honey bee (Apis mellifera) using microarray analysis
    利用微阵列技术鉴定蜂王浆高产相关基因
    【出版物：Genetics and molecular biology；影响因子：2.127】

61. Integration of lncRNA-miRNA-mRNA reveals novel insight into oviposition regulation in honey bees
    lncRNA-miRNA-mRNA 的整合揭示了对蜜蜂产卵调节的新见解
    【出版物：PeerJ；影响因子：2.118】

62. The effect of royal jelly on the growth of breast cancer in mice
    蜂王浆对小鼠乳腺癌生长的影响
    【出版物：Oncology Letters；影响因子：1.664】

63. Survey results of honey bee (*Apis mellifera*) colony losses in China (2010–2013)
    中国蜜蜂群体损失调查结果（2010—2013）
    【出版物：Journal of Apicultural Research；影响因子：1.364】

64. Immunomodulatory response of 4T1 murine breast cancer model to camellia royal jelly
    4T1 小鼠乳腺癌模型对山茶蜂王浆的免疫调节作用
    【出版物：Biomedical Research；影响因子：1.284】

65. Effects of Sublethal Concentrations of Chlorpyrifos on Olfactory Learning and Memory Performances in Two Bee Species, *Apis mellifera and Apis cerana*

毒死蜱亚致死浓度对蜜蜂嗅觉学习记忆能力的影响

【出版物：Sociobiology；影响因子：0.668】

蜂产品 Bee Products

66. Architecture of the native major royal jelly protein 1 oligomer
    天然蜂王浆主蛋白 MRJP1 的复合物结构
    【出版物：Nature Communications；影响因子：11.878】

67. A modified FOX-1 method for Micro-determination of hydrogen peroxide in honey samples
    测定蜂蜜中过氧化氢的 FOX-1 改进方法
    【出版物：Food Chemistry；影响因子：5.399】

68. Identification of acacia honey treated with macroporous adsorption resins using HPLC-ECD and chemometrics
    HPLC-ECD 结合化学计量学方法鉴别树脂技术掺假洋槐蜜
    【出版物：Food Chemistry；影响因子：5.399】

69. Identification of monofloral honeys using HPLC-ECD and chemometrics
    液相色谱 – 电化学检测结合化学计量学法鉴别单花种蜂蜜
    【出版物：Food Chemistry；影响因子：5.399】

70. Simultaneous determination of four phenolic components in citrus honey by high performance liquid chromatography using electrochemical detection
    高效液相色谱 – 电化学检测法同时测定柑橘蜜中 4 种酚类成分
    【出版物：Food Chemistry；影响因子：5.399】

71. Honey polyphenols ameliorate DSS-induced ulcerative colitis via modulating gut microbiota in rats
    蜂蜜多酚通过调节肠道菌群来改善 DSS 诱导的溃疡性结肠炎
    【出版物：Molecular Nutrition and Food Research；影响因子：5.151】

72. The effects of different thermal treatments on amino acid contents and chemometric-based identification of overheated honey
    氨基酸含量结合化学计量学鉴别过度热加工蜂蜜
    【出版物：LWT - Food Science and Technology；影响因子：3.714】

73. Non-enzymatic browning and protein aggregation in royal jelly during room-temperature storage
    蜂王浆在室温储存过程中的非酶促褐变和蛋白质聚集
    【出版物：Journal of Agricultural and Food Chemistry；影响因子：3.571】

74. Characterization of Novel Protein Component as Marker for the Floral Origin of Jujube (*Ziziphus jujuba* Mill.) Honey
    枣花蜜中的新型特征蛋白标记物
    【出版物：Journal of Agricultural and Food Chemistry；影响因子：3.571】

75. Altered Serum Metabolite Profiling and Relevant Pathway Analysis in Rats Stimulated by Honeybee Venom: New Insight into Allergy to Honeybee Venom
    蜂蜇大鼠的血清代谢组变化和相关通路分析：蜂蜇过敏的新发现
    【出版物：Journal of Agricultural and Food Chemistry；影响因子：3.412】

76. Phenolics and abscisic acid identified in acacia honey comparing different SPE cartridges coupled with HPLC-PDA
    高效色谱法（HPLC-PDA）研究不同固相萃取柱对洋槐蜜中酚类化合物和脱落酸的提取效果
    【出版物：Journal of Food Composition and Analysis；影响因子：2.994】

77. Cell Wall Disruption of Rape Bee Pollen Treated with Combination of Protamex Hydrolysis and Ultrasonication
    复合蛋白酶 – 超声联用破壁油菜花粉
    【出版物：Food Research International；影响因子：2.818】

78. Four new filamentous fungal species from newly-collected and hive-stored bee pollen
    蜂花粉和蜂粮中发现 4 个丝状真菌新种
    【出版物：Mycosphere；影响因子：2.015】

79. A plant origin of Chinese propolis: Populus canadensis Moench
中国蜂胶的植物起源：加拿大杨
【出版物：Journal of Apicultural Research，影响因子：1.895】

80. Fatty acid profiles of 20 species of monofloral bee pollen from China
中国 20 种单花蜂花粉脂肪酸分布
【出版物：Journal of Apicultural Research ；影响因子：1.895】

81. Inhibitory Properties of Aqueous Ethanol Extracts of Propolis on Alpha-Glucosidase
蜂胶乙醇提取物对 α - 葡萄糖苷酶的抑制作用
【出版物：Evidence-Based Complementary and Alternative Medicine ；影响因子：1.88】

82. Improving nutrient release of wall-disrupted bee pollen with a combination of ultrasonication and high shear technique
超声 – 高剪切联用技术提高破壁蜂花粉营养成分的释放
【出版物：Journal of the Science of Food and Agriculture ；影响因子：1.368】

蜜蜂保护 Bee Pests and Diseases

83. Does nonreproductive swarming adapt to pathogens?
非生殖群体是否适应病原体
【出版物：PLoS Pathogens ；影响因子：6.463】

84. Enhancement of chronic bee paralysis virus levels in honeybees acute exposed to imidacloprid: A Chinese case study
急性感染吡虫啉的蜜蜂慢性麻痹病毒水平的提高 : 以中国为例
【出版物：Science of the Total Environment ；影响因子：5.589】

85. The impacts of chlorothalonil and diflubenzuron on *Apis mellifera* L. larvae reared in vitro
百菌清和除虫脲对蜜蜂离体幼虫的影响
【出版物：Ecotoxicology and Environmental Safety ；影响因子：4.527】

86. The effects of Bt Cry1Ie toxin on bacterial diversity in the midgut of *Apis mellifera ligustica* (Hymenoptera: Apidae)
Bt Cry1Ie 毒素对西方蜜蜂工蜂的中肠细菌多样性的影响 (膜翅目 : 蜜蜂科)
【出版物：Scientific Reports ；影响因子：4.259】

87. A comparison of biological characteristics of three strains of Chinese sacbrood virus in *Apis cerana*
中华蜜蜂 3 株囊性病毒生物学特性的比较
【出版物：Scientific Reports ；影响因子：4.259】

88. Preparation and application of egg yolk antibodies against chinese sacbrood virus infection
抗中蜂囊状幼虫病毒的卵黄抗体的制备及应用
【出版物：Frontiers in Microbiology ；影响因子：4.259】

89. Sublethal effects of imidacloprid on targeting muscle and ribosomal protein related genes in the honey bee *Apis mellifera* L
吡虫啉对蜜蜂肌肉和核糖体蛋白相关基因的亚致死效应
【出版物：Scientific Reports ；影响因子：4.122】

90. No effect of Bt Cry1Ie toxin on bacterial diversity in the midgut of the Chinese honey bees, *Apis cerana cerana* (Hymenoptera, Apidae)
Bt-cry1ie 毒素对中国蜜蜂（膜翅目，蜜蜂科）中肠细菌多样性无影响
【出版物：Scientific Reports ；影响因子：4.122】

91. Chronic toxicity of amitraz, coumaphos and fluvalinate to *Apis mellifera* L. larvae reared in vitro
双甲脒、蝇毒磷和氟胺氰菊酯对体外饲养的蜜蜂幼虫的慢性毒性
【出版物：Scientific Reports ；影响因子：4.011】

92. The herbicide glyphosate negatively affects midguts bacterial communities and survival of honey bee during larvae reared in vitro
除草剂草甘膦对蜜蜂幼体的中肠细菌群落和存活率有负面影响
【出版物：Journal of Agricultural and Food Chemistry ；影响因子：3.571】

93. Recent advancements in detecting sugar-based adulterants in honey-A challenge
   蜂蜜糖浆掺假检测研究进展
   【出版物：TrAC Trends in Analytical Chemistry；影响因子：8.428】

94. Gelsedine-type alkaloids: Discovery of natural neurotoxins presented in toxic honey
   钩吻型生物碱：有毒蜂蜜中的天然神经毒素
   【出版物：Journal of Hazardous Materials；影响因子：7.65】

95. Identification of monofloral honeys using HPLC–ECD and chemometrics
   HPLC-ECD 结合化学计量学方法鉴定单花蜂蜜
   【出版物：Food Chemistry；影响因子：5.399】

96. Multivariate analyses of element concentrations revealed the groupings of propolis from different regions in China
   金属元素的多元分析揭示中国不同地区蜂胶的分类
   【出版物：Food Chemistry；影响因子：5.399】

97. Development and validation of HPLC method for determination of salicin in poplar buds: Application for screening of counterfeit propolis
   高效液相色谱法测定和验证杨树芽中水杨苷含量：掺假蜂胶筛选应用
   【出版物：Food Chemistry；影响因子：5.399】

98. Identification of the distribution of adenosine phosphates, nucleosides and nucleobases in royal jelly
   蜂王浆中磷酸腺苷、核苷和碱基的鉴定及分布规律
   【出版物：Food Chemistry；影响因子：5.399】

99. Rapid screening and quantification of multi-class multi-residue veterinary drugs in royal jelly by ultra performance liquid chromatography coupled to quadrupole time-of-flight mass spectrometry
   超高效液相色谱 – 四极杆飞行时间质谱联用快速筛选和定量蜂王浆中多种类兽药残留
   【出版物：Food Control；影响因子：4.248】

100. Chemometric Determination of the Botanical Origin for Chinese Honeys on the Basis of Mineral Elements Determined by ICP-MS
   基于 ICP-MS 测定矿物质元素结合化学计量学方法鉴别中国蜂蜜的植物来源
   【出版物；Journal of Agricultural Food Chemistry；影响因子：3.571】

101. Untargeted and Targeted Discrimination of Honey Collected by *Apis cerana* and *Apis mellifera* Based on Volatiles Using HS-GC-IMS and HS-SPME-GC-MS
   基于气相色谱离子迁移谱和顶空固相微萃取气相色谱串联质谱的非靶标代谢组学和靶标定量技术鉴别中蜂蜜和意蜂蜜
   【出版物：Journal of Agricultural and Food Chemistry；影响因子：3.571】

102. Soxhlet-assisted matrix solid phase dispersion to extract flavonoids from rape (Brassica campestris) bee pollen
   基于索氏辅助提取基质固相分散技术提取油菜蜂花粉中黄酮类化合物
   【出版物：Journal of Chromatography B；影响因子：2.813】

103. Standard methods for *Apis mellifera* royal jelly research
   意蜂蜂王浆标准方法研究
   【出版物：Journal of Apiculture Research；影响因子：1.752】

蜜蜂饲养 Beekeeping

104. Antennal proteome comparison of sexually mature drone and forager honeybees
   性成熟雄蜂和觅食蜜蜂触角蛋白质组比较
   【出版物：Journal of Proteome Research；影响因子：5.113】

105. In-Depth Phosphoproteomic Analysis of Royal Jelly Derived from Western and Eastern Honeybee Species

东方蜜蜂和西方蜜蜂蜂王浆的深度磷酸化蛋白质组学分析

【出版物：Journal of Proteome Research；影响因子：4.245】

106. Genetic Differentiation of Eastern Honey Bee (*Apis cerana*) Populations Across Qinghai-Tibet Plateau-Valley Landforms

青藏高原东方蜜蜂种群的遗传分化

【出版物：Frontiers in Genetics；影响因子：4.151】

107. The Wisdom of Honeybee Defenses Against Environmental Stresses

蜜蜂应对环境胁迫的"智慧"

【出版物：Frontiers in Microbiology；影响因子：4.087】

108. Identification and characterization of three new cytochrome p450 genes and the use of RNA interference to evaluate their roles in antioxidant defense in *Apis cerana cerana* fabricius

三种新的细胞色素 p450 基因的鉴定与表征及 RNA 干扰技术在中华蜜蜂抗氧化防御中的作用

【出版物：Frontiers in Physiology；影响因子：3.853】

109. Low-Temperature Stress during Capped Brood Stage Increases Pupal Mortality, Misorientation and Adult Mortality in Honey Bees

封盖子期低温胁迫导致蛹死亡率升高，倒置，以及成虫寿命缩短

【出版物：PlOS ONE；影响因子：2.806】

110. Genetic variation and population structure of *Apis cerana* in northern, central and southern mainland China, based on COXI gene sequences

蜂巢内一个点温度的升高可以预测分蜂

【出版物：Journal of Apicultural Research；影响因子：1.488】

111. Genetic variation and population structure of *Apis cerana* in northern, central and southern mainland China, based on COXI gene sequences

基于 COXI 基因序列的中国大陆北部、中部和南部中华蜜蜂遗传变异和种群结构

【出版物：Journal of Apicultural Research；影响因子：1.488】

112. 基于 CO Ⅰ 基因序列的蜜蜂属系统发育分析及其舞蹈和筑巢行为进化分析

蜂疗保健 Apitherapy

113. Bee Pollen Extracts Modulate Serum Metabolism in ipopolysaccharide-Induced Acute Lung Injury Mice with Anti-Inflammatory Effects

蜂花粉提取物对 IPO 诱导的急性肺损伤小鼠血清代谢的调节作用

【出版物：Journal of Agricultural and Food Chemistry；影响因子：3.41（1区）】

114. Free and esterified triterpene alcohol composition of bee pollen from different botanical origins

不同蜜源植物蜂花粉的游离和酯化三萜醇组成

【出版物：Food Research International；影响因子：3.15（2区）】

115. Breaking the cells of rape bee pollen and consecutive extraction of functional oil with supercritical carbon dioxide

用超临界二氧化碳对油菜蜂花粉细胞进行破壁和连续萃取功能油

【出版物：Innovative Food Science & Emerging Technologies；影响因子：3.11（2区）】

116. Flavonoid glycosides as floral origin markers to discriminate of unifloral bee pollen by LC–MS/MS

以黄酮类苷类化合物为花源标记，采用 LC-MS /MS 法对单花蜂花粉进行鉴别

【出版物：Food Control；影响因子：2区（2.81）】

117. Anti-hypertensive and cardioprotective effects of a novel apitherapy formulation via upregulation of peroxisome proliferator-activated receptor- α and- γ in spontaneous hypertensive rats

通过上调过氧化物酶体增殖激活受体（PPAR）- α 和 PPAR- γ 的 mRNA 表达进而研究在自发性高血压大鼠中的抗高血压和心脏保护作用

【出版物：Saudi Journal of Biological Sciences；影响因子：3.14（3区）】

118. Antioxidative and Cardioprotective Effects of Schisandra chinensis Bee Pollen Extract on Isoprenaline-Induced Myocardial Infarction in Rats

五味子蜂花粉提取物对异丙肾上腺素诱导大鼠心肌梗死的抗氧化及心肌保护作用

【出版物：Biomedicine & Pharmacotherapy；影响因子：3.15（2区）】

119. Protective effect of Schisandra Chinensis bee pollen extract on liver and kidney injury induced by cisplatin in rats

五味子蜂花粉提取物对顺铂诱导大鼠肝、肾损伤的保护作用

【出版物：Biomedicine & Pharmacotherapy；影响因子：2（4区）】

120. Pathway of 5-hydroxymethyl-2-furaldehyde formation in honey

蜂蜜中 5- 羟甲基 -2- 呋喃甲醛的形成途径

【出版物：Food Sci Technol；影响因子：1.8（4区）】

121. 蜂毒制剂"神蜂精"对佐剂性关节炎大鼠血管表皮生长因子及其受体的影响

122. 蜂针皮试标准初探

123. 特色蜂疗医治强直性脊柱炎 90 例临床观察

124. 神蜂精结合针刺治疗跟骨骨刺综合征

125. 蜂针皮试标准初探

126. 腹针配合侧卧斜扳法治疗腰椎间盘突出症临床研究

127. 神蜂精刮疗配合围刺治疗肱骨外上髁炎体会

128. 以神蜂精为主综合治疗腰肌劳损分析

129. 中华蜂养生概说

中华蜜蜂 Chinese Honeybee (*Apis cerana*)

130. Sequencing and expression characterization of antifreeze protein Maxi-like in *Apis cerana cerana*

中华蜜蜂 AFP 基因序列分析及表达特性的研究

131. 海南岛东方蜜蜂种群遗传结构调查及资源保护建议

132. 海南省中华蜜蜂形态特征研究

133. 中蜂巢脾提取物的降血脂研究

134. 王台大小、囚王时间及幼虫日龄对蜂王培育质量的影响

135. 基于 CRISPR/Cas9 的蜜蜂分子育种技术的研究

136. 浙江中华蜜蜂微卫星遗传多样性分析

137. 阿坝中蜂与四川盆地中蜂杂交的初步研究及后代工蜂的形态学分析

138. 黄沙白柚开花泌蜜规律及两种蜜蜂的访花行为研究

139. 不同生态类型中华蜜蜂个体大小及采集力的比较

140. 我国东方蜜蜂雄蜂的形态学分析

141. 云南中蜂蜂箱寄居节肢动物种类及中蜂囊状幼虫病病毒检测

142. 幻影选项影响东方蜜蜂的食物偏好

蜂业经济 Apiculture Economics

143. 供给侧背景下推进特色农业转型发展的思考——以蜂产业为例

144. 美国蜂蜜价格支持政策评价及其对我国的启示

145. 我国养蜂收益的影响因素分析

146. 我国养蜂直接支持政策现状与对策

147. 养蜂车购置补贴实施评价及问题解决途径研究

148. 正外部性产业补贴政策模拟方案与效果预测——以养蜂车购置补贴为例

149. 制度创新、人文关怀与农民专业合作社的治理探讨——以鑫养蜂专业合作社为例

150. 中国家庭养蜂技术效率测量及其影响因素分析

151. 中国农业对蜜蜂授粉的依赖形势分析——基于依赖蜜蜂授粉作物的种植情况

152. 中国农业蜜蜂授粉的经济价值评估

五　服务三农　振兴乡村

　　中国养蜂学会将科学养蜂深入"三农"，不仅组织蜂业专家下乡服务、义务提供技术指导，还在贫困地区开展养蜂培训、养蜂扶贫、普及残疾人养蜂脱贫致富。

科技下乡

中国养蜂学会各专业专家义务技术咨询

蜂业培训

中国养蜂学会中蜂科学养殖理论培训班　　　　　中国养蜂学会中蜂科学养殖实操培训班

中国养蜂学会养蜂技术培训

中国养蜂学会中蜂规模化饲养技术培训

技术指导与培训现场

蜜蜂标准化养殖技术培训

现场技术培训

养蜂扶贫

在农业农村部、民政部大力支持与指导下，中国养蜂学会在全国以滚动扶贫方式实施"发展养蜂 脱贫致富"，近年来，发放标准蜂箱（含机具配件）万余套，培训图书万余册，受益蜂农 3 万余人。典型事例如下。

云南维西县：新式蜂箱惠农

中国养蜂学会前理事长、秘书长考察贫困山区
原始养蜂

原始蜂箱传统饲养与活框蜂箱标准化饲养对照蜂场

陕西黄龙县：扶贫责任到人

中国养蜂学会扶贫蜂箱发放仪式
（农业部邓兴照处长代表我会出席仪式并讲话）

扶贫蜂箱发放现场

重庆彭水县：建设规模蜂场

中国养蜂学会向贫困农户赠送蜂箱

规模化蜂场

河南卢氏县：农民增收在望

中国养蜂学会扶贫蜂箱发放仪式

中国养蜂学会河南专家张中印教授代表学会
为蜂农传授蜂箱使用技术

扶贫工程

　　中国养蜂学会一直倡导"发展养蜂是农民脱贫致富的重要捷径，是农业增质增产的重要措施"，近年来，更是全面积极贯彻习近平总书记关于脱贫攻坚与乡村振兴系列讲话精神，积极落实党中央、国务院、农业农村部、民政部战略部署，充分发挥学会的专业、技术、人才等条件优势，面向全国蜂业特别是老少边远地区贫困山区农民给予技术支撑、物资资助，通过多渠道、多层面、多角度、全方位的发展创新理念，助力脱贫攻坚与乡村振兴工作并举，取得了显著成效，得到了农业农村部、民政部、各县政府及国际的称赞。

助推锦屏县产业扶贫招商引资对接会，中国养蜂学会与锦屏县人民政府签订合作框架协议

国务院扶贫办"养蜂产业扶贫试点示范座谈会"，学会秘书长陈黎红对养蜂扶贫模式、战略、方法及一条龙的技术支撑与服务做了介绍，提出一步到位与国际接轨高品质的战略目标

捐赠现场

县域发展与脱贫攻坚论坛，中国养蜂学会与国务院扶贫办等交流

养蜂扶贫产业及对接精准扶贫座谈会

秦岭中蜂扶贫产业发展论坛

"发展蜜蜂产业，助推精准扶贫"会议
（重庆城口）

中蜂产业精准扶贫工作推进会
（湖北五峰）

国际成熟蜜流水线助力中国养蜂扶贫座谈

全国蜂产品安全与标准化生产基地

蜜蜂巢础机生产基地

蜂胶标准化生产基地

雄蜂蛹安全与标准化生产基地

生态荔枝蜜基地

成熟蜜基地

中华蜜蜂种质资源保护与利用基地

蜜蜂健康养殖培训基地

蜜蜂良种繁育基地

蜜蜂授粉基地

养蜂助残基地

中蜂产业扶贫示范基地

全国蜂机具标准化生产基地

特种蜂箱生产基地

现代机械化基地

现代化养蜂示范基地

蜜蜂健康养殖标准化生产基地

中华蜜蜂饲养技术培训基地

蜜蜂科教基地

共建蜂产品溯源平台基地

中国蜂业电子商城基地

新疆塔城红花基地

生产型种蜂王基地

蜜蜂营养基地

全国基地

● 2002 年，欧盟对中国蜂蜜禁进时，农业部范小建副部长对中国养蜂学会呈报的"解决氯霉素问题建议从源头抓起"作了批示。

● 2002 年，中国养蜂学会采取"小规模，大群体"战略，"会员龙头企业＋养蜂大户／联合体"模式，依据国际标准、农业部无公害蜂产品生产规范，开展统一培训，试行规范化、标准化养蜂生产，在全国掀起了"蜂产品安全与标准化生产基地"等"基地"建设。

● 2004 年，欧盟解禁，得到国际认可，中国蜂产品恢复了出口权，恢复了每年数亿美元的创汇。

● 2012 年，"全国蜂产品安全与标准化生产基地"建设成功，转型升级为成熟蜜基地，并在全国掀起共建"成熟蜜基地"热潮。

2002—2019 年，中国养蜂学会共建各种"基地"94 个

名 称	数量	单 位	时 间
全国蜂产品安全与标准化生产基地	38 个	长葛市吉祥蜂产品公司	2006
		杭州常青蜂业公司	2006
		成都世纪蜂业有限公司	2006
		广东广昆科技实业发展有限公司	2006
		南京老山药业股份有限公司	2006
		南京市瑞康蜂业有限公司	2006
		北京绿纯蜂业技术开发中心 注：后更名为绿纯（北京）科技有限公司	2006
		杭州天地保健品有限公司	2006
		武汉市葆春蜂王浆有限责任公司	2006
		上海沪郊蜂业联合社	2006
		广州市宝生园有限公司	2006
		广州市谭新蜂业有限公司	2006
		重庆康泽生物技术有限公司	2007
		集安市永泰蜂业有限责任公司	2007
		安徽天新蜂产品有限公司	2007
		河南省长兴蜂业有限公司	2007
		武汉巢野蜂产品有限公司	2007
		蕉岭县天然蜂业有限公司	2008
		云梦县神葫蜂业有限公司	2008
		北京乐一生蜜蜂养殖专业合作社	2009
		湖南省澧县	2009
		北京京纯养蜂专业合作社	2010
		伊犁百信草原蜂业有限公司	2012

名　称	数　量	单　位	时　间
全国蜂产品安全与标准化生产基地	38个	河南大别山詹氏蜜蜂园有限公司	2012
		江苏江大源生态生物科技有限公司	2012
		上饶市益精蜂业有限公司	2012
		乐平市思红蜂业专业合作社	2013
		北京奥金达蜂产品专业合作社	2014
		广西梧州甜蜜家蜂业有限公司	2014
		赞皇县天源蜂业农民专业合作社	2014
		河北宽城满族自治县老科学技术工作者协会	2015
		新疆北屯梁朝友蜂场	2015
		北京海鲸花养蜂专业合作社	2015
		江苏蜂奥生物科技有限公司	2018
		海南省琼中县湾岭蜂业协会	2018
		广东龙门县龙蜂养蜂专业合作社	2019
		广东陆河集祥蜂业专业合作社	2019
		河南福美生物科技有限公司	2019
成熟蜜基地	22个	北京京纯养蜂专业合作社	2015
		北京奥金达蜂产品专业合作社	2015
		广西梧州甜蜜家蜂业有限公司	2015
		广东深圳杨子蜜蜂园	2015
		吉林省安图县人民政府	2016
		北京同仁堂健康药业股份有限公司	2016
		颐寿园（北京）蜂产品有限公司	2016
		北京锄禾食品有限责任公司	2016
		山东英特力生物科技有限公司	2016
		山东莱芜市朗野蜂业有限公司	2016
		黑龙江神顶峰黑蜂产品有限公司	2016
		武汉蜂之巢生物工程有限公司	2016
		江西省乐平市思红蜂业专业合作社	2016
		山西圣康蜂业有限公司	2016
		江西石城县复兴蜂业专业合作社	2017
		云南省罗平县	2018
		陕西省西安市	2018
		山东蜜源经贸有限公司	2019
		海南琼中黎族苗族自治县	2019
		海南海润农业发展有限公司	2019
		重庆綦江区中峰镇	2019
		重庆西阳土家苗族自治县供销合作社联合社	2019

名　称	数　量	单　位	时　间
中华蜜蜂种质资源保护与利用基地	2个	重庆南川区畜牧兽医局	2008
		江西上饶县人民政府	2008
养蜂助残基地	1个	河南陕县	2009
中蜂产业扶贫示范基地	1个	陕西蓝田县	2018
生态荔枝蜜基地	1个	广东省广州从化市	2009
蜜蜂良种繁育基地	2个	吉林省养蜂研究所	2007
		浙江省平湖市畜牧兽医局	2014
蜜蜂健康养殖培训基地	2个	吉林省养蜂研究所	2007
		广东省昆虫研究所	2007
中华蜜蜂饲养技术培训基地	1个	广东广昆园蜂业有限公司	2018
蜜蜂授粉基地	8个	浙江省平湖市种蜂场	2007
		北京海鲸花养蜂专业合作社	2015
		新疆哈什地区莎车县人民政府 新疆维吾尔自治区蜂业技术管理总站	2017
		中国热带农业科学院环境与植物保护研究所	2017
		贵州省农科院现代农业发展研究所	2018
		陕西现代果业集团有限公司	2019
		四川华胜农业股份有限公司	2019
		北京农之翼养蜂场	2019
全国蜂机具标准化生产基地	4个	徐氏蜜蜂巢础机厂	2008
		上饶市益精蜂业有限公司	2012
		河南郑州蜂乐蜂业有限公司	2015
		安徽黄山市鑫辰蜂业有限公司	2019
特种蜂箱生产基地	1个	浙江龙泉安卓蜂业有限公司	2019
现代机械化基地	2个	广西梧州甜蜜家蜂业有限公司	2015
		山东五征集团有限公司	2015
现代化养蜂示范基地	1个	山东蜜源经贸有限公司	2019
蜜蜂健康养殖标准化生产基地	1个	安徽黄山市徽州区西溪南蜂业合作社	2015
蜂产品生产基地	1个	河南长葛市	2010
蜜蜂科教基地	1个	北京天宝康高新技术开发有限公司	2016
共建蜂产品溯源平台	1个	北京梵谷中科蜂业技术发展有限公司	2016
中国蜂业电子商城基地	1个	江西上饶市益精蜂具有限公司	2016
新疆塔城红花基地	1个	江苏日高蜂产品有限公司	2017
生产型种蜂王基地	1个	山东山高种蜂有限公司	2017
蜜蜂营养基地	1个	山东龙口市蜂源蜜蜂饲料有限公司	2019

中国养蜂学会全国蜂产品与标准化生产基地掠影

北京基地　　　　　　安徽基地　　　　　　青海基地

江苏基地　　　　　　吉林基地　　　　　　浙江基地

广东基地

新疆基地——伊犁

江苏基地——江大源生态（蜂胶）

河北基地——赞皇（枣花蜜）

河北基地——宽城

新疆基地——北屯

新疆塔城红花基地——江苏日高

中国养蜂学会蜜蜂授粉标准化基地掠影

蜜蜂为西瓜授粉

张复兴理事长考察熊蜂授粉

蜜蜂为温室草莓授粉

蜜蜂为荔枝授粉

陈黎红秘书长一行在猕猴桃蜜蜂授粉
基地调研

蜜蜂为苹果授粉

北京基地——京纯

北京基地——奥金达

北京基地——同仁堂

江西基地——乐平

广东基地——深圳

广西基地——梧州甜蜜家

山东基地——莱芜朗野

湖北基地——蜂之巢

江西基地——石城复兴

云南基地——罗平县

新疆基地——蜜源经贸

中国养蜂学会良种繁育基地掠影

吉林基地

澳意种
蜂王

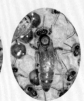

白山6号种
蜂王

黑环系种
蜂王

喀尔巴阡种
蜂王

美意种
蜂王

中国养蜂学会中华蜜蜂种质资源保护与利用基地掠影

重庆南川基地（部分传统与改良式蜂场）

岩石老式蜂箱

定点饲养小型蜂场

标准活框双箱

江西上饶基地（部分传统养殖）

中蜂蜂场

中蜂老式蜂箱养蜂

中蜂标准化养殖示范区

辉煌四十载 奋斗新时代
——中国蜂业：不忘初心 砥砺前行

中国养蜂学会蜂机具标准化生产基地掠影

江西基地——上饶

中国养蜂学会现代机械化养蜂车设计制造基地掠影

山东基地——五征

中国养蜂学会中华蜜蜂饲养技术培训基地掠影

广东广昆园蜂业有限公司

中国养蜂学会蜜蜂健康养殖标准化生产基地掠影

安徽基地——徽州区西溪南

中国养蜂学会生产型种王基地掠影

山东基地——山高种王

七 中国养蜂学会与各地政府共建蜜蜂之乡

● 2006 年，为加快我国现代养蜂业和生态农业的发展，打造地方优势和特色，实现农业增产、农民增收、生态增效的目标，也应地方的强烈要求，中国养蜂学会在全国开展共建"蜂产品之乡""蜜蜂之乡"等"之乡"，以此促进全国养蜂业健康快速发展，促使养蜂业逐步实现组织化、规模化、机械化、产业化。

● 2019 年，中国养蜂学会继续响应国家"乡村振兴战略"，践行"绿水青山就是金山银山"，与当地政府共建"中华蜜蜂谷""蜜蜂小镇"等"之乡"，促进当地政府将养蜂业作为转型升级、供给侧结构改革、生态文明建设的主打产业。

2006—2019 年，中国养蜂学会共建各种"之乡"30 个

名 称	数 量	单 位	时 间
共建"蜂产品之乡"	1 个	浙江江桐庐县人民政府	2006
共建"蜜蜂之乡"	25 个	吉林安图县人民政府	2007
		广东东源县人民政府	2007
		江西上饶县人民政府	2007
		重庆市南川区人民政府	2008
		陕西黄龙县人民政府	2013
		重庆彭水苗族土家族自治县人民政府	2013
		广西浦北县人民政府、浦北畜牧局	2014
		安徽省黄山市徽州区人民政府	2014
		重庆市农业委员会、重庆市城口县人民政府	2014
		山西沁水县人民政府	2015
		山东青州市人民政府	2015
		北京市密云区人民政府	2016
		浙江丽水市人民政府	2016
		江西省武宁县人民政府	2016
		黑龙江省迎春林业局	2016
		湖北省神农架林区人民政府	2017
		陕西省宝鸡市人民政府	2018
		贵州省正安县人民政府	2018
		甘肃省陇南市人民政府	2018

辉煌四十载 奋斗新时代
——中国蜂业：不忘初心 砥砺前行

（续表）

名　称	数　量	单　位	时　间
共建"蜜蜂之乡"	25个	甘肃省舟曲县人民政府	2018
		江西省宜丰县人民政府	2018
		重庆石柱土家族自治县人民政府	2018
		广东龙门县人民政府	2019
		浙江开化县人民政府	2019
		海南琼中黎族苗族自治县人民政府	2019
共建"荔枝蜜之乡"	1个	广东省广州从化市人民政府	2014
共建"中华蜜蜂谷"	1个	浙江龙泉市人民政府	2019
共建"蜜蜂小镇"	1个	浙江桐庐县人民政府	2019
共建"蜂产品品牌之乡"	1个	浙江桐庐县人民政府	2019

北京密云

陕西黄龙

重庆彭水

广西浦北

山西沁水

安徽黄山市徽州区

江西武宁

重庆城口

辉煌四十载 奋斗新时代
——中国蜂业：不忘初心 砥砺前行

浙江丽水

山东青州

湖北神农架

吉林安图

黑龙江饶河

甘肃舟曲

江西宜丰

重庆石柱土家族自治县

贵州正安

陕西宝鸡

甘肃陇南

中国养蜂学会与各地政府共建蜜蜂文化村

云南罗平

八 观光蜂业

● 1993 年，在农业部的大力支持下，中国养蜂学会与中国农业科学院蜜蜂研究所携手共建了中国第一个蜜蜂博物馆，并在第 33 届国际养蜂大会召开之际呈现在两千中外代表面前，受到广泛肯定和称赞；2010 年，重新装修布展，以更加生动丰富的面貌向全社会展示和宣传。

● 2001 年，为更好地宣传蜜蜂精神、加大科普宣传力度、传播蜜蜂文化，中国养蜂学会在广东中山共建蜜蜂博物馆（中山馆），之后陆续在全国共建"蜜蜂博物馆""蜜蜂文化基地""蜜蜂文化园"等观光蜂业。

2001—2019 年，中国养蜂学会共建"蜜蜂博物馆""蜜蜂文化基地"21 个

名　称	数　量	单　位	时　间
蜜蜂博物馆	9 个	广东中山蜜蜂博物馆	2001
		四川乐山锡成实业集团有限公司	2013
		湖北天生源蜂业有限公司	2014
		新疆天山黑蜂生态产业园有限公司	2014
		江苏日高蜂产品有限公司	2014
		北京京纯养蜂专业合作社	2015
		黑龙江慈蜂堂东北黑蜂生物科技有限公司	2016
		石家庄赞皇县蕊源蜂业有限公司	2017
		安徽蜂联生物股份有限公司	2018
蜜蜂文化基地	12 个	深圳市凌一礼品有限公司	2008
		深圳市蜜蜂文化园	2012
		襄阳华夏蜜蜂博物馆	2012
		武汉小蜜蜂	2014
		黑龙江慈蜂堂东北黑蜂生物科技有限公司	2016
		阜尼山蜜蜂生态园有限公司尼山科技文化生态园	2017
		云南省罗平县人民政府	2017
		安徽蜂联生物股份有限公司	2018
		浙江桐庐县分水镇	2019
		山东嘻嘻乐园生态农业有限公司	2019
		浙江长兴意蜂蜂业科技有限公司	2019
		武汉名盛生物科技有限公司	2019

中国养蜂学会蜜蜂博物馆掠影

中国馆

北京馆

广东中山馆

乐山馆

荆门馆

新疆馆

盱眙馆

武汉馆

中国养蜂学会蜜蜂科普文化园掠影

浙江

深圳

中国养蜂学会蜜蜂文化走廊掠影

深圳

中国养蜂学会蜜蜂文化馆掠影

湖北襄阳

九 特色村庄、美丽乡村

中国养蜂学会"蜜蜂特色村庄"登上国家榜

　　2018年9月，为响应国家"乡村振兴战略"，加快推进农业农村现代化、建设美丽中国的重要举措。中国养蜂学会向农业农村部推荐了一批"基地""之乡"，海南琼中黎族苗族自治县长征镇什仍村、广东汕尾市陆河县水唇镇螺洞村、河南长葛市佛耳湖镇岗李村荣获农业农村部首届"中国农民丰收节"100特色村庄称号，进一步促进了当地及全国蜂业发展及养蜂的积极性。

海南琼中黎族苗族自治县长征镇什仍村

广东汕尾市陆河县水唇镇螺洞村

河南长葛市佛耳湖镇岗李村

中国养蜂学会"蜜蜂美丽乡村"登上国家榜

2018 年 12 月，中国养蜂学会积极响应农业农村部号召，推选了具有蜜蜂特色的中国养蜂学会"蜜蜂之乡""蜜蜂小镇""蜜蜂文化基地"等乡村，共有 9 个乡村入选"第二届中国美丽乡村百佳范例"。学会被评为"优秀组织奖"单位。

农业农村部办公厅主任广德福（左 4）为获优秀组织奖单位颁发证书

中国养蜂学会荣获优秀组织奖证书

浙江省龙泉市住龙镇西井村

江西省永修县江西云山集团东庄农场

湖北省神农架林区宋洛乡盘龙村

重庆市酉阳县天馆乡魏市村

重庆市綦江区石壕镇万隆村

贵州省正安县安场镇自强村

云南省罗平县鲁布革乡芭蕉菁村

西藏自治区米林县南伊珞巴民族乡才召村

陕西省黄龙县崾崄乡马蹄掌村

第六章　公益活动

40 年来，中国养蜂学会一直重视公益事业，认真履行社会责任，积极开展蜜蜂公益活动，传播蜜蜂文化、弘扬蜜蜂精神。2000 年，启动全国蜜蜂博物馆等文化、科普基地建设；2012 年，率先在全球范围内发起"关爱蜜蜂　保护地球　保护人类健康"科普文化公益宣传活动；2016 年，启动"世界蜜蜂日"试运营活动；2018 年，启动首届"中国农民丰收节（蜜蜂）——蜂收节"，向全社会推广蜜蜂、认识蜜蜂，宣传授粉昆虫、蜜蜂及养蜂人对生态、农业乃至人类健康的重要性和社会经济价值；2015 年，启动首届"全国蜜蜂嘉年华"，宣传蜜蜂为大自然生态、环境、农业及人类作出的重大贡献等；2012 年启动"蜜蜂文化节 / 花节"活动。学会始终将"绿色发展"，建设资源节约型、环境友好型社会作为加快转变经济发展方式的重要公益事业，不断谱写新的篇章。

◎ 倡导"关爱蜜蜂 保护地球 保护人类健康"

◎ 倡导"蜜蜂授粉 月下老人作用 当刮目相看"

◎ 倡导"每人每天食用一匙天然蜂蜜"

◎ 倡导"成熟蜜"

◎ 倡导"'发展养蜂 脱贫致富'，实现'绿水青山就是金山银山'"

◎ 倡导"'小蜜蜂大产业'，助力脱贫攻坚决胜"

◎ 倡导"蜜蜂对人类、对粮食及农产品安全、对整个生态系统和自然界生物多样性的重要作用"

一 世界蜜蜂日（5·20）

世界蜜蜂日（5·20）

World Bee Day

"关爱蜜蜂 保护地球 保护人类健康"

统一主题
统一标识
统一倡议
统一背板
统一服饰

统一标识

首日封

纪念印章

胸卡

纪念章

统一服饰

中国养蜂学会倡导

"关爱蜜蜂　保护地球　保护人类健康"

"蜜蜂授粉　月下老人作用　当刮目相看"

"每人每天一匙天然蜂蜜"

"'发展养蜂　脱贫致富',实现'绿水青山就是金山银山'"

"传播蜜蜂文化,弘扬蜜蜂精神"

"弘扬蜜蜂精神,共建人类命运共同体"

"'小蜜蜂大产业',助力脱贫攻坚决胜"

"'一带一路'国际蜂业合作"

"蜜蜂对人类、对粮食及农产品安全、对整个生态系统和自然界生物多样性的重要作用"

"蜜蜂　环境的卫士"

"世界蜜蜂日（5·20）" 由来

- 2000年，中国养蜂学会在京外广东省建立第一个"中国养蜂学会蜜蜂博物馆（中山馆）"，目前，已在全国建立了20多个蜜蜂博物馆/文化园等，旨在科普蜜蜂知识，弘扬蜜蜂精神，推动蜂业发展。

- 2006年，中国养蜂学会在农业部的指导下建立了第一个"中华蜜蜂之乡"，目前已在全国建立了20多个"蜜蜂之乡"。

- 2012年，中国养蜂学会率先在全球发起"关爱蜜蜂，保护地球"科普文化宣传活动，并迅速借助亚洲蜂联推向亚洲。

- 2013年，中国养蜂学会在泰国、乌克兰等地开展蜜蜂文化宣传活动，向欧洲拓展"关爱蜜蜂，保护地球，保护人类健康"科普宣传活动。

- 2014年5月，中国养蜂学会蜜蜂文化基地——扬州凤凰岛蜜蜂文化园及博物馆（扬州）落成，成为传播蜜蜂文化，弘扬蜜蜂精神，倡导生态文明的重要阵地。

- 2014年8月，斯洛文尼亚养蜂者协会通过中国驻斯大使馆邀请中国养蜂学会访斯并出席斯国际养蜂大会，商讨设立"世界蜜蜂日"。中国养蜂学会表示同意并表态予以大力支持，建议向国际蜂联和联合国提出倡议。

- 2015年4月，中国养蜂学会联合斯洛文尼亚蜂协率先发出倡议，将5月20日作为世界蜜蜂日，并继续在云南维西、广东深圳、韩国开展蜜蜂文化宣传活动。

- 2015年7月，斯洛文尼亚养蜂者协会向国际蜂联正式提出倡议，中国养蜂学会鼎立支持。

- 2015年9月15—20日，在韩国大田召开的"第44届国际养蜂大会暨博览会"及"国际蜂联成员国代表大会"上，斯协会联合中国养蜂学会等共同呼吁，中国养蜂学会代表中国出席会议并将所拥有全部票数9票表决赞成，终获国际蜂联批准将每年5月20日定为"世界蜜蜂日"，全体成员国建议上报联合国。中国养蜂学会是"世界蜜蜂日"确立的有力推动者。

- 2016年5月20日，中国养蜂学会携手亚洲蜂联与扬州市人民政府联合率先在扬州蜜蜂文化基地举办"世界蜜蜂日"主题日试运营活动，得到了国外留学生的关注及积极参与，获得好评。

- 2017年3月25日，中国养蜂学会七届八次理事长办公会讨论决定将每年的5月20日定为中国"5·20世界蜜蜂日"，全国蜂业界全力支持、热血沸腾。

- 2017年5月20日，在农业部的支持下，中国养蜂学会联手亚洲蜂联正式举办了首届中国"5·20世界蜜蜂日"主题活动，全国1个主会场，17个省26个分会场同时互动响应，CCTV2现场予以报道，全国56家媒体也进行了报道，引发全社会关注。

2017 年 10 月，在土耳其伊斯坦布尔第 45 届世界养蜂大会上，中国养蜂学会中国蜂业代表团团长吴杰理事长与斯洛文尼亚代表团团长、副总理兼农业部部长就世界蜜蜂日交换意见。

2017 年 10 月，中国养蜂学会蜜蜂文化专委会荣获国际蜂联成立 120 周年特别奖。

2017 年 12 月 20 日，出乎意料，联合国正式批准每年的 5 月 20 日为"世界蜜蜂日"。中国率先举办的首届"5·20 世界蜜蜂日"主题活动得到了国际的认可，斯洛文尼亚为了记录支持的国家，特意出版了《No Bees No Life》，中国养蜂学会榜上有名，这本书获得了国际蜂联"世界蜜蜂大奖赛"银奖。

2018 年 5 月 20 日，斯洛文尼亚携手国际蜂联（APIMONDIA）在斯举办欧洲"首届 5·20 世界蜜蜂日"庆典。斯国副总理兼农业林业与食品部部长戴扬·日丹、斯洛文尼亚养蜂者协会分别邀请我国农业农村部部长、中国养蜂学会出席庆典，部领导国家首席兽医师张仲秋代表部长出席斯国庆典活动，张首师行前约见了我会秘书长并聆听了关于世界蜜蜂日的汇报。与此同时，中国养蜂学会携手亚洲蜂联（AAA）在中国共办第二届中国"5·20 世界蜜蜂日"亚洲庆典，农业农村部畜牧兽医局领导、亚洲蜂联主席、亚洲各国使节莅临庆典并致辞，全国 1 个主会场，23 个省 89 个分会场同庆，上万人参与活动，影响非凡。

2019 年 5 月 16—22 日，中国第三届"5·20 世界蜜蜂日"。在农业农村部的指导与支持下，中国养蜂学会继续联手亚洲蜂联共同举办"关爱蜜蜂 保护地球 维护人类健康"公益性活动，本届活动主题："不忘初心，砥砺前行：蜜蜂，让城乡生活更美好"，设中心主会场 1 个（浙江桐庐）；大区主会场共 8 个：华北区（北京密云）、东北区（黑龙江）、西北区（宁夏）、西南区（四川）、华东区（山东）、华中区（武汉）、华南区（广西）、粤港澳大湾区（广东）；在 8 大区主会场下再设省级及省级以下分会场 80 余个。本届活动将与"5·18 国际博物馆日""5·19 中国旅游日""5·22 生物多样性国际日"携手，继续倡导"蜜蜂授粉的'月下老人'作用，对农业的生态、增产效果似应刮目相看""关爱蜜蜂 保护地球 维护人类健康""弘扬蜜蜂精神，共建人类命运共同体"等，共同推进世界公益事业。

2020 年 5 月 20 日，中国养蜂学会携手邀请中国农业科学院与联合国粮食与农业组织（FAO）通过网络视频互动形式共办"世界蜜蜂日（5·20）"五周年纪念日活动，斯洛文尼亚参与支持，此次活动意义重大，标志着中国蜜蜂首次进入 FAO，填补空白。联合国粮农组织屈冬玉总干事、国际蜂联主席 Jeff Pettis、斯洛文尼亚农林与粮食部长 Aleksandra Pivec、中国农业科学院唐华俊院长分别致开幕辞，联合国粮农组织副总干事 Maria Helena Semedo 致闭幕词。

与此同时，斯国驻华大使苏岚女士 Ms.Alenka Suhadolnik 以视频方式出席中国养蜂学会国内主会场（北京密云）的第四届中国"世界蜜蜂日（5·20）"，并致辞向中国蜂业表示祝贺。出席国内活动的嘉宾还有：亚蜂联主席王希利 Siriwat Wongsiri，中国养蜂学会理事长吴杰，中国农业科学院蜜蜂研究所所长彭文君，法国托马斯拓展部总监 Yannick Guérin，密云区委副书记 / 区长龚宗元，北京市园林绿化局副巡视员贲权民、密云区委常委 / 统战部部长蒋学甫等领导。活动还通过线上及线下的形式开展了学术报告，为全面建成小康社会目标实现之年、全面打赢脱贫攻坚战收官之年奉献一份力量。

2016

中国"世界蜜蜂日（5·20）"试运营

2016年5月20日，中国养蜂学会携手亚洲蜂联与扬州市人民政府联合率先在中国养蜂学会扬州蜜蜂文化基地举办"世界蜜蜂日（5·20）"主题日试运营活动，得到了国外留学生的关注及积极参与，获得好评。

中国养蜂学会理事长吴杰致辞

中国养蜂学会蜜蜂文化基地（扬州）

小朋友宣读倡议书

2017

首届中国 "世界蜜蜂日（5·20）"

诞 生

2017 年 3 月 25 日下午 2:00，诞生了首届世界蜜蜂日：中国养蜂学会七届八次理事长办公会在湖北潜江召开，会议决定将于每年 5 月 20 日定为中国"世界蜜蜂日"。这是蜂业界的一件特大喜讯！

举办活动

主题： 弘扬蜜蜂精神 激发梦想力量

——首届中国"世界蜜蜂日（5·20）"在扬州隆重启动

支持：农业部

主办：中国养蜂学会

协办：斯洛文尼亚、亚洲蜂联

国际支持：泰国、斐济等

主会场：1个，江苏扬州

承办：中国养蜂学会蜜蜂文化专业委员会、扬州泰安镇人民政府、扬州蜂行天下文化发展有限公司

分会场：26 个

北京、江苏、浙江、四川、河北、山东、黑龙江、安徽、湖北、广东、吉林、云南、海南、福建、江西、宁夏、新疆等 17 个省、市、自治区

参与人数：1 万余人

媒体：50 余家

CCTV2	丽水发布
中国微视角	丽水百事通
中国蜂业杂志	浙江微闻
扬州旅游频道	腾讯 / 大浙网·丽水
扬州报业	青州电视台
扬州广电	南方电视台
扬州晚报	广州电视台
江苏网	从化电视台
江西卫视	新华网
江西 -2	农民日报
江西网络广播电视台	香港商报
深圳电视台	人民网
深广电	南海网
罗平电视台	荆门电视台
丽水市电视台 1	荆门晚报
丽水市电视台 2	荆门鑫网
丽水市电视台 3	今日东宝
丽水日报	贵港新闻网
丽水电视报（新壹周）	贵港日报
处州晚报	湖州电视台
丽水电台新农村频率	长兴电视台
丽水电台交通音乐频率	……
丽水在线	

2017 年 5 月 20 日，由中国养蜂学会、扬州大学、环保部南京环境科学研究所和扬州生态科技新城管委会主办，中国养蜂学会蜜蜂文化专委会、扬州市泰安镇人民政府、扬州蜂行天下文化发展有限公司承办的以"弘扬蜜蜂精神，激发梦想力量"为主题的首届中国"世界蜜蜂日（5·20）"

活动在主会场中国养蜂学会蜜蜂文化基地——扬州凤凰岛蜜蜂文化园隆重启动。北京、江苏、浙江、四川、河北、山东、黑龙江、安徽、湖北、广东、吉林、云南、海南、福建、江西、宁夏、新疆等17个省、市、自治区的中国养蜂学会蜜蜂博物馆、蜜蜂文化基地、蜜蜂文化村、蜜蜂之乡共26个分会场统一主题、统一徽标、统一倡议，共襄盛举。各会场通过蜜蜂文化科普宣传、讲座、展览、游园、签名倡议等丰富多彩的文化交流活动，传播蜜蜂文化、弘扬蜜蜂精神，倡导"关爱蜜蜂，保护地球，保护人类健康"。此次活动全国1万余人激情参与，形式多样、内容丰富、影响浩大、气氛非凡。活动由中国养蜂学会副理事长兼秘书长陈黎红主持。

媒体：CCTV2 等 50 余家媒体报道掠影

农业部畜牧业司致开幕辞

CCTV2

中国微视角

中国蜂业杂志

分会场——全国 17 个省市 26 个

北京（中国蜜蜂博物馆）

辉煌四十载　奋斗新时代
——中国蜂业：不忘初心　砥砺前行

中国养蜂学会蜜蜂博物馆（北京密云）
——北京蜜蜂大世界

中国养蜂学会蜜蜂科教基地
——北京白虎涧蜜蜂科教基地

中国养蜂学会蜜蜂博物馆（江苏盱眙馆）
——福标蜜蜂博物馆

中国养蜂学会蜜蜂博物馆（江苏泰州馆）
——泰州蜂奥文化馆

中国养蜂学会蜜蜂博物馆（四川馆）
——四川乐山锡成华夏自然博物馆

中国养蜂学会蜜蜂博物馆（湖北武汉馆）
——武汉湖之巢蜜蜂探索馆

中国养蜂学会蜜蜂博物馆（湖北江夏馆）
——武汉康思农蜜蜂博物馆

中国养蜂学会蜜蜂博物馆（河北馆）
——河北赞皇慈源蜜蜂博物馆

中国养蜂学会蜜蜂文化园（济宁园）
——山东曲阜中华蜜蜂园

中国养蜂学会蜜蜂博物馆（牡丹江馆）
——黑龙江牡丹江东北黑蜂故事馆

中国养蜂学会蜜蜂文化村
——云南罗平鲁布革布依族苗族自治乡芭蕉箐村

广东省养蜂学会
广东省生物资源应用研究所

中国养蜂学会蜜蜂文化科普馆（从化馆）
——广州从化蜜蜂文化科普馆

中国养蜂学会蜜蜂博物馆（吉林馆）
——吉林省养蜂科学研究所

中国养蜂学会蜜蜂博物馆（芜湖馆）
——安徽芜湖蜜蜂大观园

中国养蜂学会蜜蜂文化园（丽水园）
——浙江丽水江南蜜蜂谷

中国养蜂学会蜜蜂文化小镇
——浙江湖州长兴蜂情小镇

中国养蜂学会蜜蜂博物馆（新疆馆）
——新疆伊犁黑蜂故事馆

中国养蜂学会蜜蜂博览园（海南园）
——海南省蜂业学会/海南省蜜蜂文化科技博览园

中国养蜂学会蜜蜂文化馆（福建馆）
——福建蜜蜂博物馆

中国养蜂学会蜜蜂文化馆（南昌馆）
——南昌同心蜜蜂文化馆

分会场名单

1. 北京（中国蜜蜂馆）

2. 中国养蜂学会蜜蜂博物馆（密云馆）——北京蜜蜂大世界

3. 中国养蜂学会蜜蜂科教基地——北京白虎涧蜜蜂科教基地

4. 中国养蜂学会蜜蜂博物馆（盱眙馆）——福标蜜蜂博物馆

5. 中国养蜂学会蜜蜂博物馆（四川馆）——四川乐山锡成华夏自然博物馆

6. 中国养蜂学会蜜蜂博物馆（荆门馆）——四川乐山锡成华夏自然博物馆

7. 中国养蜂学会蜜蜂博物馆（武汉馆）——武汉湖之巢蜜蜂探索馆

8. 中国养蜂学会蜜蜂博物馆（江夏馆）——武汉康思农蜜蜂博物馆

9. 中国养蜂学会蜜蜂博物馆（泰州馆）——泰州蜂奥文化馆

10. 中国养蜂学会蜜蜂博物馆（河北馆）——河北赞皇蕊源蜜蜂博物馆

11. 中国养蜂学会蜜蜂文化村——云南罗平鲁布革布依族苗族自治乡芭蕉箐村

12. 广东省养蜂学会、广东省生物资源应用研究所

13. 中国养蜂学会蜜蜂文化园（济宁园）——山东曲阜中华蜜蜂园

14. 中国养蜂学会蜜蜂博物馆（牡丹江馆）——黑龙江牡丹江东北黑蜂故事馆

15. 中国养蜂学会蜜蜂文化科普馆（从化馆）——广州从化蜜蜂文化科普馆

16. 中国养蜂学会蜜蜂文化小镇——浙江湖州长兴蜂情小镇

17. 中国养蜂学会蜜蜂博物馆（吉林馆）——吉林省养蜂科学研究所

18. 中国养蜂学会蜜蜂博物馆（芜湖馆）——安徽芜湖蜜蜂大观园

19. 中国养蜂学会蜜蜂文化园（丽水园）——浙江丽水江南蜜蜂谷

20. 中国养蜂学会蜜蜂博物馆（新疆馆）——新疆伊犁黑蜂故事馆

21. 中国养蜂学会蜜蜂博览园（海南园）——海南省蜂业学会/海南蜜蜂文化科技博览园

22. 中国养蜂学会蜜蜂文化馆（福建馆）——福建蜜蜂博物馆

23. 中国养蜂学会蜜蜂文化馆（南昌馆）——南昌同心蜜蜂文化馆

24. 中国养蜂学会蜜蜂文化长廊——深圳天空之城

25. 中国养蜂学会蜜蜂之乡——山东青州

26. 中国养蜂学会蜜蜂文化科普基地——宁夏昆虫馆

2018

第二届中国"世界蜜蜂日（5·20）"

主题：践行'两山'理论，放飞蜂业梦想

支持：农业农村部

主办：中国养蜂学会

协办：斯洛文尼亚、国际蜂联、亚洲蜂联

国际支持："一带一路"各国使节等

主会场：1 个，海南琼中

承办：琼中黎族苗族自治县人民政府、海南省蜂业学会、中国热带农业科学院环境与植物保护研究所

分会场：89 个

北京、河北、山西、内蒙古、黑龙江、江苏、浙江、安徽、江西、山东、河南、湖北、湖南、广东、广西、海南、四川、云南、贵州、陕西、甘肃、宁夏、新疆等 23 个省、市、自治区

参与人数：3 万余人

媒体：近百家

电视
电台
网络
视频
报纸
杂志

"中—斯"共庆

2018年5月18—19日，农业农村部部领导国家首席兽医师张仲秋率团访问斯洛文尼亚，与斯洛文尼亚副总理兼农林食品部部长戴扬·日丹先生举行会谈，出席了斯方主办的首个"世界蜜蜂日"庆典活动，出席了部长级会议。张仲秋高度赞赏斯方在推动设立世界蜜蜂日方面做出的积极贡献，同时呼吁全世界共同携手，采取有效措施保护蜜蜂，中方愿和世界各国一道，共同致力于促进养蜂业绿色健康发展。

农业农村部部领导国家首席兽医师张仲秋出席斯方主办的首个"世界蜜蜂日"庆典活动

主会场——海南琼中

2018 年 5 月 20 日，由中国养蜂学会、亚洲蜂业联合会、国家蜂产业技术体系主办，琼中黎族苗族自治县人民政府、海南省蜂业学会、中国热带农业科学院环境与植物保护研究所承办，农业农村部畜牧业司、海南省农业厅、海南省商务厅、海南省科技厅等支持的以"践行'两山'理论，放飞蜂业梦想"为主题的第二届中国"5·20 世界蜜蜂日"庆典主题活动在美丽的海南琼中（主会场）隆重举行。北京、河北、山西、内蒙古、黑龙江、江苏、浙江、安徽、江西、山东、河南、湖北、湖南、广东、广西、海南、四川、云南、贵州、陕西、甘肃、宁夏、新疆等 23 个省、市、自治区 89 个分会场单位统一主题、统一标识、统一倡议、统一背板、统一服饰，共同庆贺。各会场通过蜜蜂文化科普宣传、讲座、展览展示、互动、体验、签名倡议等丰富多彩的文化交流形式，倡导"关爱蜜蜂 保护地球""发展养蜂，实现'绿水青山就是金山银山'""每人每天一匙天然蜂蜜""传播蜜蜂文化 弘扬蜜蜂精神"，强化推动"蜜蜂授粉的'月下老人'作用，对农业的生态、增产效果似应刮目相看"。

此次活动形式多样、内容丰富、气氛热烈，全国 3 万余人甜蜜参与，受众群体上亿人，近百家电视、电台、网络、报纸、杂志做了宣传报道。此次活动又一次为全社会搭建了一个蜜蜂科普文化交流的平台，强调了蜜蜂对人类、对粮食及农产品安全、对整个生态系统和自然界生物多样性的重要作用！受到国际和各界人士的一致好评，斯洛文尼亚、国际蜂联、会员等纷纷发来贺信表示祝贺！

活动现场

亚洲联合会主席
王希利致辞

农业农村部畜牧业司
官员周晓鹏致辞

尼泊尔驻华大使赫里谢金
德尔·吉米尔致辞

中国养蜂学会理事长
吴杰致辞

琼中县委副书记、县人民
政府县长王琼龙致辞

庆典现场

嘉宾代表

发展养蜂　实现"绿水青山就是金山银山"——嘉宾代表亲自体验

2018 世界蜜蜂巡展

小朋友蜜蜂科普

分会场——全国 23 个省市 89 个

中国农业科学院蜜蜂研究所　　　北京蜜蜂大世界　　　北京保峪岭（北京）

江苏扬州大学　　　　　　江苏扬州凤凰岛

浙江开化县

浙江丽水市

浙江杭州天依蜂

广东省养蜂学会

广东桂岭蜂业

广东陆河集祥蜂业

广东肇庆高要区中蜂蜂业

广东茂名振华蜂业

江西南昌同心紫巢

江西上饶益精蜂业

安徽芜湖蜂联生物公司

山东青州养蜂协会

湖北武汉康思农

湖北潜江市

黑龙江东北黑蜂故事馆

黑龙江大良蜂业

黑龙江虎林绿都蜂业

黑龙江伊春伊纯蜂业

陕西黄龙县养蜂试验站

四川省蜂业学会

贵州夜郎蜂业

河北赞皇蜜蜂博物馆

山西沁水蜂业协会

山西临县蜂业协会

海南卓津蜂业

广西梧州市

广西南宁全健

湖南明园蜂业

河南多甜蜜蜂业

河南卓宇蜂业

宁夏昆虫馆

云南罗平

云南丁氏蜂业

甘肃西和县

分会场名单

1. 北京中蜜科技发展有限公司
2. 北京密云蜜蜂大世界
3. 北京市平谷区养蜂协会裕旺蜜蜂养殖园
4. 北京市保峪岭养蜂专业合作社
5. 中国蜜蜂博物馆（河北馆）
6. 河北省保定市槐乡蜂业有限公司
7. 山西省太原大海大爱蜂业科技有限公司
8. 山西省临县蜂业协会
9. 内蒙古赤峰市天健蜂业有限公司
10. 黑龙江东北黑蜂故事馆
11. 黑龙江神顶峰黑蜂蜂产品有限公司
12. 黑龙江虎林市绿都蜂业有限公司
13. 黑龙江省迎春蜂产品股份有限公司
14. 黑龙江伊春市伊纯蜂业有限公司
15. 黑龙江大良蜂业合作社（两个流动蜂场参加）
16. 伊春市乌伊岭区边缘蜜蜂养殖专业合作社
17. 江苏扬州凤凰岛景区蜜蜂园
18. 南京西洋湖养蜂专业合作社
19. 江苏江大源生物科技有限公司
20. 扬州三邦秋硕蜜蜂园
21. 江苏蜂奥生物科技有限公司（蜂奥文化馆）
22. 江苏盱眙－福标蜜蜂博物馆
23. 扬州宝中宝蜜蜂标准化养殖基地
24. 蜂奥实验蜂场（江苏蜂奥生物科技有限公司、江苏农牧科技职业学院、江苏中药科技园）
25. 浙江长兴意蜂科技公司
26. 浙江省开化县钱江源之春养蜂专业合作社、奇峰寨土蜂谷
27. 杭州天厨蜜源保健品有限公司
28. 浙江天依蜂业蜜蜂文化园
29. 浙江丽水人民政府
30. 浙江丽水市云合县
31. 安徽蜂联生物科技股份有限公司
32. 南昌同心紫巢生物工程有限公司

33. 江西益精蜂业
34. 江西省广昌县荷颜养蜂专业合作社
35. 江西新余市张氏生态蜂业发展有限公司
36. 山东济宁济蜂堂生态文化体验园
37. 山东日照嗡嗡乐园
38. 山东曲阜尼山蜜蜂生态园有限公司
39. 山东青州市养蜂协会
40. 临沂市蒙山旅游区蜜蜂爱花朵蜜蜂养殖专业合作社
41. 河南蜂业商会、河南蜜乐源养蜂专业合作社
42. 河南卓宇蜂业有限公司
43. 河南多甜蜜养蜂科技有限公司
44. 河南大别山詹氏蜜蜂园有限公司
45. 河南省三门峡市陕州区甜源养蜂合作社申泽章
46. 冯晴养蜂专业合作社《蜂阳阳养蜂场》
47. 武汉康思农蜜蜂博物馆
48. 湖北荆门 新春蜜蜂科普馆
49. 湖北名盛生物蜜蜂文化馆
50. 湖北省潜江市人民政府龙虾博物馆、湖北蜂之宝蜂业蜜蜂王国文化馆
51. 湖北宜昌五峰土家族自治县
52. 湖北武汉小蜜蜂食品有限公司
53. 湖北荆门蜜蜂博物馆
54. 湖南新晃蜂窝窝科技发展有限公司
55. 广东省生物资源应用研究所、广东省养蜂学会
56. 广州市谭山蜂业有限公司
57. 汕尾市螺洞蜜蜂文化主题公园
58. 广东梅州桂岭蜂业有限公司
59. 深圳市益蜂蜂业有限公司
60. 深圳市怡蜂缘蜂业有限公司
61. 深圳市皓江农业科技有限公司
62. 广东振华蜂业有限公司
63. 东莞市养生源蜂业
64. 广东 高州市养蜂协会
65. 陆河县集祥蜂业专业合作社
66. 新丰县原野养蜂专业合作社
67. 高州市百兴养蜂专业合作社

68. 肇庆市高要区中蜂蜂业专业合作社
69. 汕尾市陆河县十三乖蜜蜂文化园（筹）
70. 广西梧州市人民政府（广西壮族自治区农业厅）
71. 南宁市全健蜜蜂养殖场
72. 海南卓津蜂业有限公司蜜蜂王国乐园
73. 华夏蜜蜂博物馆（四川乐山）
74. 四川省蜂业学会
75. 四川成都麓棠源农业科技有限公司
76. 成都蟲鑫生物科技有限公司
77. 四川天府蜂谷科技有限公司
78. 青川县中蜂文化观光体验园
79. 青川县蜀蕊蜂业专业合作社
80. 贵州夜郎蜂业科技有限公司
81. 云南省罗平县芭蕉箐蜜蜂文化园
82. 云南丁丁氏蜂业工贸有限公司
83. 云南纯蜂蜜 V 联盟
84. 陕西省黄龙县养蜂试验站
85. 陕西省汉中市留坝县福田农业开发有限公司
86. 陕西大秦中蜂养殖专业合作社
87. 甘肃省西和县畜牧兽医局（兼西和县蜂业协会）
88. 宁夏农林科学院植物保护研究所宁夏昆虫馆
89. 新疆伊犁新源县七十一团七连《乡蜂情》蜂场

2019

第三届中国"世界蜜蜂日（5·20）"

主题：

不忘初心　砥砺前行："蜜蜂，让城乡生活更美好"

支持：农业农村部

主办：中国养蜂学会

协办：斯洛文尼亚、国际蜂联、亚洲蜂联

国际支持：泰国、俄罗斯、法国、澳大利亚、韩国等

中心主会场：1个，浙江桐庐

　　承办：浙江省桐庐县人民政府

特色专场：2个，深圳

　　"蜜蜂与城市环境"——青少儿专场（澳大利亚、泰国等国使节、嘉宾莅临）
　　"蜜蜂与我们生活"——科普专场（6场）

大区主会场共8个：

　　华北区主会场：北京，密云（斯洛文尼亚国秘、副部长、参赞等一行7人莅临指导）
　　粤港澳大湾区主会场：广东，广州
　　西南区主会场：四川，成都
　　华中区主会场：湖北，武汉
　　东北区主会场：黑龙江，牡丹江
　　西北区主会场：宁夏，固原
　　华南区主会场：广西，梧州
　　华东区主会场：山东，蒙阴

分会场：120个

　　北京、河北、山西、内蒙古、黑龙江、江苏、浙江、安徽、江西、山东、河南、湖北、湖南、广东、广西、海南、四川、云南、贵州、陕西、甘肃、宁夏、新疆等23个省、市、自治区

参与人数：数百万余人

媒体：数百家

　　电视
　　电台
　　网络
　　视频
　　报纸
　　杂志

华北区主会场——北京密云

斯洛文尼亚国秘一行莅临

2019年5月16日，第三届"世界蜜蜂日（5·20）"华北地区主会场暨北京密云第二届蜂产业发展高峰论坛在北京市密云区隆重开幕。斯洛文尼亚国务秘书尤日·波特戈士克、斯洛文尼亚农林食品部林业局局长普里茂斯·西蒙奇契、斯洛文尼亚驻华使馆参赞潘缇雅女士等一行7人莅临活动现场，中国养蜂学会理事长吴杰、副理事长兼秘书长陈黎红，北京市人民政府副秘书长陈蓓，中国农业科学院蜜蜂研究所副所长彭文君，密云区委书记、区长潘临珠，密云区委常委、统战部部长蒋学甫等出席活动。来自全国蜂业专家、学者、代表、学生及各界朋友共500余人参加了活动。此次活动由中国养蜂学会、北京市园林绿化局及北京市密云区人民政府共同主办。

斯洛文尼亚国务秘书、农林食品部林业局局长、驻华使馆参赞一行签名后与
中国养蜂学会理事长、秘书长合影

斯国国务秘书、驻华参赞与中国养蜂学会、
北京市领导共同开启画轴

嘉宾代表

嘉宾致辞

斯洛文尼亚国务秘书尤日·波特戈士克致辞

中国养蜂学会理事长吴杰致辞

北京市人民政府副秘书长陈蓓致辞

活动现场

斯洛文尼亚国务秘书率团参观中国养蜂学会
蜜蜂博物馆（密云馆）

斯洛文尼亚国务秘书率团参观中国养蜂学会
成熟蜜基地示范试点

斯洛文尼亚驻华使馆参赞潘缇雅女士参观
中国养蜂学会成熟蜜基地体验养蜂

斯洛文尼亚国务秘书率团参观蜜粉源植物种植基地玫瑰情园

展览展示

辉煌四十载 奋斗新时代
——中国蜂业：不忘初心 砥砺前行

中心主会场——浙江桐庐

亚洲蜂联、斯洛文尼亚、俄罗斯等外宾莅临

2019年5月20日，第三届"5·20世界蜜蜂日"在中国中心主会场——杭州桐庐胜利开幕。亚洲蜂联（AAA）主席王希利、斯洛文尼亚驻华大使馆参赞潘缇雅、俄罗斯驻华大使馆农业顾问帕尔金·苏米尔先生、西澳大利亚专业养蜂协会会长彼得·德金等外宾，中国养蜂学会理事长吴杰、副理事长兼秘书长陈黎红、副理事长宋心仿、胡福良、陈国宏、缪晓青等学会领导，中国环境科学学会副理事长任官平等生态环境部领导，浙江省农业农村厅副厅长唐冬寿、杭州市副市长王宏等省、市领导，桐庐县委书记方毅、县长齐力等县领导莅临"5·20世界蜜蜂日"活动现场。来自国际友人，全国蜂业专家、学者，百姓等各行代表近千人参与了此次活动。

活动现场鸟瞰图

斯洛文尼亚驻华大使馆参赞　潘缇雅

中国养蜂学会理事长　吴杰

亚洲蜂联（AAA）主席　王希利

俄罗斯驻华大使馆农业顾问　帕尔金·苏米尔

桐庐县人民政府县长　齐力

浙江省农业农村厅副厅长　唐冬寿

科技和文化推动蜂产业的可持续性发展论坛

科技参观

蜜蜂与自然摄影展示

蜂产品展示

启动"守护小蜜蜂"绿色骑行活动

分会场名单

1. 中国蜜蜂博物馆
2. 北京海鲸花养蜂专业合作社
3. 虎林市绿都蜂业有限公司
4. 黑龙江虎林神顶峰公司
5. 伊春市蜜蜂产业协会
6. 饶河黑蜂集团
7. 吉林养蜂科学研究所
8. 保定市蜂业协会、中国养蜂学会蜜蜂博物馆（河北馆）
9. 陕西佳和盛生态农业有限公司
10. 洋县佳和盛农产品专业合作社
11. 陕西省汉中市洋县金水镇站房村——中蜂养殖基地
12. 陕西延安
13. 山东济宁济蜂堂生态文化体验园
14. 山东曲阜市尼山蜜蜂科技文化园
15. 山东嗡嗡乐园
16. 长兴县蜂业协会（长兴意蜂蜂业科技有限公司）
17. 浙江天依蜂蜜蜂文化园
18. 安徽芜湖蜜蜂大观园
19. 扬州凤凰岛蜜蜂文化园
20. 江苏蜂奥生物科技公司
21. 南京西洋湖养蜂专业合作社
22. 江苏江大源生态生物科技股份有限公司
23. 扬州三邦生物工程有限公司
24. 龙岩市石燎阁蜂业有限公司
25. 永安市埔岭青年养蜂农民专业合作社
26. 福州市绅士养蜂专业合作社
27. 福建省神蜂科技开发有限公司
28. 厦门思健生物科技有限公司（思蜂堂）
29. 江西怡蜂园生物工程有限公司
30. 江西益精蜂业有限公司
31. 广西阳朔县羿春族蜂业有限公司
32. 广西全健蜂业科技发展有限责任公司

33. 广西北流市容山源蜂业有限公司
34. 南宁市全健蜜蜂养殖场
35. 广东省陆河县人民政府
36. 广州市宝生园股份有限公司市内各门店
37. 高州市养蜂协会　高州市百兴养蜂合作社
38. 深圳市怡蜂缘蜂业有限公司
39. 陆河县集祥蜂业专业合作社
40. 茂名市蜜蜂协会、广东振华蜂业有限公司
41. 广州市谭山蜂业有限公司
42. 海南卓津蜂业有限公司
43. 海南省琼中县科学技术协会、琼中县蜂业协会
44. 武汉康思农蜜蜂博物馆
45. 湖北蜂之宝蜂业有限公司
46. 河南卓宇蜂业有限公司
47. 四川健生堂农业开发有限公司＋中国西部蜜蜂文化馆
48. 四川高新技术蜜蜂研究所（绵阳、达州等共 12 个分会场）
49. 邛崃盅鑫蜂业公司
50. 崇州健生堂蜂业公司
51. 广元市人民政府
52. 凉山州人民政府
53. 雅安市人民政府
54. 四川省市、区、县（50 多个分会场）
55. 重庆市酉阳土家族苗族自治县人民政府
56. 云南省蜂业协会；
57. 云南安宁温泉龙羊谷旅游文化中心蜜蜂王国
58. 云南紫安坊蜂业有限公司
59. 云南丁氏蜂业工贸有限公司
60. 贵州夜郎蜂业科技有限公司

辉煌四十载 奋斗新时代
——中国蜂业：不忘初心 砥砺前行

2020

第四届中国"世界蜜蜂日（5·20）"

中国与 FAO 携手共办"世界蜜蜂日（5·20）"

支持：农业农村部

主办：中国养蜂学会

协办：斯洛文尼亚、国际蜂联、亚洲蜂联

国际支持：意大利、泰国、印度、墨西哥等

主题　　国际：Bee Engaged

中国："蜂""宇"同舟，中国力量

主会场　　国际：意大利 罗马
　　　　　　　中国：北京 密云

　　2020年，受疫情影响，国际、中国以网络视频形式与全世界、全国朋友一起共庆"特殊时期、特殊意义、特别举措、特别精彩"的重要节日！

　　与此同时，积极参与国际援助，开展了国际捐赠活动。

中国"世界蜜蜂日（5·20）"5周年

主会场：1 个，北京密云

　　承办：北京市园林绿化局、密云区人民政府

分会场：57 个

　　北京、河北、内蒙古、黑龙江、吉林、江苏、浙江、江西、山东、河南、湖北、广东、广西、福建、海南、四川、重庆、云南、宁夏等 19 个省、市、自治区

参与人数：1.2 亿人次（线上及线下）

媒体：数百家

电视	电台
网络	视频
报纸	杂志

国际主会场——意大利罗马

联合国粮食及农业组织　ＦＡＯ
中　国　养　蜂　学　会　ASAC　共办"世界蜜蜂日"
中　国　农　业　科　学　院　CAAS

2020年5月20日，中国养蜂学会携手邀请中国农业科学院与联合国粮食及农业组织（FAO）通过网络视频互动形式共办"世界蜜蜂日"，活动主题：Bee engaged！斯洛文尼亚参与支持。

在疫情防控的特殊局势下，通过线上网络视频的形式开展。以"小蜜蜂"助力"构建人类命运共同体"，展示世界与各国蜂业发展。此次活动意义重大，标志着中国蜜蜂首次进入FAO，填补空白。联合国粮农组织屈冬玉总干事、国际蜂联主席Jeff Pettis、斯洛文尼亚农林与粮食部长Aleksandra Pivec、中国农业科学院唐华俊院长分别致开幕辞，联合国粮农组织副总干事Maria Helena Semedo致闭幕辞。

与此同时，斯国驻华大使苏岚女士Ms.Alenka Suhadolnik以视频方式出席中国养蜂学会国内主会场并致辞，向中国蜂业表示祝贺。

为了使中国人民"蜜切参与"，中国养蜂学会特向FAO申请了同声中文传译。

蜜切参与
FAO：2020 "世界蜜蜂日"
——联合国粮农组织屈冬玉总干事致开幕辞

女士们，先生们，亲爱的蜜蜂朋友、蜂蜜嗜好者和生物多样性崇尚者

大家好！

首先向大家表示祝贺，祝贺我们再一次庆祝世界蜜蜂日。我们现在处在一个特殊的时刻，面临着新的机遇和挑战。由于新型冠状病毒的爆发，今天，我们通过视频直播的方式来庆祝"第三届世界蜜蜂日（5·20）"，我希望这次创造一个更具有影响力的活动，以吸引更多的受众群体和更广泛的观众。

昨天，与美国的议员召开了研讨会，共有1500名听众在线参与互动。在这样重要的场合，我们也应该更多地采用这种在线虚拟方式来触及更多的受众群体，更广泛的观众。

在今天的世界蜜蜂日，我们要赞美蜜蜂和其他授粉昆虫，它们对我们的生活、粮食、安全和环境都发挥着至关重要的作用。也许，大家也都看过一个科普纪录片，影片中强调了蜜蜂的重要性，如果没有蜜蜂，那么整个地球都会悄无声息、没有生机，我们就不会拥有现在这个生机勃勃的地球！

今天主要强调养蜂业的重要性、传统知识的重要性以及本地居民和养蜂相关的重要性。从养蜂者到消费者，以及传统医药方面，养蜂业推出了广泛的产品和一系列的服务。同时，蜜蜂对传粉发挥着重要的作用，帮助我们近一步促进农作物的产量和质量。

经研究发现，可以通过使用蜜蜂来促进森林和草场的恢复，因为和人类相比，蜜蜂的植树造林能力更强，效率更高，可以高出40~50倍。因此，蜜蜂对我们的粮食安全以及环境起到了非常关键的作用。

蜜蜂对生物多样性也十分重要。蜜蜂对维护生态系统、发展农业发挥着关键的作用，世界上有将近3/4的作物品种是需要蜜蜂和其他授粉昆虫进行授粉的。蜜蜂也是重要收入的来源，有很多养蜂者会追随花开的季节进行转场，因此蜜蜂和养蜂者给我们带来了春的希望，也代表着我们有更加美好的环境。除此之外，蜂蜜还可以帮助我们生产很多功能性的产品。

几个世纪以来，养蜂业一直在帮助农村和社区，为我们带来了重要的社会经济和环境效益，也让我们利用有限资源取得发展，尤其是为女人、老人、年轻人、残疾人创造收益，提供有营养的膳食，还有安全的储存。

目前，城市养蜂者的数量每年增长200%，这不仅是工作、职业，而且已经成为了一种生活的方式，成为了一种新的时尚。同时，养蜂业还能促进社区的发展，因为粮农组织正在和养蜂领域建立战略伙伴关系，通过国际传粉昆虫倡议落实我们关于蜜蜂和养蜂业的各项工作。我们需要合作，需要建立一个更具有包容性的平台。因为蜜蜂不仅是和粮食农业有关，也和环境有关，我们需要纳入利益相关方，以及传统的医疗，恢复应对荒漠化以及草场和林场的恢复。

我们要进一步拓展和养蜂业相关的领域，不能让我们的思维困在养蜂和生产蜂蜜的狭小范围。养蜂业为我们创造各种各样的机遇，从历史看，蜜蜂存在的时间比人类长久，它们先适应了环境，才有了人类，所以我们应该学习蜜蜂的适应能力。通过珍惜这些小昆虫和其他传粉者，我们不仅维护了地球的生物多样性和可持续的生态系统，而且还支撑了数百万人的生计和福祉。

（译文）

蜜切参与
FAO：2020 "世界蜜蜂日"
——中国农业科学院唐华俊院长致辞

唐华俊
农业农村部党组成员
中国农科院院长
中国工程院院士
比利时皇家科学院（海外）
通讯院士

Tang Huajun, President, Chinese Academy of Agricultural Sciences (CAAS)

今天是个美好的日子，是地球守护者——"蜜蜂"的节日，是第 3 个"世界蜜蜂日"。2017 年，联合国把每年的 5 月 20 日设定为"世界蜜蜂日"，表达了入类与自然和谐共处的愿景，把关爱蜜蜂、保护环境深深刻在了每一个人的心里。今年，一个特别的"世界蜜蜂日"，是由联合国粮农组织（FAO）携手中国农业科学院、国际蜂联（APIMONDIA）、斯洛文尼亚、中国养蜂学会共同举办，以蜜蜂精神共筑人类命运共同体，意义重大。特别是在新冠疫情对全球造成重大影响的情况下，我们采取视频会议的方式来共同庆祝"世界蜜蜂日"意义非凡。今天，我谨代表中国农业科学院在北京主会场，对大会的召开表示热烈的祝贺，对全体嘉宾的参与表示衷心的谢意！对全世界的养蜂者表示诚挚的慰问！祝大家平安健康！

此次"世界蜜蜂日"主题是"蜜切参与"(Bee Engaged)。蜜蜂是人类的朋友，负责对约 90% 的可食用的植物进行授粉，同时蜂蜜每年也会带来约 400 亿美金的经济利益。养蜂业是农业绿色发展的纽带，集经济、社会与生态效益于一体，在满足人们生活需要、消除贫困、减少饥饿、促进健康、保护修复生态环境等方面发挥重要作用，在实现联合国 2030 可持续发展目标中有着巨大潜力。然而由于生态环境破坏、气候变化、农业杀虫剂使用等原因，蜜蜂及其他授粉昆虫的数量在急剧下降，人类食物供给安全和生态系统稳定都受到了极大威胁。为此，全球许多国家启动了保护蜜蜂等授粉昆虫的国家战略，保护蜜蜂就是保护我们的家园已经成为共识。中国自 2012 年就启动了"关爱蜜蜂 保护地球 维护人类健康"主题活动，2017 年该活动融入了第一届"世界蜜蜂日"并延续至今。

中国有着悠久的养蜂历史和丰富的蜜蜂资源，现有蜂群 900 余万群，饲养量和蜂产品产量居世界前列。中国政府非常重视蜂业发展，在《畜牧法》中明确了蜜蜂作为一项重要的农艺措施的定位，并投入大量资金支持蜜蜂科技创新。1958 年成立了中国农科院蜜蜂研究所，致力于蜜蜂科学技术研究与普及工作。在蜜蜂种质资源收集与保存方面，解析了全国中华蜜蜂遗传多样性，建立了全球最大的蜜蜂基因库，收集了 3 万余份蜜蜂种质资源，125 种 5.1 万多只熊蜂标本，挖掘和利用了"西域黑蜂"遗传资源，培育出抗螨高产的"中蜜一号"西方蜜蜂配套系；建立了高产的配套技术体系，开发了蜂王浆等系列健康产品，蜂王浆产量占世界总产量的 90% 以上；建立了蜂产品质量安全全程控制技术，实现了蜂产品质量从蜂场到餐桌的溯源管理；通过加大对蜜蜂科技的创新与技术研发，在小农户养蜂方面，形成了一批可复制推广的技术规程和大面积推广应用模式。

中国农业科学院蜜蜂研究所大力推广蜜蜂授粉技术，充分发挥蜜蜂在农业提质增效和生态文明建设中的桥梁作用，同时，还致力于蜜蜂科技普及，成立了中国蜜蜂博物馆，利用现代信息化媒体，多渠道多角度宣传和传播蜜蜂知识和文化。

在这里，我要特别说明的是，养蜂业在中国脱贫攻坚中发挥了重要作用，通过帮助贫困户、残疾人养蜂，我们总结出了具有中国特色的养蜂扶贫模式。2017—2019 三年时间，科技养蜂让全国近 2 万个家庭摆脱贫困。

同时，我国蜂产业还与文旅相结合，中国养蜂学会在全国建立了 10 个具有蜜蜂元素的特色小镇。蜜蜂为实现乡村振兴战略、生态文明战略目标发挥了重要作用。

今天，我借"世界蜜蜂日"这一活动，向全球倡导"关爱蜜蜂、保护地球、维护人类健康"这个永恒的主题。

中国农业科学院和中国养蜂学会愿与联合国粮食与农业组织以及世界各国的养蜂业科研人员和蜂农继续加强合作，分享我们的成功案例和良好的养蜂实践，为实现联合国 2030 可持续发展目标和构建人类命运共同体贡献我们的智慧和力量。

最后，预祝本次活动取得圆满成功。

谢谢大家！

（译文）

中国主会场——北京密云

2020 第四届中国"世界蜜蜂日（5·20）"主题活动暨第三届北京密云蜂产业发展网络论坛、密云蜂业 LOGO 发布会在美丽的北京密云胜利开幕。亚蜂联主席王希利 Siriwat Wongsiri，中国养蜂学会理事长吴杰，中国农业科学院蜜蜂研究所所长彭文君，斯洛文尼亚共和国驻华大使苏岚女士 Ms.Alenka Suhadolnik，法国托马斯拓展部总监 Yannick Guérin，密云区委副书记 / 区长龚宗元，北京市园林绿化局副巡视员贲权民、密云区委常委 / 统战部部长蒋学甫等领导通过现场及线上方式参与了此次活动。活动由中国养蜂学会副理事长兼秘书长陈黎红主持。

2020 年，是中国养蜂学会启动"世界蜜蜂日 (5.20)"活动的五周年 (2016—2020)，也是中国"世界蜜蜂日"活动迈向世界的关键之年。同时，2020 年对于全国上下也是全面建成小康社会目标实现之年，是全面打赢脱贫攻坚战收官之年，在党中央坚强领导和各方面大力支持下，全国疫情防控阻击战取得重大战略成果。

活动现场

中国养蜂学会副理事长兼秘书长陈黎红主持

中国养蜂学会理事长吴杰致辞

斯洛文尼亚共和国驻华大使苏岚女士 Ms.Alenka Suhadolnik 致辞

亚蜂联主席王希利 Siriwat Wongsiri 致辞

法国托马斯拓展部总监
Yannick Guréin 致辞

密云区委常委、统战部部长蒋学甫致辞并发布
北京密云蜂业 LOGO

密云区委副书记、区长龚宗元宣布开幕

中国养蜂学会、中国农业科学院蜜蜂研究所与密云区政府签订框架协议

学术报告

本次活动进行了学术报告，中国养蜂学会副理事长刘进祖、中国养蜂学会蜂产品专委会主任张红城，以及密云区园林绿化局调研员、密云区蜂产业协会会长佟犇分别以线上及线下的形式发表学术报告。

刘进祖副理事长作《蜂产品发展在北京生态文明建设中的重要作用》报告

张红城主任作《蜂产品与人类健康》报告

佟犇会长作《蜜蜂蜂业脱贫攻坚模式分享》报告

分会场名单

1. 江苏扬州三邦生物工程有限公司
2. 宁夏蜂业协会
3. 黑龙江牡丹江东北黑蜂故事馆
4. 湖北武汉蜂之巢
5. 浙江省长兴
6. 浙江杭州余杭归蜜家庭农场
7. 重庆酉阳县乡惠电子商务有限公司
8. 广东陆河县集祥蜂业专业合作社
9. 海南卓津蜂业有限公司
10. 山东青岛市畜牧工作站
11. 内蒙古鄂尔多斯市冯氏蜂业有限公司
12. 浙江天依蜂蜂业有限公司
13. 福建永安市养蜂技术协会 / 嘉露蜂蜜永安会场
14. 福建龙岩市石燎阁蜂业有限公司
15. 河北省保定蜂业协会 / 蜜蜂博物馆
16. 黑龙江大兴安岭地区蜂产业协会
17. 江苏南京西洋湖养蜂专业合作社
18. 广东惠州市天地和蜂业科技有限公司
19. 黑龙江饶峰东北黑蜂产品开发有限公司
20. 中国农业科学院蜜蜂研究所 / 中国蜜蜂博物馆
21. 四川健生堂农业开发有限公司 / 成都市蜂业学会 / 成都中国西部蜜蜂文化馆
22. 广东振华蜂业有限公司 / 高州百兴养蜂专业合作社
23. 黑龙江神顶峰有限公司分会场
24. 宁夏盐池县孙广峰蜜蜂养殖专业合作社
25. 江苏扬州凤凰岛蜜蜂文化园 / 扬州蜜蜂博物馆
26. 黑龙江大良蜂业合作社
27. 浙江景宁县家地乡家地村分会场
28. 广州市宝生园股份有限公司
29. 湖北蜂之宝蜂业有限公司
30. 四川省农业农村厅、四川省蜂业学会
31. 山东济宁济蜂堂生态文化园
32. 湖北武汉市康思农蜜蜂博物馆

33. 吉林市吉蜜源蜂业有限公司

34. 广西阳朔县羿春族蜂业有限公司

35. 山东济南市农业农村局

36. 黑龙江饶河东北黑蜂产业（集团）有限公司

37. 海南省琼中黎族苗族自治县科学技术协会、琼中蜂业协会

38. 江西益精蜂业有限公司

39. 河南省蜂业商会

40. 黑龙江伊春市巅蜂养殖有限公司

41. 山东济南市长清区康源奶业服务站

42. 黑龙江省伊春市蜜蜂产业协会

43. 黑龙江虎林市绿都蜂业有限公司

44. 北京奥金达蜂产品专业合作社

45. 广东省养蜂学会、广东省生物资源应用研究所、广东广昆园蜂业有限公司

46. 四川省彭州市蜜蜂文化产业协会 / 四川成都康寿养蜂合作社

47. 黑龙江伊春牧蜂兄弟蜂业有限公司 / 牧蜂谷蜜蜂文化科普基地

48. 福建厦门思健生物科技有限公司

49. 河北张家口知蜂谷生态蜂业有限公司

50. 江苏江大源生态生物科技股份有限公司

51. 重庆市綦江区中峰镇农业发展中心

52. 海南省农村专业技术协会 海南省蜂业学会

53. 重庆石柱土家族自治县中益乡人民政府

54. 北京市蚕业蜂业管理站

55. 浙江大学农药环境与毒理研究所

56. 泰國清邁健康食品有限公司 / 中国雲南芙拉蜜有限公司

57. 湖北天生源蜂业有限公司

二 中国农民丰收节（蜜蜂）——"蜂"收节

2018年6月21日，国务院发布关于同意设立"中国农民丰收节"的批复，决定自2018年起，将每年农历秋分设立为"中国农民丰收节"。2018年8月9日，农业农村部等11部门印发关于组织实施首届"中国农民丰收节"有关工作的通知。2018年9月23日，迎来首届"中国农民丰收节"，这是第一个国家专为农民设立的节日，再次体现了以习主席为核心的党中央对"三农"的高度重视以及对广大农民的深切关怀。

中国养蜂学会为积极响应党中央、国务院号召，为配合农业农村部首届"中国农民丰收节"，更为进一步贯彻落实习主席对蜜蜂授粉"月下老人"作用的重要批示，向全社会推广蜜蜂、认识蜜蜂、宣传授粉昆虫、蜜蜂及养蜂人对生态、农业乃至人类健康的重要性和社会经济价值，举办首届"中国农民丰收节（蜜蜂）——'蜂'收节"。

2018年9月23—27日，中国养蜂学会主办，全国1个主会场、27个分会场陆续开展了以"走进乡村新时代 放飞蜂业新梦想"为主题的活动，我们再次倡导："关爱蜜蜂 保护地球""发展养蜂 实现'绿水青山就是金山银山'"、强化"蜜蜂授粉的'月下老人'作用，对农业的生态、增产效果似应刮目相看""每人每天一匙天然蜂蜜"；呼吁：献爱心——爱蜜蜂、爱自然、爱花、爱草、爱养蜂人、爱自己。

让蜜蜂飞起来
让蜂农嗨起来
让蜂业强起来

ASAC 发布

图标

· 倡导

😊 "关爱蜜蜂　保护地球"

😊 "发展养蜂　实现'绿水青山就是金山银山'"

😊 强化 "蜜蜂授粉的'月下老人'作用，对农业的生态、增产效果似应刮目相看"

♥ 献爱心 ♥

爱蜜蜂、爱自然、爱花、爱草

爱养蜂人、爱自己

("每人每天一匙天然蜂蜜")

印章

服饰

VIS
道旗

道旗

首届"中国农民丰收节（蜜蜂）——'蜂'收节"

宗旨：发展蜜蜂产业，共筑美丽乡村，
实现"绿水青山就是金山银山"

主会场：1 个，浙江丽水

分会场：全国 12 个省市 27 个

内容

蜜蜂科普、交流座谈、蜂场参观、DIY、蜂产品经营、蜜蜂认养等

媒体

电视、电台、网络、报纸杂志等 70 余家

参与人数

上百万人

主会场——浙江丽水

2018年9月22—23日，中国养蜂学会与浙江省畜牧畜医局共同举办、丽水市农业局与龙泉市人民政府共同承办，以"走进乡村新时代，放飞蜂业新梦想"为主题的首届"中国农民丰收节（蜜蜂）——'蜂'收节"在浙江丽水龙泉隆重举行，真正把"中国农民丰收节（蜜蜂）——蜂收节"办成了"农业嘉年华、农民欢乐节、丰收成果展、文化舞台"，让蜜蜂飞起来，让蜂农嗨起来，让蜂业促起来。亚洲蜂联主席 Siriwat Wongsiri 教授，学会副理事长兼秘书长陈黎红，副理事长陈国宏、胡福良、薛运波、胥保华，蜜蜂文化专委会秘书长仇志强，浙江省畜牧局、丽水市政府、龙泉市委、龙泉市人大、政协等领导出席开幕式，共同为振兴美丽乡村，大力发展"中蜂产业"出谋划策，来自龙泉市2000余名蜂农参加了现场活动。

开幕式

活动现场

中蜂产业高峰论坛

中国养蜂学会与龙泉市人民政府签署协议

展览区

庆丰收

现场采蜜

科技参观

分会场（27个）：掠影

北京密云

重庆城口

广西梧州

黑龙江牡丹江

湖北武汉

湖北五峰

湖北蕲春

贵州贵阳

广东茂名

浙江龙泉镇下贵村

分会场名单

1. 宁夏农林科学院植物保护研究所宁夏昆虫馆
2. 黑龙江虎林市
3. 湖北五峰县
4. 山东省济宁市任城区继发蜂业合作社
5. 浙江省龙泉市住龙镇
6. 四川天府蜂谷智慧蜂场示范基地
7. 高州市百兴养蜂专业合作社
8. 高州市养蜂协会
9. 广东振华蜂业有限公司
10. 茂名市蜜蜂协会
11. 南京西洋湖养蜂专业合作社
12. 陆河县集祥蜂业专业合作社
13. 重庆市城口县鸡鸣乡人民政府
14. 南宁市全健蜜蜂养殖场
15. 山东省莒县日照嗡嗡乐园
16. 黑龙江慈蜂堂东北黑蜂故事馆
17. 重庆市酉阳县两罾乡人民政府
18. 罗平县芭蕉箐农业科技开发有限公司
19. 北京蜜蜂大世界科技有限责任公司
20. 湖北省黄冈市蕲春县根有蜜蜂养殖专业合作社
21. 上饶市益精蜂具有限公司
22. 伊春牧蜂谷蜜蜂文化科普体验景区
23. 湖北名盛生物科技有限公司
24. 五指山李氏蜂业有限公司
25. 重庆市綦江区万隆花坝中蜂合作社
26. 石家庄赞皇县蕊源蜂业有限公司
27. 广西梧州市万秀区人民政府、广西梧州市农业委员会、广西梧州甜蜜家蜂业有限公司

第二届"中国农民丰收节（蜜蜂）——'蜂'收节"

宗旨：庆祝蜂收，弘扬文化，振兴乡村

主题：喜迎国庆　欢度丰收　蜂舞中国　甜蜜事业

主会场：1个，宁夏固原

分会场：全国 13 个省市 20 个

内容

挖掘蜜蜂文化，弘扬蜜蜂精神，分享收获喜悦，展望美好未来，提升广大农民朋友们的荣誉感、幸福感和获得感

媒体

电视、电台、网络、报纸杂志 50 余家

参与人数

上百万人

主会场——宁夏固原

开幕式由中国养蜂学会副理事长兼秘书长陈黎红主持

亚蜂联主席王希利致辞

中国养蜂学会理事长吴杰致辞

庆丰收

展览展示

科技参观

分会场（20个）：掠影

河南长葛

黑龙江牡丹江

辉煌四十载 奋斗新时代
——中国蜂业：不忘初心 砥砺前行

山东济宁

广东茂名

山西阳城

重庆万州

分会场名单

1. 宁夏蜂业协会
2. 黑龙江东北黑蜂故事馆
3. 重庆市綦江区中峰镇
4. 山东济宁市济蜂堂生态文化体验园
5. 长葛市鑫瑞征蜂业有限公司
6. 石家庄赞皇县蕊源蜂业有限公司
7. 浙江天依蜂蜂业有限公司
8. 陕西佳和盛生态农业有限公司
9. 伊春市蜜蜂产业协会
10. 山西圣康蜂业有限公司
11. 贵州省黔南州中蜂养殖示范基地
12. 重庆市春旭农业发展有限公司 / 重庆市春皇中华蜜蜂养殖专业合作社
13. 北京保峪岭养蜂专业合作社
14. 重庆市万州区益巢养蜂股份合作社
15. 商城县大别山蜂农专业合作社
16. 茂名市蜜蜂协会
17. 北京蜜蜂大世界科技有限责任公司
18. 扬州三邦生物工程有限公司
19. 河南省长葛市佛耳湖镇岗李村
20. 山东朗野蜂业有限公司

三　蜜蜂嘉年华

2015 年、2016 年，中国养蜂学会分别在北京昌平和湖北武汉举办了"全国蜜蜂嘉年华"。

首届"全国蜜蜂嘉年华"（2015 年 3 月 14 日—5 月 3 日）在北京昌平启动，主题：沿着八字舞步　探索蜜蜂世界，通过科学性、知识性、通俗性、趣味性、互动性的有机结合，立体展示蜜蜂及蜂产品在人们生活中的重要作用，馆内设有蜜境先蜂馆（蜜蜂文化科普区、精品互动销售区、蜂业科技区、体验区等）和精品馆（优质蜂产品展销），让百姓认知蜜蜂对自然、环境、农业的作用，认识天然蜂产品对人类健康的奉献，强有力地拓展我国蜂业发展平台。

第二届"全国蜜蜂嘉年华"（2016 年 3 月 26 日—5 月 29 日）在湖北武汉举办，主题：蜜蜂 萌动世界，通过养蜂情景体验，模拟真实的蜜蜂采蜜场景，在区域内还原养蜂的过程，百姓带上蜂帽可亲自体验采蜜，找蜂王，认识蜂蜜、蜂胶、花粉、蜂王浆、蜂蜡等蜂产品，真实参与养蜂的全过程，进一步宣传蜜蜂文化、普及蜜蜂知识、推动蜂产业发展。

• 倡导 •

"关爱蜜蜂　保护地球　维护人类健康"
"蜜蜂授粉　'月下老人'作用　当刮目相看"
"全国生产天然成熟蜜"
"每人每天食用一匙天然蜂蜜"

全国蜜蜂嘉年华

蜜境先蜂馆

成熟蜜展示专区

蜂产品展示区

蜂蜡展示区

蜂窝、蜜蜂、蜜脾展示区

蜂产品博览区

蜂产品售卖区

互动体验

第二届"全国蜜蜂嘉年华"（湖北·武汉）

四　蜜蜂文化节 / 花节

2012 蜜蜂文化节（重庆·南川）

开幕式主席台

论坛现场

博览现场

2016 槐花蜜蜂文化节（山西·沁水）

中国养蜂学会副理事长兼秘书长陈黎红致辞

中国养蜂学会为蜜蜂之乡赠送标准蜂箱

文化活动

开幕式

大会现场

参观考察

博览

2017'槐花·蜜蜂'文化旅游节（陕西·宝鸡）

开幕式现场

2017 油菜花蜜蜂文化节（贵州·六枝特区）

"畅游六枝花海，觅蜜油菜花乡"爱心油菜花节暨"六枝峰会——贵州蜂产业论坛"

2018 槐花蜜蜂文化节（山西·沁水）

活动现场

中国养蜂学会副理事长胥保华致辞

第七章　国际交流

40 年来，中国养蜂学会认真贯彻执行党的对外开放政策，作为政府批准的国际蜂联（APIMONDIA）中国成员国代表、亚洲蜂联（AAA）中国成员国代表、副主席国、秘书长国，肩负着重要的国际使命。为了了解国外蜂业动态、汲取国际蜂业精华、改进我国养蜂方式、提高养蜂业技术水平，也为了让更多的国外同行了解我国养蜂业发展，扩大我国蜂业在国际上的影响，学会在中国成功举办了第 33 届国际养蜂大会、第 9 届亚洲养蜂大会，获得国内外好评。亚洲蜂联主席评价："第九届亚洲养蜂大会是 AAA 历史上最具规模、最出色、最成功且内容最丰富、组织最好的一次盛会！我为它感到骄傲！ 2008，中国有成功的奥运，中国也有成功的 AAA！我爱中国，我爱杭州，我爱 ASAC！"学会积极开展蜂业国际交流合作，在"引进来""走出去"等方面取得显著成就，促进了中国蜂业可持续健康发展，缩短与蜂业发达国家的差距，带领中国蜂业在国际上屡屡获奖，大力提升中国的国际地位、影响力和话语权。

◎ APIMONDIA（2015—2019 荣获国际奖 26 枚）
◎ AAA（2016—2019 荣获亚洲奖 37 枚）
◎ CropLife 交流合作
◎ 中—法交流合作
◎ 中—日交流合作
◎ 中—乌交流合作
◎ 中—泰交流合作
◎ 中—芬交流合作
◎ 中—斐交流合作
◎ 中—挪交流合作
◎ 中—美交流合作
◎ 中—韩交流合作
◎ 中—德交流合作
◎ 中—加交流合作

一 APIMONDIA

1985 年，中国养蜂学会以正式成员国身份代表加入国际蜂联（APIMONDIAN）

APIMONDIA 概况

中国加入国际蜂联（APIMONDIA）：1985 年，农牧渔业部及国家科委批准并委托中国养蜂学会作为中国在 APIMONDIA 的唯一代表。

中国养蜂学会组织全国蜂业界同仁出席历届 APIMONDIA 国际养蜂大会（出国团组名称 **"中国蜂业代表团"** ）。

➢ 1983 年 8 月，中国蜂业代表团首次出席 APIMONDIA 国际养蜂大会——第 29 届（匈牙利布达佩斯），马德风理事长任团长。

➢ 1985 年 10 月，中国养蜂学会以正式成员国代表身份出席 APIMONDIA 第 30 届国际养蜂大会（日本名古屋），马德风理事长任团长。

➢ 1987 年 8 月，第 31 届（波兰华沙），中国蜂业代表团（18 人）出席，8 个蜂疗产品集体荣获特别金奖，龚一飞副理事长任团长。

➢ 1989 年 10 月，第 32 届（巴西里约热内卢），中国蜂业代表团（22 人）出席，40 种蜂产品集体夺得金奖，农业部陈耀春司长兼理事长任团长；申办第 34 届成功（后因故更为第 33 届）。

➢ 1993 年 9 月，农业部与中国养蜂学会成功在北京举办第 33 届 APIMONDIA 国际养蜂大会暨博览会，规模空前。

➢ 1995 年 8 月，第 34 届（瑞士洛桑），中国蜂业代表团（30 人）出席，张复兴副理事长任团长。

➢ 1997 年 9 月，第 35 届（比利时安特卫普），中国蜂业代表团（32 人）出席，张复兴理事长任团长。

➢ 1999 年 9 月，第 36 届（加拿大温哥华），中国蜂业代表团（6 人）出席，张复兴理事长任团长。

➢ 2001 年 10 月，第 37 届（南非德班），中国蜂业代表团（23 人）出席，张复兴理事长任团长。

➢ 2005 年 8 月，第 39 届（爱尔兰都柏林），中国蜂业代表团（25 人）出席，农业部张仲秋副司长任团长。

➢ 2007 年 9 月，第 40 届（澳大利亚墨尔本），中国蜂业代表团（34 人）出席，张复兴理事长任团长。

➢ 2009 年 9 月，第 41 届（法国蒙彼利埃），中国蜂业代表团（43 人）出席，张复兴理事长任团长。

➢ 2011 年 9 月，第 42 届（阿根廷布伊诺斯艾利斯），中国蜂业代表团（60 人）出席，张复兴理事长任团长。

➢ 2013 年 9 月，第 43 届（乌克兰基辅），中国蜂业代表团（55 人）出席，中国养蜂学会再次启动并遴选成熟蜜参加"国际蜜蜂大奖赛"，荣获 4 枚奖牌，中国蜂蜜再次登上国际奖台，陈黎红秘书长任团长。

➢ 2015 年 9 月，第 44 届（韩国大田），中国蜂业代表团（113 人）出席，荣获 12 枚奖牌，吴杰理事长任团长。

➢ 2017 年 9 月，第 45 届（土耳其伊斯坦布尔），中国蜂业代表团（93 人）出席，荣获 8 枚奖牌，吴杰理事长任团长。

➢ 2019 年 9 月，第 46 届（加拿大），中国蜂业代表团（116 人）出席，荣获 6 枚奖牌，吴杰理事长任团长。

主办 APIMONDIA 第 33 届国际养蜂大会暨博览会

（1993.9.21—26 中国 北京）

主题：蜜蜂与人类健康

　　第 33 届国际养蜂大会暨 '93 国际养蜂博览会于 1993 年 9 月 21 日至 26 日在北京召开。参加会议的代表 2000 余人，其中外宾 1000 余人，来自 52 个国家和地区，是新中国农业系统第一个规模最大的一次国际会议。在开幕式上农业部刘江部长代表中国政府欢迎来自世界各国的代表。张延喜副部长代表组委会致欢迎词。国际蜂联主席 R.Borneck 先生致辞，介绍大会的主要议题，对中国农业部、中国养蜂学会对大会的贡献表示感谢。中国养蜂学会秘书长金振明先生作了"蜜蜂与人类健康"的报告。

　　本届大会的主题是"蜜蜂与人类健康"。各国学者向大会提交的论文有 500 余篇，大会报告 164 篇，324 篇作为墙报交流。

　　大会期间，通过吸收克罗地亚、阿尔巴尼亚、格鲁吉亚、拉脱维亚、摩尔多瓦、立陶宛、毛里求斯、俄罗斯、斯洛文尼亚、斯洛伐克等 22 个国家为新的国际蜂联成员国；改选执委会，我国金振明教授连任国际蜂联执委会委员，林志彬教授新当选为国际蜂联蜂疗分委会主席；确定第 34 届国际养蜂大会 1995 年在瑞士洛桑召开。

　　经国际评委的评选，中国蜂产品荣获金奖 6 个、银奖 11 个、铜奖 21 个；中国的养蜂技术革新成果、著作与杂志、录像与幻灯片以及养蜂博物馆、大会招贴画、邮票等获得了金奖 4 个、银奖 5 个、铜奖 9 个；中国有 39 个单位被授予荣誉证书和奖牌；浙江、江苏、四川、湖南、湖北、黑龙江等省各有一名蜂农被评为优秀蜂农，荣获国际蜂联的金质奖章。

　　本次大会发行了一套 4 枚蜜蜂纪念邮票，同时印发了纪念封、邮折和首日封。

　　国际蜂联主席 R. Borneck 先生及秘书长 S. Cannamela 先生称赞本届大会是历次最成功的国际蜂联大会之一。

农业部部长刘江致辞

主席台：刘江部长（右一）、陈耀春理事长（左一）、
波尔内克（左三）

陈耀春理事长主持会议

开幕式

会场

刘江部长与国际蜂联主席 R. Borneck 先生交谈

博览

外国友人参观中国蜜蜂博物馆，对古汉字"蜂"和
"蜜"的演变颇感兴趣

台湾养蜂者参观中国蜜蜂博物馆

颁奖现场

评奖现场

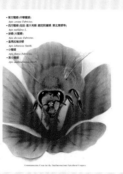

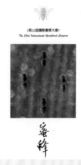

中国养蜂学会大会
发行一套蜜蜂邮票及首日封

邮票

首日封

宣传画

大会资料

金、银、铜奖

中国养蜂学会中国蜂业代表团
出席历届 APIMONDIA 国际养蜂大会暨博览会

第 30 届 APIMONDIA

（1985 年 10 月，日本名古屋）

（中国养蜂学会中国蜂业代表团 9 人，马德风理事长任团长）

马德风理事长率中国蜂业代表团，以正式成员国代表身份出席第 30 届 APIMONDIA 大会（日本名古屋）

第 34 届 APIMONDIA

（1995 年 8 月，瑞士洛桑）

（中国养蜂学会中国蜂业代表团 30 人，张复兴副理事长兼秘书长任团长）

第 34 届国际大会执行主席与国际养蜂大会主席波尔耐克参观中国养蜂学会会馆

中国养蜂学会展台

国外代表在中国养蜂学会展台

第 35 届 APIMONDIA

（1997 年 9 月，比利时安特卫普）

（中国养蜂学会中国蜂业代表团 32 人，张复兴理事长任团长）

大会主席台

中国展台

张复兴理事长蜂场交流

辉煌四十载 奋斗新时代
——中国蜂业：不忘初心 砥砺前行

第 36 届 APIMONDIA

（1999 年 9 月，加拿大温哥华）

（中国养蜂学会中国蜂业代表团 6 人，张复兴理事长任团长）

国外代表在中国养蜂学会展台

中国养蜂学会展台吸引了国外代表

中国代表合影

第37届APIMONDIA

（2001年10月，南非德班）

（中国养蜂学会中国蜂业代表团23人，张复兴理事长任团长）

德班市市长与国际蜂联主席会见张复兴团长及中国代表团

中国蜂业代表团参观蜂场

陈黎红秘书长作学术报告

第39届 APIMONDIA

（2005年8月，爱尔兰都柏林）

（中国养蜂学会中国蜂业代表团25人，农业部张仲秋副司长、中国养蜂学会张复兴理事长任团长）

农业部张仲秋副司长与法国代表交流

中国蜂业代表团与会议主席 Philip McCabe（二排左三）合影

第40届 APIMONDIA

（2007年9月，澳大利亚 墨尔）

（中国养蜂学会中国蜂业代表团34人，张复兴理事长任团长）

中国蜂业代表团合影

大会会场

陈黎红秘书长作报告

第41届APIMONDIA

（2009年9月，法国 蒙彼利埃）

（中国养蜂学会中国蜂业代表团43人，张复兴理事长任团长）

大会现场

我会代表团访国际蜂联（意大利）

我会代表团与国际蜂联新、前主席等合影

参观传统养蜂（中国代表团特别待遇）

参观蜂蜜加工生产线

第 42 届 APIMONDIA

（2011年9月，阿根廷 布伊诺斯艾利斯）

（中国养蜂学会中国蜂业代表团60人，张复兴理事长任团长）

大会开幕式

大会会场

参观生产车间

参观蜂场

中国展台前吸引了前来参观的代表

第43届APIMONDIA

（2013年9月，乌克兰基辅）

（中国养蜂学会中国蜂业代表团55人，陈黎红秘书长任团长）

中国养蜂学会中国蜂业代表团荣获4枚奖牌

（2金、1银、1特别赞助）

大会会场

学术交流会场

学术交流会中国代表

斯洛文尼亚养蜂协会约见

韩国约见

土耳其养蜂协会约见

瑞典大使约见

中国养蜂学会获国际蜜蜂邮票收藏创作银牌

为获奖者颁奖

世界养蜂评比——摄影组裁判团（中国张复兴研究员、
陈黎红秘书长）

ASAC 副理事长们与神父（中）合影留念

神父蜂场主（右5）热情款待中国蜂业代表团

乌克兰之夜国际蜂联主席（中）会见中国养蜂学会领导

中国蜂业代表团合影

国际蜂联会议

俄罗斯交流

第 44 届 APIMONDIA

（2015年9月，韩国大田）

（中国养蜂学会中国蜂业代表团113人，吴杰理事长任团长）

中国养蜂学会中国蜂业代表团荣获 12 枚奖牌（6金、4银、2铜）

大会开幕式

开幕式会场中国代表

陈黎红秘书长主持专题会议

苏松坤教授主持专题报告

吴杰理事长作学术报告

陈黎红秘书长作学术报告

孙丽萍研究员作学术报告

徐响助研作学术报告

ASAC 获奖

中国蜂业代表团获得奖牌 12 枚，其中金牌 6 枚，银牌 4 枚，铜牌 2 枚。仅蜂蜜类产品就获得了三金一银一铜的好成绩，这是饱受非议的中国蜂蜜走出亚洲，打入欧美等国际市场非常重要的一步，再度扩大了中国养蜂学会及中国蜂业的国际影响，也为我学会倡导成熟蜜生产，与世界养蜂强国接轨树立信心，奠定了基础。

我学会在中国金牌蜂蜜颁奖现场，即隆重推荐与澳洲企业洽谈合作，共建出口基地，签订订单，影响很大，收获颇丰。

中国养蜂学会中国蜂业代表团展台

中国吴杰理事长、陈黎红秘书长担任评审团评委

法国托马斯蜂业代表座谈会

参观土耳其蜂机具展位

韩国之夜

国际蜂联成员国代表大会
（中国代表吴杰理事长、陈黎红秘书长出席）

亚洲蜂联（AAA）成员国代表会议

交流座谈

科技参观

中国养蜂学会中国蜂业代表团合影

中国养蜂学会获奖者与组委会主席（右5）、秘书长（中）合影

第 45 届 APIMONDIA

（2017 年 9 月，土耳其伊斯坦布尔）

（中国养蜂学会中国蜂业代表团 93 人，吴杰理事长任团长）

中国养蜂学会中国蜂业代表团荣获 8 枚奖牌
（2 金、2 银、4 铜）

大会开幕式

中国养蜂学会中国蜂业代表团出席大会现场

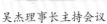

吴杰理事长主持会议　　　　　　　　　　　　吴杰理事长作报告

中国养蜂学会中国蜂业专家学者作报告

吴杰理事长参加国际蜂联成员国全体会议

世界养蜂大奖赛，中国参赛产品喜获8枚国际奖牌：2金（出版物类：大型摄影集《蜜蜂视界》；机械类：移虫机）、2银（照片类：蜜蜂摄影；工艺品类：蜜蜂发育过程的仿真模型）、4铜（工艺品类：蜜蜂邮票；化妆品类：蜂胶香皂；包装类：蜂蜜包装；工艺品类：蜜蜂造型）的好成绩，为中国蜂业赢得了荣誉。此次蜜蜂文化、机械、工艺也登上了世界舞台，影响极大，为洽谈合作奠定了基础。

出版物类：金奖
（大型摄影集《蜜蜂视界》）

照片类：银奖（蜜蜂摄影）

工艺品类：铜奖（蜜蜂邮票）

化妆品类：铜奖（蜂胶香皂）

包装类：铜奖
（蜂蜜包装）

工艺品类：银奖
（蜜蜂发育过程的仿真模型）

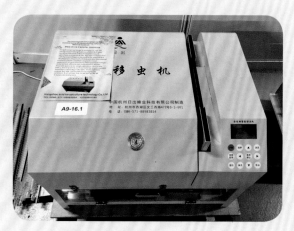
机械类：金奖（移虫机）

工艺品类：铜奖（蜜蜂造型）

中国养蜂学会中国蜂业代表团参访土耳其养蜂业合影留念

中国养蜂学会参展团展位

第 46 届 APIMONDIA

（2019 年 9 月，加拿大蒙特利尔）

（中国养蜂学会中国蜂业代表团 116 人，吴杰理事长任团长）

中国养蜂学会中国蜂业代表团荣获 6 枚奖牌

（1 金、4 银、1 铜）

开幕式

中国养蜂学会吴杰理事长、陈黎红秘书长等专家莅临展台

全体评审团

中国养蜂学会秘书长陈黎红参加评审

中国养蜂学会中国蜂业学术代表

中国养蜂学会中国蜂业全体代表

二 AAA

1997 年，中国养蜂学会以正式成员国身份代表加入亚洲蜂联（AAA）

AAA 概况

1997 年，中国养蜂学会经政府批准，正式成为亚洲蜂联（AAA）成员国代表。

1998 年，中国养蜂学会以正式成员国代表组织蜂业界同仁出席历届 AAA 亚洲养蜂大会（出国团组名称 **"中国蜂业代表团"**）。

➢ 1998 年 3 月，第 4 届（尼泊尔加德满都），中国蜂业代表团（10 人）出席，张复兴理事长任团长。

➢ 2000 年 3 月，第 5 届（泰国清迈），中国蜂业代表团（60 人）出席，3 个产品荣获三等奖，3 个产品荣获"好产品"奖。中国养蜂学会理事长张复兴荣获 AAA 副主席席位及"为亚洲蜂业做出突出贡献的专家奖"。张复兴理事长任团长。

➢ 2002 年，第 6 届（印度）因故未出席会议。

➢ 2004 年 2 月，第 7 届（菲律宾若斯班诺斯），中国蜂业代表团（16 人）出席，张复兴理事长任团长。

➢ 2006 年 3 月，第 8 届（澳大利亚泊斯），中国蜂业代表团（6 人）出席，农业部畜牧业司谢双红处长任团长，陈黎红秘书长在做申办 2008 年 AAA 会议报告，申办成功。

➢ 2008 年 11 月，第 9 届（中国杭州），中国养蜂学会出色地举办了"AAA 第九届亚洲养蜂大会暨博览会"，农业部高鸿宾副部长任大会主席，张复兴理事长任执行主席，农业部国家首席总兽医师于康震代表高鸿宾副部长致辞，浙江省副省长、杭州市委书记，AAA 主席 SIRIWAT WONGSIRI 教授、张复兴等 4 位副主席，国际蜂联大会主席 Gilles Ratia 等国内外领导莅临。六大洲 28 个国家 1000 余名代表出席会议。AAA 主席评价：中国有成功出色的奥运，也有出色成功的 AAA 大会！这是一次最成功、最具规模和创新、最出色的 AAA 大会！

➢ 2010 年 11 月，第 10 届（韩国釜山），中国蜂业代表团（100 人）出席，荣获 5 项殊荣，张复兴理事长任团长。

➢ 2012 年 9 月，第 11 届（马来西亚瓜拉丁加奴），中国蜂业代表团（40 人）出席，AAA 举荐中国为 AAA 总部、陈黎红为 AAA 秘书长，张复兴理事长任团长。

➢ 2014 年 4 月，第 12 届（土耳其安塔利亚），中国蜂业代表团（57 人）出席，吴杰理事长任团长。

➢ 2016 年 4 月，第 13 届（沙特阿拉伯吉达市），中国蜂业代表团（62 人）出席，荣获 11 枚奖牌，吴杰理事长任团长。

➢ 2018 年 10 月，第 14 届（印度尼西亚雅加达），中国蜂业代表团（80 人）出席，荣获 23 枚奖牌，吴杰理事长任团长。

➢ 2019 年 4 月，首届亚洲蜂业巡展及论坛（阿联酋阿布扎比），中国蜂业代表团（20 人）出席，荣获 3 枚奖牌，吴杰理事长任团长。

主办 AAA 第 9 届亚洲养蜂大会暨博览会

（2008.11.1—4 中国 杭州）

主题：蜜蜂——人类的朋友——我们爱你

2008 年 1 月 29 日，亚洲蜂联（AAA）"第九届亚洲养蜂大会暨博览会"经农业部批准，由中国养蜂学会、杭州市政府、浙江省农业厅、浙江大学共同主办，于 2008 年 11 月 1—4 日在杭州隆重召开。

大会主题："蜜蜂——人类的朋友——我们爱你"

来自世界六大洲 28 个国家的蜂业界代表共 1000 余人出席了会议。

农业部国家首席总兽医师于康震代表大会组委会主席高鸿宾副部长、农业部畜牧总站站长谷继承、浙江省副省长钟山、杭州市委副书记王金财、副市长何关新、亚洲蜂联（AAA）主席 SIRIWAT WONGSIRI 教授、张复兴等 AAA 副主席、国际蜂联 2009 大会主席 Gilles Ratia 等国际嘉宾出席了大会并致辞。出席会议的还有吴杰等 11 位中国养蜂学会副理事长以及重点省畜牧局相关负责人等。

来自六大洲 28 个国家学者的 245 篇论文被大会录用并编入了精美的论文集，131 位国内外学者就世界蜂业 8 个不同领域口头作了报告，114 篇论文墙报展示。

德国、法国、日本、泰国、中国的 6 位知名专家作了特邀报告。

"世界蜂胶论坛"和"蜂产品安全与标准化生产论坛"热点专题，16 位国内外相关专家在该专题上作专场演讲。

135 家国内外企事业单位参加了大会博览，20 个产品被大会评为"优秀产品"奖，6 个企业和 1 个基地被授予"优秀企业 / 基地"奖。AAA 还表彰了中国、日本、印度、德国 6 位专家为"亚洲蜂业突出贡献专家"奖。

中国养蜂学会获"最优秀学会"奖，21 名蜂农获"优秀养蜂生产者"奖。

会后，700 多名代表参观了中国养蜂学会（ASAC）示范蜂场、基地：蜂之语中华蜜蜂示范蜂场基地、蜂之语蜂王浆生产蜂场（基地）、蜂之语蜜蜂文化馆。

中国养蜂学会与法国养蜂联合会共植"中—法蜂业友谊树"，以示中—法蜂业交流与友谊万古常青。

这是我国加入 WTO 后的第一次国际蜂业盛会！是一次展示中国蜂业科技发展成果、提升中国蜂业国际地位、促进中国蜂业学习国外先进技术、拓展中国蜂业生产者视野的大会！是一次成功的 AAA 大会！其规模、形式、人数、参会国家、论文数量与水平、参展企业和产品，皆创历届亚洲蜂联大会之最！千人、会旗、会徽、评比、团组在 AAA 为首创！大会赢得了国内外业界的普遍赞誉！体现了中华民族的气概与风范！亚洲蜂联（AAA）主席 SIRIWAT WONGSIRI 教授对大会的评价：第九届亚洲养蜂大会是 AAA 历史上最具规模、最出色、最成功且内容最丰富、组织最好的一次盛会！我为它感到骄傲！2008，中国有成功的奥运，中国也有成功的 AAA！我爱中国，我爱杭州，我爱 ASAC！

开幕式

AAA 主席等领导为开幕式剪彩

六大洲 28 个国家千余名代表参会

AAA 主席 Sirwat Wongsiri 教授
致辞

国家首席兽医师于康震代表
高鸿宾副部长致开幕辞

大会执行主席张复兴主持开幕式

浙江省副省长钟山致辞

AAA 前主席松香光夫（日本）讲话

杭州市副市长何关新致辞

特邀报告

Nikolaus Koeniger 教授（德国）"自然的平衡——亚洲
蜜蜂对捕食者和寄生生物的防御策略"

Kikuji Yamaguchi 教授（日本）
"一种评价蜂王浆的新指标"

葛凤晨　研究员（中国）
"中华蜜蜂的保护利用进展和翅脉变异研究"

Gilles Ratia 教授（法国）
"有机养蜂标准及如何消减 CCD 诱发因子"

Siriwat Wongsiri 教授（泰国）
"亚洲蜜蜂发展前景"

庞国芳研究员（中国）"努力构建蜂产品检测技术标准
体系，促进我国蜂业健康发展"

学术交流

ASAC 与 AAA 主持人配合默契

（1）

吴杰常务副理事长与 Dr. Cleofas Cervancia 主持

胡福良副秘书长与 Dr.Ratna Thapa 主持

颜志立副理事长与 Dr.Nguen ThiHang 主持

梁勤副理事长与
Dr.Panuwan Chantawanakul 主持

薛运波副理事长与
Dr.Zachary Huang 主持

王振山副理事长主持

主席台就坐的其他副理事长、副秘书长

刘进祖副秘书长与
Prof.M.Mulla 主持

缪晓青教授与
Dr.Gard W. Otis 主持

石巍博士与
Prof.Deborah Smith 主持

周冰峰教授与
Dr.Gard W. Otis 主持

学术交流

演讲 提问 讨论热烈

演讲 提问 讨论热烈 （2）

墙报

茶息

张复兴理事长陪同农业部于康震总兽医师参观博览会

法国代表与我会领导亲切交流

中法共植一棵中法友谊树——洋槐

学术分会场

大会上的外国代表

大会上的国内代表

嘉宾代表参观

中国养蜂学会中国蜂业代表团
出席历届 AAA 亚洲养蜂大会暨博览会

第 4 届 AAA

（1998 年 3 月，尼泊尔加德满都）

（中国养蜂学会中国蜂业代表团 10 人，张复兴理事长任团长）

张复兴理事长主持会议　　　　　　　　　　会场

中国代表与 AAA 主席合影

第7届 AAA

（2004年2月，菲律宾洛斯班诺斯）

（中国养蜂学会中国蜂业代表团16人，张复兴理事长任团长）

中国代表团与 AAA 主席合影

张复兴、陈黎红看望驻菲律宾 IRRI 的
前中国农业科学院副院长王韧

代表们参观养蜂场

第 8 届 AAA

（2006 年 3 月，澳大利亚珀斯）

（中国养蜂学会中国蜂业代表团 6 人，农业部畜牧业司谢双红处长任团长）

代表合影

理事长、秘书长与 AAA 主席磋商申办事宜

代表团与 AAA 主席合影

大会会场

代表团参观蜂场

第 10 届 AAA

（2010 年 11 月，韩国釜山）

（中国养蜂学会中国蜂业代表团 100 人，张复兴理事长任团长）

中国养蜂学会中国蜂业代表团荣获 5 枚奖牌（1 最优秀国家组织奖、1 优秀展览奖、2 亚洲蜂业突出贡献奖、1 蜂蜜优秀产品奖）

中国代表团与国际蜂联、亚洲蜂联及第 10 届 AAA 大会主席（一排右三）合影（釜山）

与首尔韩国养蜂协会洽谈中—韩蜂业合作（首尔）

我会荣获 AAA 最优秀国家组织奖（张复兴理事长代表学会领奖）

我会荣获 AAA 优秀展台二等奖（常务副理事长吴杰代表学会领奖）

理事长张复兴、原副理事长葛凤晨分别荣获 AAA 突出贡献奖

张复兴理事长陪同国际蜂联、亚洲蜂联、韩国养蜂协会主席参观中国展台

中国学者应邀主持大会专题会议

陈黎红秘书长主持蜂产品与蜂疗专题会议

胡福良副理事长主持养蜂技术与装备专题会议

石巍副秘书长主持蜜蜂生物多样性专题会议

中蜂协作委员会秘书长谭垦教授主持专题会议

大会上作报告的中国学者

陈黎红

谭垦　康明江

郑火青

第 11 届 AAA

（2012 年 9 月，马来西亚瓜拉丁加奴）

（中国养蜂学会中国蜂业代表团 40 人，陈黎红秘书长任团长）

大会开幕式

"蜜蜂授粉" 特色主题

会场一角

学者作报告

AAA 开幕式上大会组委会送给州王的 24 个国家优质
蜂蜜产品（中国：中国养蜂学会基地——北京京纯合
作社蜂蜜）

AAA 展台上被 AAA 选送州王（右二）的
中国特色蜂蜜产品

中国展台

亚洲蜂联 (AAA) 会员代表大会

考察沙巴蜂

国际友人代表（AAA 主席、副主席、马来西亚瓜拉丁加奴州
州王）为"关爱蜜蜂 保护地球"签名

中国蜂业代表团学术代表与
AAA 主席们合影

第 12 届 AAA

（2014 年 4 月，土耳其安塔利亚）

（中国养蜂学会中国蜂业代表团 57 人，吴杰理事长任团长）

大会开幕式

前排领导：AAA 主席，国际蜂联主席，AAA 副主席（中国、韩国、菲律宾），
土耳其农业部官员，土耳其养蜂者协会主席，大会组委会主席

开幕式会场

理事长吴杰主持专题会议

吴杰理事长作学术报告

陈黎红秘书长主持专题会议

辉煌四十载 奋斗新时代
——中国蜂业：不忘初心 砥砺前行

陈黎红秘书长作学术报告

蜜蜂所石巍主任作学术报告

吉林所李兴安教授作学术报告

墙报区

蜜蜂所检测中心张金振
在墙报前答疑

福建农林大学作
学术报告

浙江大学学生张江林
作学术报告

浙江大学学生黄帅
作学术报告

部分参会学者与国际蜂联主席（右4），
亚洲蜂联主席（右5）

河南蜂机具企业展位

山东龙口蜂源蜜蜂饲料有限公司、
广西梧州甜蜜家蜂业有限公司展位

宁波金腾蜂业有限公司展位　　　　河南普瑞蜂业有限公司展位　　　　我会代表认真考察当地蜂场

土耳其塞里克蜂王育种场　　　　我会名誉理事长张复兴　　　　参观土耳其蜂机具公司
　　　　　　　　　　　　　　与蜂箱发明者合影

中国蜂业代表团与国际蜂联主席（二排左 4）、亚洲蜂联主席（二排左 7）、亚洲蜂联副主席（二排左 6，一排左 4）合影，我会理事长（二排左 8）、前理事长（二排左 5）、副理事长（二排）

第 13 届 AAA

（2016 年 4 月，沙特阿拉伯吉达市）

（中国养蜂学会中国蜂业代表团 62 人，吴杰理事长任团长）

中国养蜂学会中国蜂业代表团荣获 11 枚奖牌
（3 金、3 银、3 铜、1 "最佳组织奖"、
1 "全球领导者通过社团合作共建知识社会奖"）

中国养蜂学会中国蜂业代表团

陈黎红秘书长主持专题研讨会

吴杰理事长主持专题研讨会

黄家兴副研究员主持专题研讨会

中国养蜂学会团组代表主持专题会议

中国养蜂学会中国蜂业代表团学者作学术报告

中国养蜂学会中国蜂业代表团学者与亚洲蜂联、外国专家合影

中国养蜂学会中国蜂业展区（获"最佳展台"奖）

全体获奖者合影

亚洲蜂联（AAA）成员国代表会议

第 14 届 AAA

（2018 年 10 月，印度尼西亚雅加达）

（中国养蜂学会中国蜂业代表团 80 人，吴杰理事长任团长）

中国养蜂学会中国蜂业代表团荣获 23 枚奖牌
（8 金、5 银、3 铜、四等和五等奖各 1、2 最佳组织奖、
2 评审专家奖、1 特邀报告奖）

学术交流

中国养蜂学会中国蜂业代表团获奖者

最佳组织奖

评审专家奖（吴杰、陈黎红）

特邀报告奖（陈黎红）

博览展示

科技参观

中国养蜂学会中国蜂业代表团与中国驻印尼大使馆官员

全体裁判，其中中国2位

中国养蜂学会主持AAA会议

获奖代表合影

首届亚洲蜂业巡展及论坛

（2019 年 4 月，阿联酋萨阿布扎比）

（中国养蜂学会中国蜂业代表团 20 人，吴杰理事长任团长）
中国养蜂学会中国蜂业代表团荣获 3 枚奖牌

中国养蜂学会中国蜂业代表合影

"关爱蜜蜂　保护地球"签名

吴杰理事长：主题报告——"SMPD 基因在熊蜂中特征表达"

陈黎红秘书长报告："世界蜂蜜产业何去何从？——国际蜂联关于蜂蜜欺诈的声明"

张红城研究员报告："蜂王浆储存过程中非酶促褐变以及蛋白质聚集"

孙丽萍研究员报告："中国蜂胶的活性成分及镇痛作用"

陈兰珍研究员报告："中国洋槐蜜的地理溯源"

三 CropLife 交流合作

2016 年 8 月 14—16 日，中国养蜂学会副理事兼秘书长陈黎红应邀赴新加波出席 CropLife 会议，做"中国蜂业及蜜蜂在中国大农业中的应用"报告，深入了解 CropLife 在全世界范围的地位与作用、拓展的交流与项目等，并达成中国加入合作之列的共识。

陈黎红秘书长做报告

中国参与 CropLife 项目座谈

2016 年 11 月 15 日，CropLife 代表团来访中国养蜂学会，进行了交流座谈，加大了科研人员与大型农业跨国公司等知名国际组织间的沟通与了解、开阔了视野，并为今后双方广泛合作奠定了基础。

CropLife 代表团与中国养蜂学会、蜜蜂所学者交流

中国养蜂学会秘书长陪同 CropLife 代表团访副理事长单位——吉林养蜂研究所

2017年，CropLife正式启动与中国的交流合作，该合作由中国养蜂学会牵头，面向全国不同地域不同领域开展交流与合作，并将此合作列入"一带一路"国际蜂业合作规划。7月26日，CropLife代表团一行7人考察授粉团队在内蒙古巴彦淖尔市的向日葵授粉实验基地并进行了学术交流与座谈。此次合作将签署MOO，合作经费4万美元。

实地考察

座谈交流

2018年6月18日，CropLife合作项目进展研讨会在京召开。中国养蜂学会、传粉蜂生物学与授粉应用创新团队与CropLife亚洲驻北京办事处就其资助的向日葵授粉合作项目执行情况以及下一步的合作计划进行磋商并达成共识，今后将加强蜜蜂授粉与农作物病虫害防控技术的综合协同研究，从而促进养蜂人与种植业者的双赢。

CropLife 合作项目进展研讨会

四 中—法交流合作

农业部畜牧业司张仲秋司长、我会张复兴理事长与
法国农业部官员互赠礼物

中法两国蜂产品安全与残留监控交流，
农业部畜牧业司张仲秋副司长介绍中国蜂业

张复兴理事长在法国参议院后花园就针对欧盟禁进后
中国采取的措施，接受法国时报记者采访

参观法国圣德尼市市政府楼顶上养蜂并进行交流

中国蜂业代表团代表与法国农业食品部、
法国养蜂联合会官员合影

法国议会参议员在参议院接待中国蜂业全体代表

中法项目签字仪式

中法代表交流

2008 年，中国

中法互植友谊之树

2009 年，法国

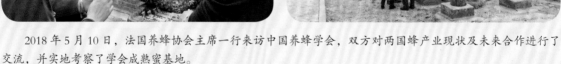

2018 年 5 月 10 日，法国养蜂协会主席一行来访中国养蜂学会，双方对两国蜂产业现状及未来合作进行了交流，并实地考察了学会成熟蜜基地。

2018 年 9 月 4 日，法国 THOMAS 一行来访中国养蜂学会，学会副理事长兼秘书长陈黎红等出席了座谈会。会上，中法双方就两国蜂产业发展现状进行了交流，对进口成熟蜜流水线设备、共建优质蜂产品出口基地等互换了意见，就"一带一路"蜂业国际合作达成了多项共识，明确了下一步合作的思路和举措。

五 中—日交流合作

中—日蜂王浆交流

陈黎红秘书长在南京中—日会议上提出"制定国际蜂王浆标准"的建议

"中—日蜂王浆安全与标准化生产技术指导规程"项目在北京启动

签字仪式　　　　　　　　　　　　中—日双方代表合影

中—日蜂胶研讨会

日本蜂胶研究会主席 Mitsuo Matsuka 先生在
第六届日本蜂胶研讨会上致开幕辞

陈黎红秘书长作"中国蜂胶业"报告

张复兴理事长讲话

巴西学者

中国、巴西代表应邀出席日本蜂胶研讨会

中—日交流互访

中—日代表合影

中—日交流

中—日交流新产品开发

中—日双方签订协议

中国蜂业代表访问日本企业

中日蜂王浆研讨会全体代表合影

AAA前主席参观我会蜂场基地

日方热情欢迎中方代表访问

中一日恳谈会

主席台

张复兴理事长与日方代表交流

蜂蜜取引协会会长野野垣先生提问，张复兴理事长解答

六 中—乌交流合作

乌克兰驻华科技参赞来访中国养蜂学会

乌克兰驻华农业参赞来访中国养蜂学会

理事长向乌克兰驻华农业参赞赠书　　　　　秘书长陪同乌克兰驻华科技参赞参观博物馆

七 中—泰交流合作

泰国诗琳通公主60周年诞辰大会
——中国养蜂学会应邀出席

诗琳通公主与各国使节及中国养蜂学会秘书长合影留念

诗琳通公主颁发证书致谢中国蜂业

诗琳通公主亲自问候中国养蜂学会秘书长

诗琳通公主在北京会见中国养蜂学会

　　2018年5月4日，泰国诗琳通公主会见中国蜂业代表团，了解亚洲蜜蜂保护和中—泰蜂业交流合作情况。陪同诗琳通公主出席会见的有泰国驻华大使以及中、泰双方的外交人员，中国蜂业代表团成员有：中国农业科学院蜜蜂研究所所长王加启，亚洲蜂联（AAA）秘书长、中国养蜂学会副理事长兼秘书长陈黎红，中国养蜂学会蜜蜂文化专业委员会秘书长仇志强。中—泰双方进行了友好交流，进一步加强了双方蜂业交流合作。

中泰蜂业之窗

CHINA BEE PRODUCTS SHOW

中國養蜂學會 （ASAC）

BY: APICULTURAL SCIENCE ASSOCIATION OF CHINA

Xiangshan, Beijing, 100093 China. E-mail: clhb@hotmail.com; Web: www.chinabee.org.cn

CENTER OF EXCELLENCE IN ENTOMOLOGY, BIOLOGICAL SCIENCE PROGRAM,

FACULTY OF SCIENCE of CHULALONGKORN UNIVERSITY.

Pathumwan, Bangkok, 10330, Thailand. E-mail:siriwat.w@chula.ac.th

19, NOV. 2007

中国蜂产品在泰国展示

AAA 主席 Siriwat 教授（中）来访我会及
陈黎红秘书长、张复兴理事长（左一）陪同

AAA 主席 Siriwat 教授（中）来访学会及蜜蜂所
吴杰所长（左一）、我会秘书长陪同

AAA 主席 Siriwat 教授访问我会副理事长单位
——蜂之语

AAA 主席 Siriwat 教授在我会张复兴理事长、陈黎红秘
书长、林尊诚副秘书长的陪同下考察云南中蜂

八　中—芬交流合作

陈黎红秘书长主持会议（2015.9.25，北京）

吴杰理事长致辞

蜜蜂所所长王加启致辞

学术交流

参观交流

合影留念

九 中—斐交流合作

斐济驻华大使（左1）一行来访中国养蜂学会，洽谈合作
（2016.5.23，北京）

蜂场交流

检测中心交流

十 中—挪交流合作

挪威养蜂学会会长 Trond Gjessing 一行与中国养蜂学会座谈交流（2012.4.6，北京）

挪威蜂业代表团与中国养蜂学会合影

代表团参观产品专卖店　　代表团参观蜜蜂博物馆　　代表团来访我会密云养蜂　　代表团与我会亲切交谈
　　　　　　　　　　　　　　　　　　　　　　　　　　生产基地

十一 中—美交流合作

为了进一步提高学员的英语水平，2016 年 11 月 22 日至 12 月 2 日，中国养蜂学会副理事长、福建农林大学蜂疗研究所所长缪晓青教授特邀著名培训专家 Potchanat samermit 对学员进行英语培训。

我会与亚洲蜂联、美国德克萨斯州立跨学科大学联合举办英语培训班（2016.11.22—12.2，福建福州）

十二 中—韩交流合作

韩国代表团来访中国养蜂学会密云基地（2017，北京）

十三 中—德交流合作

德国学者来访中国养蜂学会（2012.2.13，北京）

十四 中—加交流合作

　　加拿大蜂蜜委员会、加拿大魁北克拉瓦尔大学等一行来访中国养蜂学会，双方对两国蜂产业现状进行了交流，并对未来合作等方面达成共识。

第八章 海峡两岸

40 年来，海峡两岸蜂业交流与合作不断扩展，自 1990 年陈耀春司长接洽交流之后，1993 年台湾蜂业代表团（何鎧光教授首次领队）访问学会，2000 年正式启动"第一届海峡两岸蜜蜂生物学研讨会"（台湾）。几十年来，在海峡两岸蜂业同胞的共同努力下，研讨会由中国养蜂学会与台湾蜜蜂与蜂产品学会轮流在大陆、台湾召开，两岸蜂业的交流与合作日益加强，会议规模逐年扩大，已由第一届的"蜜蜂生物学研讨会"专题研讨，扩展至第十二届的"蜜蜂与蜂产品高峰论坛"，涵盖了养蜂业的各领域，论文数量与水平逐年上升，学术交流气氛愈加友好而热烈，进一步促进了两岸蜂业共同发展。截至目前，已成功召开了 12 次海峡两岸蜂业交流与合作会议，此外还开展了多次交流互访。

◎ 首届海峡两岸蜜蜂生物学研讨会（2000.11，台湾）

◎ 第二届海峡两岸蜜蜂生物学研讨会（2001.10，福州）

◎ 第三届海峡两岸蜜蜂生物学研讨会（2003.11，台湾）

◎ 第四届海峡两岸蜜蜂生物学研讨会（2004.11，武汉）

◎ 第五届海峡两岸蜜蜂与蜂产品研讨会（2006.10，台湾）

◎ 第六届海峡两岸蜜蜂与蜂产品研讨会（2007.8，昆明）

◎ 第七届海峡两岸蜜蜂与蜂产品研讨会（2009.10，台湾）

◎ 第八届海峡两岸蜜蜂与蜂产品研讨会（2010.8，甘肃）

◎ 第九届海峡两岸蜜蜂与蜂产品研讨会（2012.11，台湾）

◎ 第十届海峡两岸蜜蜂与蜂产品学术研讨会暨首届全国蜂产品产业高峰论坛（2013.11，扬州）

◎ 第十一届海峡两岸蜜蜂与蜂产品研讨会（2016.8，台湾）

◎ 第十二届海峡两岸蜜蜂与蜂产品高峰论坛（2018.9，西安）

海峡两岸蜂业交流合作 ▶▶▶

时　间	地　点	内　容
1990 年		
7 月	北京	台湾养蜂协会考察团（36 人）首次踏上访问大陆养蜂业，中国养蜂学会理事长陈耀春会见并宴请
1993 年		
9 月	北京	台湾大学何鎧光教授率团（30 人）赴北京出席中国养蜂学会与农业部共办的第 33 届 APIMONDIA 国际养蜂大会暨博览会，并专程拜访中国养蜂学会洽谈交流合作
2000 年		
11 月	台北	我会顾问龚一飞教授率团（7 人）出席在台举办的"首届海峡两岸蜜蜂生物学会议"
2001 年		
10 月 15—22 日	福州	我会与福建省养蜂学会、福建农林大学、福建省台办、福建蜂疗研究所共办的"第二届海峡两岸蜜蜂生物学会议"在福州召开，交流论文 31 篇，并对海峡两岸蜂业交流合作进行了磋商
2003 年		
11 月	台湾	农业部畜牧业司邓荣臻、我会理事长张复兴为团长的大陆蜂业代表团（共 9 人）赴台出席"第三届海峡两岸蜜蜂生物学研讨会"，交流论文 12 篇，并参访台湾蜂业
2004 年		
11 月 10—13 日	武汉	我会主办的"第四届海峡两岸蜜蜂生物学研讨会"在武汉召开，会员代表 96 人、台湾代表 36 人，交流论文 48 篇，并参访大陆蜂业
2006 年		
10 月 19—28 日	台湾	我会与台湾蜂业共办的"第五届海峡两岸——蜜蜂与蜂产品研讨会"在台湾召开，我会理事长张复兴率大陆蜂业代表（17 人）赴台出席会议，交流论文 24 篇，并参访台湾蜂业
10 月 23 日	台北	访台期间，我会大陆蜂业代表团 17 人出席"2006 国际蜂胶学术研讨会"交流两岸蜂胶现状与发展
2007 年		
8 月 13—15 日	昆明	我会与台湾蜂业共办的"第六届海峡两岸——蜜蜂生物学与蜂产品研讨会"在云南昆明召开。农业部畜牧业司、云南省台办领导莅临会议。会员代表 139 人、台湾代表 36 人，交流论文 36 篇，并参访大陆蜂业
2008 年		
6 月 29 日	台湾	我会组织大陆蜂业代表团企业团，委任薛运波副理事长为团长，一行 14 人，赴台出席"海峡两岸养蜂产业发展论坛"交流活动，并参访台湾蜂业

时 间	地 点	内 容
2009 年		
10 月 28 日 至 11 月 11 日	台 湾	我会与台湾蜂业共办"第七届海峡两岸 ——蜜蜂与蜂产品研讨会"在台湾召开，张复兴理事长率大陆代表团（19 人）赴台出席会议，交流论文 15 篇，并参访台湾蜂业
12 月 12—15 日	海 南	张复兴理事长应邀出席"2009 年两岸四地农业合作论坛"，并作"海峡两岸蜂业合作发展与展望"报告，拓展海峡两岸蜂业发展
2010 年		
8 月 12—13 日	甘 肃	我会与台湾蜂业共办的"第八届海峡两岸蜜蜂与蜂产品研讨"在甘肃省天水市召开。会员代表 223 人、台湾代表 55 人，交流论文 34 篇，交流 27 篇，并参访大陆蜂业
2011 年		
11 月 7 日	北 京	我会接待台湾彦臣生技药品股份有限公司副总经理陈嘉南来访，邀请赴台出席 12 月 5 日的台湾学术论坛并就磋商今后的海峡两岸蜂业交流与合作
2012 年		
11 月 15—24 日	台 湾	我会与台湾蜂业共办的"第九届海峡两岸蜜蜂与蜂产品研讨会"在台湾召开，吴杰理事长率大陆代表团（14 人）赴台出席会议，交流论文 19 篇，并参访台湾蜂业
2013 年		
11 月 4—5 日	场 州	我会与台湾蜂业共办的"第十届海峡两岸蜜蜂与蜂产品学术研讨会暨首届全国蜂产业高峰论坛"在扬州召开，200 余人出席，交流论文 73 篇，并参访大陆蜂业
2016 年		
8 月 22—28 日	台 湾	我会与台湾蜜蜂与蜂产品学会、台湾养蜂协会共办的"第十一届海峡两岸蜜蜂与蜂产品研讨会"在台湾召开。陈黎红副理事长兼秘书长率大陆代表团（17 人）出席会议，交流论文 22 篇，并参访台湾蜂业
2018 年		
9 月 15—16 日	西 安	我会与台湾蜜蜂与蜂产品学会、西北大学共办的"第十二届海峡两岸蜜蜂与蜂产品高峰论坛"暨"首届中国西安（蓝田）秦岭中蜂扶贫产业发展论坛"在西安召开。农业农村部畜牧兽医局左玲玲处长、中国工程院院士、中国检验检疫科学研究院庞国芳研究员等莅临致辞。会员代表 260 人、台湾代表 16 人，交流论文 41 篇，并参访大陆蜂业
11 月 8—9 日	北 京	我会与台湾养蜂协会在北京携手启动"首届海峡两岸蜂产业交流合作"，会员代表 600 人、台湾代表 13 人，并参访大陆蜂业

辉煌四十载 奋斗新时代
——中国蜂业：不忘初心 砥砺前行

首届海峡两岸蜜蜂生物学研讨会

（2000 年 11 月，台湾）

第二届海峡两岸蜜蜂生物学研讨会

（2001 年 10 月，福州）

第三届海峡两岸蜜蜂生物学研讨会

（2003 年 11 月，台湾）

张复兴代表大陆向何铠光教授为代表的台湾主办方赠送礼品

第四届海峡两岸蜜蜂生物学研讨会

（2004年11月，武汉）

第五届海峡两岸蜜蜂与蜂产品研讨会

（2006年10月，台湾）

第六届海峡两岸蜜蜂与蜂产品研讨会

（2007年8月，昆明）

海峡两岸养蜂业发展论坛

（2008年6月，台湾）

以薛运波副理事长为团长的大陆代表团考察台湾生态蜜蜂农场

第七届海峡两岸蜜蜂与蜂产品研讨会

（2009 年 10 月，台湾）

第八届海峡两岸蜜蜂与蜂产品研讨会

（2010 年 8 月，甘肃）

第九届海峡两岸蜜蜂与蜂产品研讨会

（2012年11月，台湾）

中国养蜂学会向台湾蜜蜂与蜂产品学会赠送礼品并合影留念
（右七：何铠光教授；右八：陈裕文理事长；左七：安奎教授；左八：吴杰理事长）

中国养蜂学会理事长吴杰研究员致辞

台湾蜂业前辈何铠光教授致辞

代表团参访蜜蜂故事馆

代表团参访蜜蜂生态园

第十届海峡两岸蜜蜂与蜂产品学术研讨会
暨首届全国蜂产品产业高峰论坛

（2013年11月，扬州）

吴杰理事长
讲话

张复兴名誉理事长
讲话

宋晓春局长
讲话

陈国宏校长
讲话

何铠光教授
讲话

陈裕文理事长
讲话

张复兴名誉理事长受聘台湾学会

吴杰理事长受聘台湾学会

缪晓青副理事长受聘台湾学会

主题报告

主持人：何铠光 张复兴

吴杰研究员　　陈裕文教授　　胡福良教授　　杨恩诚教授

特邀报告

主持人：胡福良　杨恩诚　　　　主持人：吴　杰　陈裕文

胥保华教授　招衡教授　曾志将教授　周婷研究员　陈嘉男博士　缪晓青教授　和绍禹教授

江敬皓教授　李建科研究员　吴黎明研究员　苏松坤教授　孙丽萍研究员　林福源教授　曹炜教授

蜂产业论坛

主持人：缪晓青 王重雄　　　　　　　主持人：胥保华 赵上生

张复兴研究员　宋心仿所长　刘进祖研究员　陈裕文教授　李熠研究员　丁涛研究员

王文洋董事长　古有源秘书长　陈明虎总经理　邵兴军董事长　金水华总经理

研究生报告

主持人：张世扬 曾志将　　　　　　　主持人：彭及忠 古有源

"关爱蜜蜂 保护地球"倡导活动

海峡两岸代表合影

第十一届海峡两岸蜜蜂与蜂产品研讨会

（2016年8月，台湾）

海峡两岸代表合影

致 辞

台湾蜜蜂与蜂产品学会理事长杜武俊致辞

台湾养蜂协会理事长江顺良致辞

台湾大学何铠光教授致辞

中国养蜂学会副理事长兼秘书长
陈黎红代表大陆蜂业代表团致辞

中兴大学农业暨自然资源
学院院长陈树群致辞

中国养蜂学会向何铠光教授
赠牌匾

中国养蜂学会向台湾蜜蜂与
蜂产品学会赠牌匾

中国养蜂学会向台湾养蜂协会
赠牌匾

特邀报告

主持人

台湾何鎧光教授

陈黎红研究员

演讲者

李建科研究员

台湾陈裕文教授

台湾安奎教授

学术报告

蜜蜂所孙丽萍研究员

台湾彭及忠教授

安徽农业大学余林生教授

台湾江敬晧教授

《中国蜂业》方兵兵
副研究员

台湾赵荣台研究员

台湾徐锦源教授

中国养蜂学会蜂产品
专委会主任、蜜蜂所
张红城副研究员

扬州大学吉挺教授

台湾蔡明宪老师

台湾陈柏融负责人

台湾陈怡伶教授

大陆代表团参访台湾意蜂养蜂场并交流经验

参访台湾宏基蜜蜂生态园

参访台湾蜜蜂故事馆

参访台湾蜂机具企业

参访台湾蜜蜂文化专卖店

中蜂交流座谈

海峡两岸专家针对中蜂的发展现状、养蜂技术等问题进行了座谈交流，达成共识携手研究中蜂蜂蜜特色品质，并建立中蜂相关标准，这是大陆代表首次参访台湾中蜂。

参访台湾中蜂蜂场

第十二届海峡两岸蜜蜂与蜂产品高峰论坛

（2018年9月，西安）

农业农村部畜牧兽医局左玲玲处长致辞

中国工程院院士、中国检验检疫科学研究院
庞国芳研究员致辞

台湾蜜蜂与蜂产品学会
杜武俊理事长致辞

中国养蜂学会吴杰理事长致辞

中国农业科学院蜜蜂研究所
王加启所长致辞

会议现场

签约

辉煌四十载 奋斗新时代
——中国蜂业：不忘初心 砥砺前行

海峡两岸互赠礼物

展览展示

合影留念

首届海峡两岸蜂产业交流合作

（2018年11月，北京密云）

海峡两岸对话沙龙

首届海峡两岸蜂产业交流合作

364 画说中国养蜂学会 40周年

第九章　重要会议

40 年来，中国养蜂学会以开展学术交流为基本任务，以科技创新驱动产业发展，开创了很多的第一次交流会议，坚持举办每年一届的全国蜂产品市场信息交流会暨博览会（后更名为"中国蜂业博览会暨全国蜂产品市场信息交流会"）、每两年一届的 21 世纪全国蜂业科技与蜂产业发展大会，携手各省主办专题研讨会、科技论坛，同时，学会、分支机构从自身特点出发举办了形式多样的学术活动，对蜂业科技发展发挥着重要的促进作用。

◎ 发起"全国蜂产品市场信息交流会暨中国蜂业博览会"（1987 年）

◎ 第 33 届 APIMONIDA 国际养蜂大会暨博览会（1993 年）

◎ 全国会员代表大会（1999 年，每 5 年一次）

◎ 第 9 届 AAA 亚洲养蜂大会暨博览会（2008）

◎ 中国养蜂学会 30 周年大会（2009 年）

◎ APIMONDIA 国际蜂疗大会（2012 年）

◎ "21 世纪首届全国蜂业科技与蜂产业发展大会"（2014 年，每 2 年 1 次）

◎ 蜜蜂文化节 / 花节（2012 年，每年多次）

◎ 蜜蜂嘉年华（2015 年，每 2 年 1 次）

◎ "一带一路"国际蜂业论坛（2016 年，每 2 年 1 次）

◎ "5·20 世界蜜蜂日"（2016 年，每年 1 次）

◎ 中国农民丰收节——蜜蜂丰收节（2018 年 9 月，每年 1 次）

◎ 首届全国蜜蜂授粉产业发展大会暨 10 周年 /40 周年纪念活动（2019 年）

◎ 中国养蜂学会周年活动掠影

◎ 中国养蜂学会理事长办公会掠影

◎ 中国养蜂学会常务理事会掠影

◎ 中国养蜂学会理事会掠影

◎ 中国养蜂学会各领域分支机构活动掠影

◎ 携手各省主办会议掠影

◎ 其他全国会议掠影

一 全国蜂产品市场信息交流会暨中国蜂业博览会

中国养蜂学会发起"全国蜂产品市场信息交流会暨中国蜂业博览会"回顾

> 1987年，中国养蜂学会关于召开"全国蜂产品市场分析会事宜"的请示，经报上级，获得批准。

> 1988年，中国养蜂学会在江苏无锡正式召开"首届全国蜂产品市场信息分析会"。8个省市14个单位的25名代表出席，会议回顾了近年来我国蜂产品市场情况，并对蜂产品生产、加工、购销以及质量等问题进行了探讨与分析。

> 1989年，中国养蜂学会在湖北武汉召开"第二届全国蜂产品市场信息分析会"，13个省市42个单位的52名代表出席，会议对上年和当年蜂产品供求市场进行了分析和预测。

> 1990年，中国养蜂学会在浙江杭州召开"第三届全国蜂产品市场信息分析会"，24个省市165名代表出席，会议总结了上年国内外蜂产品市场情况，预测了当年形势，还根据行业现状及特点向国家有关主管部门及相关单位提出了几项合理化建议。

> 1992年，中国养蜂学会在四川乐山会上，将会议名称更名为"全国蜂产品市场信息交流会"。

> 2001年，中国养蜂学会提出，以后由中国养蜂学会与蜂产品协会轮流主办，承办单位由拟申请承办者竞争取得。论文集仍由中国养蜂学会负责组织与审阅。

> 2006年，中国养蜂学会在山东济宁会上，将会议名称更名为"中国蜂业博览会暨全国蜂产品市场信息交流会"。

"中国蜂业博览会暨全国蜂产品市场信息交流会"，每年一届，至今已举办了22届。参会人数由开始的几十人、上百人、数百人，发展到现在的上千人；会议议题在原来蜂产品市场分析、预测等方面的基础上增加了蜂蜜、蜂胶、蜂花粉、蜂王浆等各领域分论坛；论文数量和质量从原来几篇、几十篇到目前上百篇；博览从无到有，且逐年扩大；等等，都有了飞跃的发展。我们将努力为我国蜂业同仁提供更好的服务，为我国蜂业健康可持续发展做出应有的贡献。

中国养蜂学会召开首届全国蜂产品市场分析会

（1988.3.29—30，江苏无锡）

1991 年全国蜂产品市场分析会

（1991.3.21—23，云南昆明）

1995 年全国蜂产品市场信息交流会

（1995.3.15—18，四川都江堰）

1997 年全国蜂产品市场信息交流会

（1997.3.4—6，北京）

1998 年全国蜂产品市场信息交流会

（1998.3.11—14，浙江杭州）

2000 年全国蜂产品市场信息交流会

（2000.3.4—6，安徽合肥）

2002 年全国蜂产品市场信息交流会

（2002.3.13—15，湖北武汉）

2012 年全国蜂产品市场信息交流会暨博览会

（2013.3.9—12，江苏盱眙）

2013 年全国蜂产品市场信息交流会暨博览会

（2013.3.10—12，上海浦东）

2014 年全国蜂产品市场信息交流会暨博览会

（2014.2.19—20，黑龙江哈尔滨）

2015 年全国蜂产品市场信息交流会暨博览会

（2015.3.19—21，广东广州）

2016 年中国蜂业博览会暨全国蜂产品市场信息交流会

（2016.3.26—28，山东济宁）

2017 年中国蜂业博览会暨全国蜂产品市场信息交流会

（2017.3.25—27，湖北潜江）

2018 年中国蜂业博览会暨全国蜂产品市场信息交流会

（2018.3.10—11，江西南昌）

农业部畜牧业司官员、中国养蜂学会理事长等
领导参观博览

中国养蜂学会秘书长参观博览

交流会现场

2019年中国蜂业博览会暨全国蜂产品市场信息交流会

（2019.3.18—19，河南长葛）

二　21 世纪全国蜂业科技与蜂产业发展大会

21 世纪首届全国蜂业科技与蜂产业发展大会

（2014.11.4—6　中国　北京）

主题：跳出蜂箱看世界　中国蜂业当如何发展

——200 余人

2014 年 11 月 4—6 日，中国养蜂学会在北京启动"21 世纪首届全国蜂业科技与蜂产业发展大会"，来自 25 个省市蜂业代表 200 余人出席了会议。本届大会是 21 世纪以来，中国养蜂学会首次举办的蜂业综合学术论坛和产业发展论坛，是一次回顾 21 世纪以来我国蜂业科技成果、总结全国蜂业发展状况、展望中国蜂业未来发展前景的盛会。大会分为科技领域前沿与展望特邀报告、蜂产业发展特邀报告、学术报告和青年论坛，气氛热烈。农业部畜牧业司王宗礼司长和畜牧处左玲玲处长对大会寄予了厚望，并请陈黎红秘书长代读致辞。

大会着重探讨蜂业发展政策、蜜蜂授粉、育种、饲养、蜂病、蜂疗、蜂产品等领域的发展现状、科技前沿与展望。大会报告分析了各养蜂重点省的蜂业发展现状、存在的问题和发展前景。大会重视年轻学者的发展，邀请了青年学者和学生交流了自己的研究和调查成果。

开幕式（陈黎红秘书长主持会议）

主席台领导

中国养蜂学会理事长吴杰研究员致辞

蜜蜂所所长王加启研究员致辞

开幕式会场

特邀报告

"科技领域前沿与展望"报告

主持人：周玮副理事长、刘进祖副理事长

吴　杰
（授粉）

宋心仿
（法制与维权）

李建科
（生物学）

薛运波
（遗传育种）

胡福良
（蜂产品）

周冰峰
（饲养）

缪晓青
（蜂疗）

罗岳雄
（中蜂）

李　熠
（标准化）

曾志将
（蜜蜂级型分化）

胥保华
（蜜蜂营养）

苏松坤
（抗病良种）

蜂产业论坛

"养蜂重点省蜂业发展"报告

主持人：薛运波副理事长、胥保华副理事长

| 宋心仿 | 刘进祖 | 李小栋 | 王建文 | 陈润龙 | 林尊诚 |
| （山东） | （北京） | （江苏） | （四川） | （浙江） | （云南） |

| 张新军 | 王永康 | 许 政 | 程文显 | 吉进卿 | 赖淑华 |
| （湖北） | （重庆） | （广西） | （安徽） | （河南） | （湖南） |

| 高 清 | 牛庆生 | 吕焕明 | 王 彪 | 陈 渊 | 胡元强 |
| （黑龙江） | （吉林） | （陕西） | （宁夏） | （养蜂生产） | （合作社） |

学术报告

主持人：缪晓青副理事长、罗岳雄副理事长

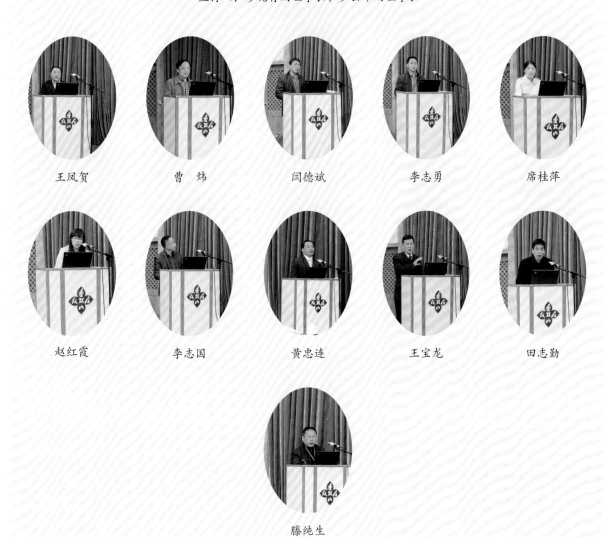

| 王凤贺 | 曹炜 | 闫德斌 | 李志勇 | 席桂萍 |

| 赵红霞 | 李志国 | 黄忠连 | 王宝龙 | 田志勤 |

滕纯生

辉煌四十载 奋斗新时代
——中国蜂业：不忘初心 砥砺前行

青年论坛

主持人：胥保华副理事长、苏松坤副秘书长

学生报告

21世纪第二届全国蜂业科技与蜂产业发展大会

（2016.11.3—5　中国　北京）

主题：科技创新　驱动蜂业发展

——600余人

　　11月3—5日，中国养蜂学会与中国农业科学院蜜蜂研究所共同在北京主办"21世纪第二届全国蜂业科技与蜂产业发展大会"，来自斐济、澳大利亚、英国、瑞士、日本、韩国、中国台湾地区以及全国30个省市蜂业代表600余人出席了会议。本次大会以学术及产业发展报告与交流为主，回顾了"十二五"我国蜂业科技创新成果、总结了全国蜂业发展状况、展望了"十三五"中国蜂业发展前景，是一次国际大型盛会。大会受到国内外嘉宾的关注与青睐。农业部畜牧业司畜牧处左玲玲处长莅临致辞，斐济大使关注蜜蜂并莅临讲话。

　　大会重点对蜜蜂授粉、生物、育种、饲养、蜂病、蜂疗、蜂产品、质量安全等领域的科技发展现状与前景以及相关政策制度做了报告，分享了蜂业科技研究的最新进展，探讨了蜂业科技和蜂产业发展的未来。大会分析交流了各养蜂重点省蜂业发展现状、存在的问题和发展前景。大会特设7个专题论坛，让每位参会者都有机会汇报分享自己的科研成果。

　　大会还创办了"首届中国蜂业大奖赛""蜂机具精品展"以及"蜜蜂文化秀"。来自全国的60余件产品参加了大奖赛评选；50余家蜂机具企业展出了蜂机具精品；蜜蜂文化专委会展出了30多件精美图书、字画等文化产品。

　　大会评选了多个奖项，包括特邀报告、优秀论文、优秀学生报告、优秀志愿者等，其中蜂业大奖赛评选出了包括蜂蜜、蜂产品、蜂机具、日化、蜜蜂文化等十余个奖项，并为获奖者颁发了证书以及奖杯。

　　大会以"科技创新"为支点，为我国蜂业科技发展、助推产业转型升级提供了重要依据和思路，得到了与会专家学者和企业的热烈欢迎和高度肯定。

大会会场

大会开幕式

农业部畜牧业司左玲玲处长致辞

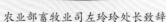

中国养蜂学会理事长吴杰研究员致辞并作《蜂体系"十二五"工作回顾与"十三五"工作展望》报告

中国农业科学院蜜蜂研究所所长王加启研究员致辞并作《创新工程与科技发展》报告

斐济大使感慨讲话

中国养蜂学会副理事长、山东东营蜜蜂研究所所长宋心仿研究员讲话并作《我国养蜂机械化现状与思考》报告

主持人：陈黎红秘书长

特邀报告

主持人：胥保华副理事长

中国检验检疫科学研究院李立研究员——《成熟蜜认证制度探索》

台湾陈裕文教授——《利用气相层析－离子泳动光谱分析技术（GC-IMS）》

中国养蜂学会副理事长、浙江大学胡福良教授——《快速鉴别蜂蜜的蜜源与产地》

澳大利亚 Dr.Ken Moore——《Australian beekeeping industry, apicultural research and new standards for bee biosecurity》

台湾陈怡伶教授——《无蛰蜂抗发炎及预防摄护腺癌之相关研究》

中国养蜂学会生物学专委会主任、蜜蜂所李建科研究员——《我国蜂王浆高产蜜蜂蜂王浆高产机理和蜂王浆蛋白质组研究进展》

会议现场

科技报告

主持人：薛运波副理事长

台湾彭及忠教授
——《蜂王浆抗菌胜肽 royalisin 的开发与应用》

中国养蜂学会副理事长、
山东农业大学胥保华教授
——《蜜蜂营养与健康研究进展》

中国养蜂学会副秘书长、福建农林
大学苏松坤教授——《蜜蜂优质
高产抗病育种技术的研究》

中国养蜂学会标委会主任、
蜜蜂所李熠研究员
——《蜂蜜品种鉴别的研究进展》

信息所赵芝俊研究员
——《我国梨树授粉面临的困境与
破解对策》

中国养蜂学会蜜源与授粉专委会
秘书、蜜蜂所李继莲研究员
——《熊蜂肠道微生物研究进展》

产业报告（一）

主持人：周锋铭副秘书长

浙江：林宇清
——《加快转型升级，推进
蜂业发展》

同仁堂：孙　峰
——《品质驱动创新，品牌
赢得市场》

先正达：孙津安
——《先正达绿色增长计划
促进蜜蜂产业发展》

朗道：梁　静
——《欧洲蜂产品安全报告
和行业新技术》

山东：李有志
——《山东省养蜂业现状与
发展前景》

重庆：王永康
——《重庆蜂业现状分析及
发展思考》

江苏：吉　挺
——《江苏省蜂产业现状及
发展规划》

产业报告（二）

主持人：缪晓青副理事长

浙江：沈绍平
——《尝遍百花寻蜜粉，酿得琼浆福万家》

黑龙江：赵　炜
——《黑龙江养蜂生产情况》

北京：刘进祖——《北京市蜂产业"十三五"发展战略与设想》

广东：罗岳雄
——《中蜂产业发展论坛》

新疆：刘世东
——《健康发展的新疆蜂业》

山东：姜风涛
——《蜂业科技促进山东产业发展》

陕西：曹　炜——《立足西部，面向全球——陕西蜂业的发展机遇与挑战》

安徽：张柏林
——《"十三五"安徽省蜂产业发展战略与设想》

广西：秦汉荣
——《广西蜂业现状与可持续发展对策》

河南：杨宝科
——《强化质量安全　推进蜂产业转型升级》

专题会议

蜜源与授粉

蜜蜂生物学

蜜蜂饲养与装备、蜂业经济

蜜蜂育种与蜂疗

蜂病防治

蜂产品加工

蜂产品质量安全

21世纪首届中国蜂业大奖赛

中国养蜂学会创办了"首届中国蜂业大奖赛"，集中展示了我国优秀蜂产品、蜂机具、蜜蜂文化以及创新科技等，为参会代表搭建了高效友好的交流平台。大会评委会严格按标准打分评出优秀蜂产品、优秀蜂机具、优秀蜜蜂文化。

● 优秀蜂产品类共12个：

蜂蜜（含巢蜜）类一、二、三等奖各3个；日化与化妆品类一、二、三等奖各1个。

● 优秀蜂机具类共43个：

摇蜜机类一等奖1个、二等奖8个、三等奖1个；蜂箱类一等奖2个、二等奖3个、三等奖5个；巢础机类一等奖2个、二等奖5个、三等奖6个；小蜂具类一等奖1个、二等奖3个、三等奖2个；包装创新类一等奖1个；其他类一等奖1个、三等奖2个。

● 优秀蜜蜂文化类共20个：

蜜蜂摄影一、二等奖各1个；蜜蜂影像类一、二等奖各1个，三等奖2个；蜜蜂书籍类一、二、三等奖各1个；蜜蜂邮票类一、二等奖各1个；蜜蜂工艺品类一、二等奖各1个；蜜蜂绘画类一等奖1个；蜜蜂雕塑类一、二、三等奖各1个；蜜蜂创新一等奖2个、二等奖1个。

博览展示区

21 世纪第三届全国蜂业科技与蜂产业发展大会

主题：发展蜜蜂产业　共筑生态家园

——近千人

全国蜂业科技与蜂产业发展大会，是由中国养蜂学会发起，在业界备受瞩目的大会，是 21 世纪推动蜂产业转型升级的重要会议，是促进科技创新驱动产业发展的重要会议，是充分展示蜂业领域科技发展现状、前沿与前景的重要会议，是践行"绿水青山就是金山银山"、实施"乡村振兴战略"的重要会议。

负旭江站长致辞

2018 年 11 月 7—9 日，由中国养蜂学会、国家优质蜂产品科技创新联盟及北京市密云区人民政府共同主办，北京市蚕蜂管理站、密云区园林绿化局、密云区科学技术委员会承办的"21 世纪第三届全国蜂业科技与蜂产业发展大会及全国蜂业大奖赛暨首届北京密云蜂产业发展高峰论坛"在北京密云隆重召开。本次大会主题为"发展蜜蜂产业，共筑生态家园"。农业农村部全国畜牧总站负旭江站长、北京市密云区夏林茂书记、中国养蜂学会吴杰理事长、中国农业科学院院办副主任、国家优质蜂产品科技创新联盟理事长杨永坤、台湾养蜂协会郑金崑理事长莅临大会并致辞。来自各省蜂业行业领导、专家、学者、企业家和养蜂人共千余人出席了会议。会场座无虚席，全国蜂业界人士齐聚一堂，共襄蜂产业发展盛举。

吴杰理事长致辞

杨永坤副主任讲话　　　郑金崑理事长讲话

陈黎红副理事长兼秘书长主持会议

开幕式

领导共铸镏金台

特邀报告

王运浩主任

大会邀请了农业农村部绿色食品中心王运浩原主任作"绿色农业与品牌建设"特邀报告、农业农村部农技中心处长杨普云处长作"绿色防控与蜜蜂授粉"特邀报告、农业农村部首届农民丰收节"100个特色村庄推选"活动办公室魏登峰常务副主任作"做强蜂产业，助力实现新时代人民的美好生活"特邀报告、北京市园林绿化局于庭满局长作"密云蜂产业发展"特邀报告、国家农业信息化工程技术研究中心吴华瑞主任作"智慧蜂业管理平台设计与实践"特邀报告。

杨普云处长

大会学术论坛展示了我国蜂产业最高的学会水平，针对目前蜂产业的焦点问题、前沿科研成果，邀请了全国最权威的蜂产业各领域专家作主题报告。前人大代表宋心仿作"蜂业法规政策解读"报告、胡福良教授作"基于蜂源性成分的中蜂蜜与西蜂蜜鉴别研究"报告、李建科研究员作"我国蜂王浆的品质提升策略"报告、台湾郑金崑理事长作"台湾蜂蜜评鉴制度"报告、胥保华教授作"蜂巢内的蜂粮与环境需求"报告、石巍研究员作"我国蜜蜂种质资源评价技术体系的建立和最新成果"报告、吴黎明研究员作"蜂蜜溯源特征标记物研究进展"报告、张红城副研究员作"科技创新，提升蜂产品附加值"报告。此外，中国养蜂学会各专委会举办的各领域专题会议也同时召开，包含蜜蜂授粉、蜜蜂生物学、蜜蜂育种、蜜蜂保护、蜜蜂饲养、蜜蜂标准化生产、蜂产品、蜜蜂经济、中蜂协作、蜜蜂机具、蜜蜂文化及蜜蜂科普领域。大会对各专题会议上优秀论文及优秀学生报告进行了表彰。

魏登峰主任

　　第三届全国蜂业大奖赛也在万众瞩目中圆满结束，大奖赛分为蜂产品、蜂机具、蜜蜂文化及创新产品等四大类，评委专家由各领域权威专家担任，经过对参赛品的严格评选，在确保公正公平的前提下，遴选出目前国内高品质、高水准的各类产品。中国养蜂学会蜂产品加工专业委员会主任张红城、蜂机具专业委员会主任王以真、蜜蜂文化专业委员会仇志强秘书长分别宣读各领域获奖名单。

吴杰理事长为蜂产品类获奖者颁证

胡福良副理事长为蜂产品类获奖者颁证

刘进祖副理事长为蜂产品类获奖者颁证

余林生副理事长为蜂产品类获奖者颁证

蜂机具类获奖者

蜜蜂文化类获奖者

三 中国养蜂学会周年庆典大会掠影

中国养蜂学会 30 周年庆典大会

中国养蜂学会成立 30 周年庆典大会（2010.3.9，武汉）

中国养蜂学会张复兴理事长致辞

农业部畜牧业司陈伟生司长致辞

中国养蜂学会陈黎红秘书长作汇报

金振明顾问致辞祝贺

张大隆副理事长宣读
"中国蜂业科技突出贡献奖"名单

王振山副理事长宣读
"中国蜂业贡献奖"名单

农业部畜牧业司陈伟生司长、全国畜牧总站郑友民站长、中国养蜂学会张复兴理事长等为荣获
"中国蜂业科技突出贡献奖""中国蜂业突出贡献奖""中国蜂业贡献提名奖"等个人和单位颁牌

中国蜂业科技突出贡献奖

中国蜂业突出贡献奖

中国蜂业贡献提名奖　　　　　　　　　中国养蜂学会新"基地"

葛凤晨教授发表获奖感言　　　　　　　　龚一飞教授发表获奖感言

中国养蜂学会 40 周年庆典大会

中国养蜂学会成立 40 周年庆典大会（2019.11.26，北京）

2019 年，是中华人民共和国成立 70 周年，是蜜蜂授粉"月下老人"作用重要批示 10 周年，是农业农村部全国蜂业"十四五"规划启动之年，也是中国养蜂学会成立 40 周年。11 月 26 日，"中国养蜂学会 40 周年"活动在北京友谊宾馆隆重举行。来自国内外嘉宾、专家、学者及养蜂者代表等共 500 余人出席了盛会。

中国农业科学院党组副书记、副院长、中国工程院院士吴孔明研究员，农业农村部畜牧兽医局陈光华副局长，农业农村部种植业司王建强处长，原农业农村部畜牧兽医司陈耀春司长，中国养蜂学会理事长、国家蜂产业技术体系首席科学家吴杰研究员，商务部中国食品土畜进出口商会戎卫东副会长，农业农村部全国农业技术推广服务中心王福祥副主任；中国检验检疫科学研究院庞国芳院士，中国农业科学院蜜蜂研究所副所长彭文君研究员，国际蜂联秘书长 Riccardo Jannoni-Sebastianini 先生，亚洲蜂联主席 Siriwat Wongsiri 先生，台湾蜜蜂与蜂产品学会理事长杜武俊教授，法国 THOMAS 公司 Eric Henry Biabaud 先生，先正达（中国）投资有限公司总监朱庆华

陈黎红副理事长兼秘书长主持会议

先生莅临开幕式并致辞，各位领导嘉宾对大会的顺利召开表示热烈祝贺。莅临会议的还有亚州蜂联前主席 Mitsuo Matsukai 先生，美国亚利桑那州州立大学 Osman Kaftanoglu 教授，日本埼玉养蜂株式会社清水俊友先生，台湾蜜蜂与蜂产品学会原理事长陈裕文教授，中国养蜂学会副理事长、副秘书长、专委会主任等。大会开幕式由中国养蜂学会副理事长兼秘书长陈黎红主持。

领导致辞

吴孔明院士致辞

陈光华副局长致辞

王建强处长致辞

吴杰理事长致辞

戎卫东副会长致辞

王福祥副主任致辞

庞国芳院士致辞

彭文君副所长致辞

国际蜂联秘书长致辞

亚洲蜂联主席致辞

杜武俊理事长致辞

朱庆华总监致辞

颁　奖

　　大会表彰奖励了全国蜂业终身成就奖 9 名、全国蜂业特殊荣誉奖 1 名、国际蜂业友谊奖 6 名、海峡两岸蜂业发展突出贡献奖 4 名、全国蜜蜂授粉特别贡献奖 1 名、全国蜂业突出贡献奖 16 名、全国蜜蜂授粉突出贡献奖 10 名、全国优秀授粉基地奖 7 家、全国蜂业突出贡献奖（科研 / 教育 17 名、管理推广 16 名、企业 / 合作社 / 养蜂者 14 名）、全国蜜蜂授粉突出贡献奖 10 名、全国优秀授粉基地 7 家、中国蜂业国际影响力（金奖 18 家、银奖 4 家、铜奖 5 家）、全国蜂业优秀"成熟蜜基地"奖 9 家、全国蜂业优秀"标准化基地"奖 9 家、全国蜂业优秀"蜜蜂文化基地"奖 9 家、全国蜂业优秀"繁育基地"奖 5 家、全国蜂业优秀之乡 12 家、美丽乡村及蜜蜂特色村庄 10 家、全国蜂业优秀科研 / 教育 / 管理 / 推广机构奖 6 家、全国养蜂精准扶贫示范县 8 家、全国蜂业优秀企业 10 家、全国蜂业优秀合作社 12 家、全国优秀养蜂者 14 名、"养蜂"百匠 10 名、全国蜂业杰出贡献荣誉奖 9 名。

全国蜂业终身成就奖

获得全国蜂业终身成就奖者：陈耀春、张复兴、陈世璧、杨冠煌、
张大隆、房柱、陈明虎、徐万林、诸葛群

国际蜂业友谊奖

获得国际友谊奖者：国际蜂联秘书长 Riccardo Jannoni-Sebastianini、亚洲蜂联主席 Siriwat Wongsiri、日本 MitsuoMatsukai、美国 Osmaen、日本清水俊友、法国 Eric Henry Biabaud

获得海峡两岸蜂业发展突出贡献奖者：何鎧光、杜武俊、陈裕文、安奎

全国蜜蜂授粉特别贡献

获得全国蜜蜂授粉特别贡献奖者：赵中华

全国蜂业突出贡献奖

获得全国蜂业突出贡献奖者：科研、教育者（17名），王　勇、吴黎明、薛运波、曾志将、缪晓青、胡福良、胥保华、余林生、王贻节、王凤贺、曹　炜、邵有全、徐祖荫、罗文华、张中印、滕跃中、高景林；管理、推广者（16名），王素芝、宋心仿、罗岳雄、刘进祖、林宇清、颜志立、谭宏伟、金水华、祁文忠、吕焕明、刘　强、田志勤、杨多福、杨启军、王　彪、邱汝民；企业、合作社、养蜂者（14名），孙津安、章征天、季福标、王以真、陈　静、陈昌卓、张敬群、于世宁、战立新、陈　渊、梁朝友、安传远、洪德兴、刘显武

嘉宾为庆典大会揭幕

学术报告

会上，吴孔明院士做"蜜蜂与生态"主旨报告，吴杰理事长做中国养蜂学会工作汇报。国内外专家、学者还交流了"蜜蜂授粉与绿色防控技术集成示范项目"进展情况；作物授粉与蜜蜂作为授粉昆虫的重要性；蜂业未来发展的主导思想；泰国大麻蜜蜂授粉的情况；蜜蜂为梨树、哈密瓜、向日葵授粉增产提质机理方面的研究进展；高科技授粉技术；法国蜂蜜市场及成熟蜂蜜生产和加工情况；先正达全球授粉行动多方受益的项目；蜜蜂授粉猕猴桃技术研究与应用情况；蜜蜂授粉助力绿色农业的重要性等。

会议期间，召开了"全国蜂业'十四五'发展规划座谈会"，各省代表积极发言，为全国蜂业"十四五"发展规划的顺利召开建言献策。

吴孔明院士做"蜜蜂与生态"主旨报告

展览展示

会议期间，展示了蜜蜂授粉、蜂业科技、成熟蜜基地、蜜蜂文化、蜂机具、国际荣誉等成就，受到与会者的关注与赞赏。

中国养蜂学会40周年庆典大会合影

四 中国养蜂学会理事长办公会掠影

农业部畜牧业司王俊勋司长亲临中国养蜂学会
理事长办公会

中国养蜂学会八届二次理事长办公会

中国养蜂学会理事长办公会

中国养蜂学会理事长扩大会议

中国养蜂学会六届四次理事长
办公会

中国养蜂学会六届十次理事长
办公会扩大会议

中国养蜂学会七届五次理事长
办公会

（版面有限，仅摘录部分照片）

五 中国养蜂学会常务理事会掠影

中国养蜂学会四届常务理事会

中国养蜂学会五届常务理事会

中国养蜂学会六届常务理事会

中国养蜂学会七届常务理事会

中国养蜂学会八届常务理事会

（版面有限，仅摘录部分照片）

六 中国养蜂学会理事会掠影

中国养蜂学会三届理事会

中国养蜂学会四届理事会

中国养蜂学会五届理事会

中国养蜂学会六届理事会

中国养蜂学会七届理事会

中国养蜂学会八届理事会

（版面有限，仅摘录部分照片）

七 中国养蜂学会各领域分支机构活动掠影

标委会学术研讨会

蜂机具及装备专业委员会成立大会

蜂疗学术研讨会

蜂业经济学术研讨会

蜜蜂产品、蜜蜂保护、蜜源授粉学术研讨会

蜜蜂科普委员会成立大会

蜜蜂文化研究会学术研讨会

蜜蜂育种学术研讨会

管理学术会议研讨会

（版面有限，仅摘录部分照片）

八 携手各省主办会议掠影

首届全国东北黑蜂论坛（黑龙江迎春）

中华蜜蜂产业发展大会（重庆彭水）

（版面有限，仅摘录部分照片）

中蜂产业科技发展论坛（湖北神农架）

新疆黑蜂产业发展论坛（新疆尼勒克）

黑龙江虎林国际蜂业合作论坛（黑龙江虎林）

（版面有限，仅摘录部分照片）

全国第五次养蜂学（协）会研讨联谊会

全国蜂产品科技创新合作平台座谈会

全国养蜂学会首次秘书长工作会议

中国养蜂学会蜂业综合学术报告会

（版面有限，仅摘录部分照片）

辉煌四十载 奋斗新时代
中国蜂业：不忘初心 砥砺前行

第十章　大事记

40 年来，中国养蜂学会风雨砥砺、春华秋实。学会在国家、农业农村部、民政部的正确领导下，在各部委的支持与关爱下，在全国业界同仁及广大蜂业工作者的支持与关爱下，艰辛努力、真诚奉献。学会积极履行桥梁纽带职责，始终以科技创新、服务"三农"为己任，让中国蜂业步入日新月异的快车道。回顾学会的 40 年，是建设成长的 40 年，是砥砺前行的 40 年，是创造辉煌的 40 年，是硕果累累的 40 年！展望未来，我们继续"创新、协调、绿色、开放、共享"的发展理念，发扬"奉献、创新、求实、团结、协作"的蜜蜂精神，在新的历史征程绽放新的梦想！

1978 年

◎ 9 月 6—9 日，农业部召开中国养蜂学会成立筹备会。中国农学会杨显东理事长、金善宝副理事长、农林部科教局臧成耀局长、畜牧总局韩一军副局长亲临会议指导。会议推选委员 19 人，马德风任筹委会主任。

1979 年

◎ 6 月 27—7 月 3 日，中国养蜂学会在北京市通县召开"中国养蜂学会成立大会暨学术报告会"，农业部朱荣副部长、杨显东副部长出席了会议并讲话。大会制定了中国养蜂学会章程，选举产生中国养蜂学会第一届理事会。举行了第一次理事会会议，选举了常务理事，并推选了理事长、副理事长和秘书长。马德风任中国养蜂学会理事长。

1980 年

◎ 5 月 7—12 日，中国养蜂学会派专家出席在遵义召开的"第四次南方主产区中蜂协作会议"，针对地区养蜂发展进行了谈论交流。

◎ 11 月 1—5 日，在江苏连云港召开"中国养蜂学会蜂产品利用讨论会"，会议期间成立"中国养蜂学会蜂疗专业组"（今天的蜂疗专委会）。

◎ 11 月 24—29 日，中国养蜂学会在吉林省延吉市召开"全国蜜蜂育种经验交流会"，制订了 1981—1985 年蜜蜂育种工作计划。

1981 年

◎ 9 月 21—26 日，中国养蜂学会领导出席在广西阳朔正式召开的"全国中蜂科技协作委员会第一次科技交流会"，围绕中蜂科技各领域进行了讨论交流。

◎ 11 月 15—20 日，在湖北武汉召开"中国养蜂学会年会暨学术讨论会"。会议回顾了蜂产品医药应用在我国协作研究的历史情况。会议还讨论通过了中国养蜂学会 1981 年工作总结以及 1982—1985 年工作计划。

1982 年

◎ 7 月 2 日，在北京召开"中国养蜂学会在京常务理事会"。会议由理事长马德风主持，讨论和回顾了 1982 年工作，同时召开了蜂产品综合会议，完成办实验蜂场，会员登记等工作。

◎ 7 月 22—26 日，中国养蜂学会在江苏连云港召开"中国养蜂学会蜂产品资料编审和情报调研会议"，对调研方案及出版物编写制订了具体方案。

◎ 10 月 31—11 月 5 日，中国养蜂学会在安徽歙县召开"中国养蜂学会理事会暨学术讨论会"，总结学会一年来的工作，进行了学术交流，为蜂业发展建言献策。

1983 年

◎ 8 月 25—31 日，中国养蜂学会组团出席在匈牙利布达佩斯召开的"第 29 届国际养蜂大会"，马德风、范正友、牛丽华三位同志作为观察员出席会议。

◎ 11 月 2—6 日，中国养蜂学会在浙江省桐庐县召开"中国养蜂学会常务理事会扩大会议"。会议总结了学会成立 4 年来的工作，讨论了《中国养蜂学会章程》修改草案。

1984 年

◎ 5 月 15—19 日，中国养蜂学会马德风理事长出席在湖南长沙召开的"全国中蜂第二次科技协作经验交流会"，围绕中蜂科技各领域进行了讨论交流。

◎ 10 月 16—20 日，在北京召开"中国养蜂学会第二次全国会员代表大会和第二届一次理事会"。会议由马德风同志主持，常英瑜同志致开幕辞，农牧渔业部副部长肖鹏同志、中国科协副主席、中国农学会名誉会长杨显东同志、中央书记处研究室顾问于若木等同志到会祝贺并讲了话。会议重点讨论了学会 1985 年工作计划。

◎ 春节前夕，中国养蜂学会在北京召开了"在京理事、养蜂专家、科技人员新春座谈会"，同期召开了在京常务理事会，各领域专家共同研讨，共祝新年。

1985 年

◎ 5 月 8—11 日，在江苏省连云港市召开"中国养蜂学会蜂产品医疗学术研讨会"。会议由中国养蜂学会陈世璧副秘书长主持，总结了中国养蜂学会蜂疗专业组成立以来工作。

◎ 5 月 11 日，中国养蜂学会召开"中国养蜂学会第二届蜂产品医疗专委会"会议，推选房柱同志为蜂疗专业委员会主任，王维义任秘书。

◎ 10 月 16 日，中国养蜂学会组团参加在日本名古屋市召开的"第 30 届国际养蜂大会"。

◎ 12 月 13—15 日，在北京召开"中国养蜂学会常务理事会暨专题学术讨论会"。会议以蜂产品开发利用和蜜蜂为农业授粉增产为内容进行了讨论。

1986 年

◎ 3 月 20—22 日，中国养蜂学会在浙江杭州首次召开"全国省级养蜂学会、协会、研究会、学组秘书长工作会"，研究讨论了各省蜂业发展的方向。

◎ 10 月 21—25 日，中国养蜂学会在四川成都召开"中国养蜂学会常务理事会暨综合学术报告会"。会议认为，学会的重点工作应紧密结合生产，开展学术交流和咨询服务。会议决定设立四个工作委员会，分别为：学术工作委员会、科普工作委员会、科技咨询服务工作委员会及国际交流工作委员会。

◎ 11 月 3—15 日，中国养蜂学会在江苏连云港市举办"中国蜂产品质检技术讲习班"。

◎ 12 月 22—24 日，中国养蜂学会在四川省温江县召开首次"蜜蜂育种专题学术研讨会"，各专家针对目前科研现状及发展方向进行了探讨交流。

1987 年

◎ 4 月 13—23 日，中国养蜂学会在武陵山区举办"吕梁、雾灵山中蜂资源开发利用讲习班"。

◎ 6 月 5—21 日，应国家自然科学基金委员会邀请，法国养蜂代表团一行 4 人来我国访问，中国养蜂学会副理事长范正友、黄文诚、王吉彪会见了法国代表团成员，并就中法养蜂科技合作问题交换了意见。

◎ 8 月 19 —25 日，中国养蜂学会组团参加在波兰首都华沙召开的"第 31 届国际养蜂大会"，我国 8 个蜂疗产品获奖，本届大会授予"中国养蜂学会——蜂产品在医疗方面取得创新和成就特别金质奖"。

◎ 9 月 7—20 日，中国养蜂学会、北京市蜂产品协会、北京昆虫学会养蜂学组在北京共同举办"全国蜂产品质量检测技术讲习会"。

◎ 10 月 26—29 日，中国养蜂学会在江西省九江市召开"中国养蜂学会第二届理事会第二次会议"，会议总结了本年工作，并制订下年工作计划。

◎ 12 月 6 日，在中国农学会、中国养蜂学会鼓励指导下，四川省武陵山区中心酉阳土家族自治县，成立酉阳县养蜂协会。

1988 年

◎ 3 月 29—30 日，中国养蜂学会在无锡正式启动"首届全国蜂产品市场分析会"，对目前蜂产品市场现状进行了深入分析，知名厂家和经营单位参加了分析会。

◎ 4 月 24 日，中国养蜂学会在北京召开"中国养蜂学会常务理事会"，总结本年工作，制订明年工作计划。

◎ 5 月 25 日，中国养蜂学会在北京国际俱乐部为在波兰举办的第 31 届国际养蜂大会获奖的八种蜂产品，举行了隆重的颁奖仪式。

◎ 11 月 3—5 日，中国养蜂学会在江苏省无锡市召开综合学术报告会，期间召开了常务理事会会议、第二次全国养蜂学（协）会秘书长工作会议、团体会员单位代表座谈会。对本年度工作进行了总结，并认真听取了各代表的建议。

1989 年

◎ 3 月 15—17 日，中国养蜂学会在武汉召开"第二届蜂产品市场分析座谈会"，对目前蜂产品市场现状进行了深入分析。

◎ 3 月 28—29 日，中国养蜂学会在北京进行第二次优秀蜂产品评选活动。

◎ 5 月 12 日，中国养蜂学会邀请美国西南部生物研究所杰斯丁·休米特博士在北京中国农业科学院养蜂研究所作"美国及西欧蜂产品的研究和开发"的报告。

◎ 10 月 22—28 日，中国养蜂学会组团一行 22 人参加在巴西里约热内卢举办的"第 32 届国际养蜂大会暨养蜂博览会"，中国有 40 多种蜂产品集体获金奖。大会还通过无记名投票方式表决，第 34 届国际养蜂会议将于 1993 年在中国北京举行。

◎ 11 月 21—23 日，中国养蜂学会在湖北省武汉市召开"中国养蜂学会第三次全国会员代表大会"和"第三届理事会一次会议"，会议总结工作的同时制订了下步工作计划。

1990 年

◎ 4月，中国养蜂学会在四川召开"中国养蜂学会蜂保专业委员会成立大会"，会议选举冯峰研究员任主任委员。

◎ 5月31日，在海峡两岸隔绝了40年以后，台湾省养蜂协会考察团一行36人首次踏上大陆参观考察蜂业，中国养蜂学会理事长陈耀春会见并宴请该团主要成员。中国养蜂学会副理事长、蜜蜂所所长金振明向他们介绍了大陆养蜂科研和生产情况，并探讨了蜂王浆统一价格问题。

◎ 7月26日，中国养蜂学会理事长陈耀春、副理事长黄文诚等有关方面负责人，会见了南朝鲜养蜂协会访问团一行11人，并进行了座谈。

◎ 9月5—7日，中国养蜂学会蜜蜂保护专业委员会冯峰主任参加了在比利时根特市召开的蜜蜂病理专业学术讨论会，并作了题为"慢性蜜蜂麻痹病地理分布、危害及防治研究"的学术报告。

◎ 11月19—22日，中国养蜂学会在山东省泰安市举行"中国养蜂学会蜂业综合学术报告会"。这次学术活动涉及了我国蜂业的各个领域，充分显示出我国蜂业所具有的跨行业、跨部门、多学科的重要性。

1991 年

◎ 1月24—26日，中国养蜂学会、中国农业科学院蜜蜂研究所和重庆市养蜂协会在四川重庆联合举办"现代养蜂生产技术讲习会"。

◎ 3月21—23日，中国养蜂学会在云南省昆明市召开"1991年蜂产品市场分析座谈会"对目前蜂产品市场现状进行了深入分析并进行了探讨。中国蜂产品协会参与共办。

◎ 6月7—9日，中国养蜂学会在北京召开"中国养蜂学会三届二次全体常务理事扩大会议"，总结了本年工作，并制订下年工作计划。

◎ 7月11—13日，中国养蜂学会为再次推出我国优秀蜂产品及其加工制品和各种养蜂用具参加南斯拉夫（原定，后取消）举办的第33届国际养蜂大会，在北京进行了第三次优秀蜂产品的评选活动。

◎ 8月12—13日，中国养蜂学会、中国孢粉学会、北京大学地质系、中国农业科学院蜜蜂研究所，于北京联合举办"蜂花粉资源开发利用讲习班"。

◎ 11月2—4日，中国养蜂学会在江苏省苏州市召开"中国养蜂学会第三届理事会第二次会议"，总结工作并制订下步工作计划。

1992 年

◎ 2月19日，中华人民共和国民政部签发中国养蜂学会一级社团资格证书（1979年成立）。

◎ 3月3—5日，中国养蜂学会在四川省乐山市召开"1992年全国蜂产品市场信息交流会"，中国蜂产品协会参与共办。

◎ 5月5日，应农业部邀请，国际养蜂者协会联合会主席波尔耐克、秘书长卡拉曼拉等4人来京考察第33届养蜂大会筹备情况。中国养蜂学会理事长、农业部畜牧业司司长陈耀春会见4位外宾。

1993 年

◎ 3月6—9日，中国养蜂学会在山东省烟台市召开"1993年全国蜂产品市场信息交流会"，数百名代表出席会议，各领域著名专家还作了学术报告。中国蜂产品协会参与共办。

◎ 6月26—28日，在无锡召开"中国养蜂学会蜂业经济专业委员会成立大会暨第一次专题学术研讨会"，围绕蜂业经济发展进行了讨论，并制订蜂业经济专委会工作计划。

◎ 9月22—26日，中国养蜂学会与农业部共同举办"第33届世界养蜂大会"。

1994 年

◎ 3月6—8日，中国养蜂学会在广州举办"1994年全国蜂产品市场信息交流会"，数百名代表出席会议，农业部领导莅临会议并指导，各领域著名专家还作了学术报告。中国蜂产品协会参与共办。

◎ 11月，中国养蜂学会在重庆举行中国养蜂学会第四届会员代表大会，通过了多项重大决议，确定了下步工作计划。

◎ 11月24日，中国养蜂学会在重庆召开"第一次蜂产品专业委员会会议"，围绕蜂产品领域进行了讨论，并制订蜂业经济专委会工作计划。

1995 年

◎ 1月13日，中国养蜂学会在北京召开"中国养蜂学会蜂产品专业委员会成立大会"，王振山当选主任委员。

◎ 3月15—18日，中国养蜂学会在四川省都江堰召开"1995年全国蜂产品市场信息交流会"，数百名代表出席会议，各领域著名专家还作了学术报告。中国蜂产品协会参与共办。

◎ 8月15—19日，中国养蜂学会组团参加在瑞士洛桑举行的"第34届国际养蜂大会"。

1996 年

◎ 3月20—23日，中国养蜂学会在河南济源市召开"1996年全国蜂产品市场信息交流会"，数百名代表出席会议，各领域著名专家还作学术报告。中国蜂产品协会参与共办。

◎ 4月21日，中国养蜂学会、中国农业科学院蜜蜂研究所、北京市蜂产品研究所等多家单位在京联合举办蜂业信息联谊会，蜂业相关单位领导在会上进行了亲切交谈。

◎ 4月24日，中国养蜂学会蜜蜂生物学专业委员会在昆明成立，选举匡邦郁教授为第一届主任。

◎ 10月5—10日，中国养蜂学会组团出席在越南召开的第三届亚洲养蜂大会。

◎ 11月9—10日，中国养蜂学会在河北省石家庄市召开"中国养蜂学会蜂疗保健暨蜂针学术研讨会"，来自各地蜂疗专家围绕领域发展、科技前沿进行了讨论。

1997 年

◎ 1月上旬，中国养蜂学会在北京召开"中国养蜂学会常务理事（扩大）会议"，总结工作并制订下步工作计划。

◎ 3月4—6日，在北京，中国养蜂学会召开"1997年全国蜂产品市场信息交流会"，数百名代表出席会议，各领域著名专家还作了学术报告。中国蜂产品协会参与共办。

◎ 3月8—9日，在北京召开"中国养蜂学会四届二次全体理事会"，听取相关建议、宣布下步工作计划。

◎ 9月1—6日，中国养蜂学会组团参加在比利时安特卫普市召开的"第35届国际养蜂大会暨博览会"。

◎ 11月6—20日，应美国加利福尼亚州凯思蜂场场长邹匀邀请，经农业部批准，由葛凤晨副理事长带队的中国养蜂学会考察团赴美国考察访问。

1998 年

◎ 3月11—14日，中国养蜂学会在杭州召开"1998年全国蜂产品市场信息交流会"，数百名代表出席会议，各领域著名专家还作了学术报告。中国蜂产品协会参与共办。

◎ 3月22—27日，中国养蜂学会组团出席在尼泊尔召开的第四届亚洲养蜂大会。

1999 年

◎ 3月，中国养蜂学会在上海召开"中国养蜂学会第四届五次在京常务理事扩大会议"，总结工作并制订下步工作计划。

◎ 3月19日，在上海召开"中国养蜂学会常务理事会及各省市养蜂学、协会秘书长会议"，总结工作并制订下步工作计划。

◎ 3月，中国养蜂学会在上海召开"1999年全国蜂产品市场信息交流会"，数百名代表出席会议，各领域著名专家还作了学术报告。中国蜂产品协会参与共办。

◎ 11月22—27日，中国养蜂学会在浙江江山召开中国养蜂学会第五次全国会员代表大会，召开五届一次常务理事会，总结工作并制订下步工作计划，进行换届、修订《章程》。并举办综合学术研讨会暨蜂具、蜂药、蜂产品博览会。同时，还隆重举办学会成立20周年庆典活动。

◎ 9月12—17日，中国养蜂学会组团出席在加拿大温哥华举办的"第36届国际养蜂大会"。

◎ 创办《国际蜂业信息》。

2000 年

◎ 3月4—6日，中国养蜂学会与中国蜂产品协会联合，在安徽合肥召开"2000年全国蜂产品市场信息交流会"。开幕式由我会副理事长陈世璧主持，我会理事长致开幕辞，400余位代表出席了会议，收到论文27篇，其中9篇论文获优秀论文奖。

◎ 3月6日，中国养蜂学会在安徽合肥召开"中国养蜂学会第五届二次常务理事会"。会议讨论通过了1999年工作总结及2000年工作计划；通过了新制定的"中国养蜂学会会议规定""中国养蜂学会财务规定""中国养蜂学会各专业委员会管理规定"，进一步规范学会管理。

◎ 3月19—25日，中国养蜂学会率中国蜂业代表团60人，赴泰国清迈出席"第5届亚洲养蜂大会暨博览会"，中国展台3个，入选论文28篇。此次会议，张复兴理事长荣获亚洲蜂联（AAA）副主席席位，同时获"为亚洲蜂业作出突出贡献的专家奖"。中国蜂蜜产品获3个"三等奖"、3个"好产品"奖。

◎ 5月6日，中国养蜂学会常务副秘书长陈黎红会见意大利同仁，洽谈互访合作事宜。我会决定委派养蜂技术人员——浙江大学动科院苏松坤先生前往意大利泰塔曼提（TETTAMATI）养蜂考察并进行养蜂技术交流，启动中—意合作。

◎ 11月29—12月2日，中国养蜂学会与德国联合在北京召开"中—德蜂蜜合作项目研讨会"，全国蜂业各省代表 30 多人参加学习欧盟的蜂蜜法律法规以及对蜂蜜进口的要求。

◎ 建议修改《养蜂暂行规定》。

2001 年

◎ 3 月 6—8 日，中国养蜂学会与中国蜂产品协会联合，在西安召开"2001 年全国蜂产品市场信息交流会"，450 多位代表出席会议。

◎ 3 月 6 日，在西安召开"中国养蜂学会五届三次常务理事会"，与会者针对上年工作进行了总结，对新一年的工作要点及其他 5 项会议内容进行了讨论。

◎ 3 月 30 日，中国养蜂学会启动"全国蜜蜂博物馆"建设，首个"中国养蜂学会蜜蜂博物馆（广东中山馆）"开馆，积极宣传"科普法"以及科普教育；宣传蜜蜂对农业、生态、农作物、果树等增产增收、品种改良等作用；探知蜜蜂王国的奥妙，学习蜜蜂"勤劳勇敢、团结协作、舍己为公、无私奉献"精神。

◎ 6 月 11—12 日，中国养蜂学会与日本公正取引协会在北京召开"中—日蜂王浆质量研讨会"。日方代表日本蜂王浆协会品质委员会委员长粟原福男先生等 13 人，中方代表中国养蜂学会理事长张复兴先生等 14 人出席会议。此次会议双方如实分析了中日之间蜂王浆质量上的实际状况，双方达成 4 项共识。

◎ 7 月 14 日，斯洛文尼亚前总理佩特尔莱夫妇来访中国养蜂学会。我会理事长张复兴、常务副秘书长陈黎红接待了来访嘉宾，通过座谈、参观蜜蜂所博物馆，佩特尔莱先生赞扬中国在蜂业科研及文化方面做出的成绩，赠送蜂王给中方，还邀请中国养蜂学会组织中国蜂业代表团出席斯洛文尼亚承办的"第 38 届国际养蜂大会"。启动"中—斯"合作。

◎ 7 月 16 日，应瑞士红十字会驻藏负责人 PHILIPPS 先生邀请，理事长张复兴、常务副秘书长陈黎红、饲养专委会副主任韩胜明一行三人前往西藏，考察西藏蜜源资源、蜜蜂资源等情况。启动与瑞士红十字会合作，扶持西藏养蜂。

◎ 10 月 15—22 日，中国养蜂学会与福建省养蜂学会、福建省台办在福州举办"第二届海峡两岸蜜蜂生物学会议"及"中国养蜂学会蜜蜂生物学学术研讨会"。交流论文 31 篇。期间还针对两岸蜂业的进一步交流与合作进行了磋商，增进了两岸蜂业的友谊。

◎ 10 月 28—11 月 2 日，中国养蜂学会（张复兴理事长任团长）率中国蜂业代表团 23 人出席在南非德班召开的"第 37 届国际养蜂大会暨博览会"。40 个国家近 2000 名代表出席了会议，中国团组有 3 篇大会口头报告，2 篇墙报展示。大会结束后，德班市市长与国际蜂联主席会见张复兴团长及中国代表团。

◎ 11 月 28 日，受农业部之委托，中国养蜂学会开始修改《养蜂暂行规定》，制定《养蜂管理办法》。

◎ 11 月 28 日，中国养蜂学会联合蜂产品检测权威机构对蜂产品质量进行普查。

◎ 中国养蜂学会建议农业部："中国特有蜜蜂遗传资源濒临灭绝，亟待保护——中华蜜蜂"的建议。

2002 年

◎ 2 月 4—9 日，应德方邀请，中国养蜂学会理事长张复兴与蜂蜜商会等 5 家单位代表赴德国对德国不来梅蜂蜜研究所、Alfred L.Wolff 公司等进行了参观、访问和交流。

◎ 2 月 15 日，中国养蜂学会向农业部呈递"关于欧盟禁止进口我国蜂蜜的情况汇报及建议"，倡导"全国蜂产品安全与标准化生产"。

◎ 3月12—15日，中国养蜂学会在湖北武汉"2002年全国蜂产品市场信息交流会"。来自28个省市的530多位代表参加了会议，收到39篇论文，其中14篇被评为优秀论文。

◎ 3月12日，中国养蜂学会在湖北武汉召开"中国养蜂学会五届二次全体理事会"会议。来自28个省市的89位理事出席会议，6位非理事单位代表列席会议。

◎ 4月5日，中国养蜂学会完成《蜂业管理办法》送审稿。

◎ 7月26日，受农业部委托，中国养蜂学会在北京召开"农业部全国蜂业发展座谈会"。农业部畜牧业司张喜武司长、刘加文处长亲临会议，听取各重点省对各省养蜂情况的汇报，提出指导性意见。

◎ 9月6日，由于机构调整，在安徽黄山召开"中国养蜂学会中蜂协作委员会合并大会"，相关领导出席会议并做讲话，会议制订了中蜂协作专委会工作计划。中蜂正式并入中国养蜂学会，成为分支机构——中国养蜂学会中蜂协作委员会。

◎ 10月10日，应国际蜂联邀请，中国养蜂学会派代表出席在德国塞勒召开的关于"防止蜂蜜残留专题研讨会"，并对蜂蜜残留问题交换了意见。

◎ 11月1—6日，应亚蜂联（AAA）主席松香光夫先生邀请，中国养蜂学会理事长兼秘书长张复兴、常务副秘书长陈黎红出席"日本第六届蜂胶学术研讨会"，及日本蜂业界多个公正协会特意为我会理事长组织召开的"日中蜂业恳谈会"。日本赞赏中国养蜂学会在国内进行的一系列措施，认为建设示范基地、实施"小规模、大群体"战略、培训蜂农等是中国提高蜂产品质量的捷径和必经之路。日本将首先从中国养蜂学会会员基地进口产品。

◎ 11月27日，为应对欧盟对中国蜂蜜禁进，中国养蜂学会启动掀起"蜂产品安全与标准化生产"技术培训。第一个"蜂产品安全与标准化生产技术"培训班在浙江杭州进行，举办培训蜂农700名。

◎ 11月30日，中国养蜂学会向农业部提出"解决氯霉素问题，建议从源头掀起"建议，得到了范小建副部长的重视和批示，并在农业部畜牧业司的领导和支持下，开始了面向全国的"蜂产品安全与标准化生产"培训和基地建设。

◎ 12月4—6日，中国养蜂学会在安徽黄山举办"蜂产品安全与标准化生产"培训班，并开始"蜂产品安全与标准化生产基地"建设，把培训的蜂农与企业挂钩、签订协议，产品质量符合要求，均由协议企业全部优价收购，参加培训的248名蜂农踊跃签订协议。此次培训与基地建设，在全国引起了很大的反响。许多出口企业前来观摩，观摩者达30余人。

2003 年

◎ 3月，"非典"时期，中国养蜂学会秘书长受农业部畜牧业司之委托前往北京医院看望全国人大常委、农业与农村委员会舒惠国副主任，并请示将"蜂"列入《畜牧法》事宜。

◎ 3月9日，在云南昆明召开"中国养蜂学会理事长办公会"，会议通过了各项决议，总结工作并制订下步计划。

◎ 3月10—11日，中国养蜂学会与中国蜂产品协会联合，在云南昆明召开"2003年蜂产品市场信息交流会"，总结工作并制订下步工作计划。

◎ 3月10日，"中国养蜂学会第五届四次常务理事会及各委员主任会议"在云南昆明召开。会议由张复兴理事长主持，51位代表出席了会议。

◎ 3月11日，受农业部委托，中国养蜂学会在云南昆明召开"农业部第二次全国蜂业座谈会"，全国各省34名代表出席会议。农业部畜牧处刘加文处长亲自到会指导并部署工作。

◎ 3月18日，埃塞俄比亚大使农业参赞来访中国养蜂学会，商谈埃塞俄比亚蜂学大学培训计划和两国蜂产品贸易事宜。

◎ 4月，中国养蜂学会理事长张复兴应邀出席在东京举行的"日本替代医疗研讨会"。

◎ 5月6日，"非典"时期，我会向全体会员、全国各省市养蜂（业）学/协会发出了关于"加强'非典'防范，慎重转地放蜂"的通知。

◎ 5月30日，中国养蜂学会向农业部呈报"关于解决'非典'时期全国养蜂转地受阻的建议"。农业部畜牧处对此表示关注，刘加文处长百忙中给相关省农业部门打电话要求协助安排，并指示我会可电话与相关省农牧办联系协调，使得部分情况得到了解决。

◎ 6月9日，中国养蜂学会代表全国蜂业致函农业部并转"非典"指挥部办公室，表达我会及全国蜂农、蜂业人士对政府关爱的真诚谢意！刘坚副部长将我会致谢函文件批转"非典"办公室。

◎ 11月，农业部畜牧局邓荣臻、中国养蜂学会理事长张复兴率中国养蜂学会团组（共9人）赴台出席"第三届海峡两岸蜜蜂生物学研讨会"，交流论文12篇。

2004 年

◎ 2月22日，中国养蜂学会率中国蜂业代表赴菲律宾出席"第七届亚洲养蜂大会（AAA）"。

◎ 3月13—15日，中国养蜂学会与中国蜂产品协会联合，在海南省海口市召开"2004年全国蜂产品市场交流会暨博览会"。全国29个省市自治区600余名代表参加了会议。

◎ 3月14日，在海口市召开"中国养蜂学会五届五次常务理事会""中国养蜂学会理事会"。汇报上年工作总结，讨论通过2004年工作计划与重点。

◎ 4月16—17日，中国养蜂学会在北京召开"蜂产品标准化生产技术培训（北京）"，参加此次培训的养蜂管理人员和蜂农共180多人，培训内容为：国内外养蜂概况、蜜蜂规范化饲养及蜂产品标准化生产、蜂病防治与规范用药、国内外蜂业法律法规及标准等。

◎ 4月23—29日，应日本蜂医研究会理事长山口喜久二博士邀请，中国养蜂学会理事长赴日出席日本"第二届蜂医研讨会"，并在会上作"中国蜂疗保健业"报告，引起日本同行对中国蜂疗业的关注，扩大了我国蜂疗业、中国蜂业在国际上的影响。

◎ 5月25日，中国养蜂学会蜂产品专业委员会等五家机构联合召开"蜂胶与人类健康"记者招待会，并对某些媒体的误导宣传给予正面纠正。蜂业专家学者20余人应邀出席会议。

◎ 6月21—7月20日，应商务部中国成套公司邀请，中国养蜂学会常务副秘书长赴坦桑尼亚进行养蜂考察。

◎ 8月23—25日，由中国养蜂学会等3家单位共同主办的"第八届全国花粉资源开发与利用研讨会"在南京召开。收到论文44篇，大会宣读25篇。

◎ 10月11日，中国养蜂学会在北京召开了理事长联席会议，农业部畜牧业司领导莅临指导。此次理事长联席会议讨论通过推荐第六届理事会理事长、秘书长候选人和副理事长建议名单，并呈报农业部畜牧业司。

◎ 11月10—13日，中国养蜂学会在武汉召开"第四届海峡两岸蜜蜂生物学研讨会"。到会人数96人，台湾代表36人，交流论文48篇。会后进行了科技参观，包括养蜂场、研究机构和蜂业企业。

◎ 12月28日，中国养蜂学会与中国农业科学院研究生院合作合办"（蜂业）MBA在职研究生班"。

2005 年

◎ 3 月 10—13 日，中国养蜂学会与中国蜂产品协会联合，在上海举办"2005 年蜂产品市场信息交流会"，800 多位代表出席了会议。

◎ 3 月 11 日，在上海召开"中国养蜂学会理事长办公会""中国养蜂学会五届六次常务理事会""中国养蜂学会五届七次理事会（通讯）"。

◎ 8 月 21—26 日，农业部畜牧业司张仲秋副司长率中国养蜂学会中国养蜂代表团一行 25 人，应邀出席在爱尔兰都柏林召开的"第 39 届国际养蜂大会暨博览会"，并在会上作中国蜂产品安全与标准化生产报告。中国大陆被录用论文 12 篇，租赁展台 6 个。

◎ 9 月 2—5 日，应 UNFA 邀请，中国养蜂学会代表团 25 人访问法国农业部、法国科学研究中心、法国参议院，启动中—法蜂业交流与合作，并进行了磋商。

◎ 9 月 28 日，在新疆召开以"蜂业向西北进军"为主题的"中国养蜂学会蜂产品、蜂保、授粉三个专委会联合工作会和学术研讨会"。我会理事长张复兴、蜜蜂所所长吴杰莅临会议，80 余位代表出席了会议。

◎ 11 月 28 日，中国养蜂学会向全体会员发出"关于学习、实施《蜂蜜》国家标准"的紧急通知，宣贯《蜂蜜》国标。

◎ 出台:《蜂蜜》国家标准、《中华人民共和国畜牧法》。

2006 年

◎ 2 月 14—16 日，中国养蜂学会与中国食品土畜进出口商会蜂产品分会联合，在四川举办"蜂产品安全与标准化生产"培训活动。

◎ 2 月 16 日，中国养蜂学会向国务院扶贫办呈递"中国养蜂扶贫工程——发展养蜂是脱贫致富的捷径"建议，并附可行性报告。

◎ 2 月 28 日，中国养蜂学会在浙江桐庐召开"中国养蜂学会理事长办公会扩大会议"，并考察桐庐养蜂业及蜂产品加工业。

◎ 3 月，中国养蜂学会建立首个"中国蜂产品之乡"（浙江省桐庐）、"全国蜂产品安全与标准生产基地"12 个。

◎ 3 月 11 日，中国养蜂学会在重庆市召开了第六届全国会员代表大会，来自全国 29 个省（市、自治区）的 300 多名会员代表参加了会议。会议进行了五届理事会工作总结，修改了学会《章程》，选举产生了六届理事会、常务理事会及副秘书长以上领导成员，并召开了"中国养蜂学会六届一次理事长办公会""中国养蜂学会六届一次理事会"，确定了六届理事会工作重点与计划，制定了有关规定等。农业部畜牧业司邓兴照同志光临指导会议并宣布领导机构。

◎ 3 月 11—13 日，中国养蜂学会与中国蜂产品协会联合，在重庆召开"2006 年蜂产品市场信息交流会"，700 多位代表出席会议。

◎ 3 月 21—24 日，农业部畜牧业司谢双红处长、张复兴理事长率中国养蜂学会蜂业代表团赴澳大利亚出席第八届 AAA 亚洲养蜂大会，秘书长陈黎红在大会上做申办 2008 年 AAA 会议报告，并成功申办第九届 AAA 亚洲养蜂大会在中国召开。会议共收录 21 个国家学者的论文摘要 85 篇，其中，中国 8 篇。

◎ 6 月 7 日，中国养蜂学会理事长、秘书长接待乌克兰参赞普罗科波维奇·伊戈尔先生，启动"中—乌蜂业"交流合作。

◎ 6月23日，中国养蜂学会在陕西组织3000群蜜蜂发往西藏，并派养蜂技术人员前往指导，实施协助西藏发展养蜂，这是我会协助政府发展建设和谐社会新农村、关注"三农"问题的重要举措。

◎ 7月8日，中国养蜂学会新一届领导团队前往吉林安图，启动"蜜蜂之乡"建设。对安图养蜂情况及当地政府重视程度进行实地考察；并在安图召开以"团结起来、行动起来——开展学会工作新局面"为主题的"中国养蜂学会六届二次理事长会议"。张复兴理事长就上半年工作作了简要的小结汇报，会议商议了学会本届和下半年的工作重点。

◎ 10月11日，中国养蜂学会秘书长陈黎红陪同农业部畜牧业司谢双红处长前往四川仪陇，进行养蜂扶贫考察。我会从学会"优良品种种蜂场基地""蜂场基地"选择优良种王并赠送100群蜜蜂扶持仪陇，并委托四川省养蜂管理站进行技术指导与管理。

◎ 10月19—28日，由中国养蜂学会理事长张复兴为团长的大陆蜂业代表一行17名蜂业专家、学者、企业家代表，出席了在台湾举办的"第五届海峡两岸蜜蜂与蜂产品研讨会"，共收到论文24篇，交流14篇。会后对台湾养蜂场、教学及蜂产品加工企业进行了参观。

◎ 10月23日，中国养蜂学会代表团在台北出席台湾中华蜂胶协会主办的"2006国际蜂胶学术研讨会"，会议作了7个主题报告。

◎ 11月28日，中国养蜂学会在江西上饶召开"中国养蜂学会六届三次理事长办公会"。会议增补副理事长3名、副秘书长2名；会议通过设立"全国蜂农专业合作社联络站"；会议讨论"第九届亚洲养蜂大会暨博览会""全国蜂业职业技能鉴定""全国蜂业专家库""蜂业机具与装备专业委员会"、《中国蜂业之路》编撰等事宜。

◎ 11月29日，农业部畜牧业司王俊勋处长致函中国养蜂学会，针对即将召开的"全国蜂业联谊会"，希望大家群策群力，精诚合作，开拓进取，积极商讨行业发展大计，共同谋划我国养蜂业的未来，为推进我国蜂业的持续健康发展作出更大的贡献。

◎ 11月29—30日，中国养蜂学会在江西上饶市召开"中国养蜂学会第五次全国养蜂联谊会"。此次联谊会是我国蜂业发展时期的一次关键会议，我会领导与各省（市、自治区）养蜂（业）学（协）会、养蜂管理站、全国蜂业院所、特邀代表等80多人出席会议，磋商蜂业发展。

◎ 12月3日，中国养蜂学会协助农业部完成对欧盟、日本关于"欧盟的残留限量及日本'肯定列表'中的限量与我国检测控制限量关系"等问题的答复（英文）。

◎ 12月26日，中国养蜂学会向农业部建议推动发展蜜蜂授粉业，并启动"蜜蜂为农作物授粉"示范点，首选省份：北京、浙江、广东、四川、重庆等。

◎ 建议MOA："特有工种职业技能鉴定"应增加"蜂业"。

2007 年

◎ 1月29日，中国养蜂学会秘书长应邀出席中国医药进出口保健品商会在浙江召开的"中日蜂王浆技术交流会暨2007年全国蜂王浆出口工作会议"，并提出两会组织制定倡导"国际蜂王浆标准"事宜、共同研讨蜂王浆出口生产（示范）基地建设与评选事宜，我会将与医保商会联手，共建"蜂王浆出口生产（示范）基地"。

◎ 3月，中国养蜂学会建立"全国蜂产品安全与标准生产基地"5个、"蜜蜂良种繁育基地"1个、"蜜蜂健康养殖培训基地"2个、"蜜蜂授粉基地"1个、"蜜蜂之乡"3个。

◎ 3月10—12日，中国养蜂学会与中国蜂产品协会联合，在广西桂林召开"2007年全国蜂产品市场信息交流会暨博览会"，参会人数 1000 余人。收到论文 37 篇，14 篇被评为优秀论文奖。

◎ 3 月 11 日，中国养蜂学会在广西桂林召开"中国养蜂学会六届二次常务理事会、理事长办公会及专业委员会主任会议"，90 余人出席会议。会议总结 2006 年工作、探讨 2007 年工作重点、通报第五届及第六届海峡两岸蜂业交流情况等。

◎ 3 月 11 日，中国养蜂学会以通讯形式召开"中国养蜂学会六届二次理事会"，认真听取了各方意见，并宣布学会重大决议及工作计划。

◎ 3 月 15—16 日，中国养蜂学会应中国食品土畜商会龙学军处长邀请，出席"国际蜂蜜质量控制培训"会议，张复兴理事长在会议上讲话，陈黎红秘书长讲授了"中国蜂业新法律"，受到与会者的欢迎和重视。学会与商会磋商共设"蜂蜜出口基地"。

◎ 3 月 19 日，中国养蜂学会"启动中—韩蜂业交流与合作"。

◎ 4 月 4 日，日本养蜂协会会长江滕先生来访，张复兴理事长、吴杰常务副理事长、王勇书记等会见了江滕先生。双方希望能在中日养蜂技术、产品开发等方面开展交流与合作，以促进中—日养蜂业的健康发展。

◎ 4 月 5 日，亚洲蜂联主席 Siriwat Wongsiri 来访中国养蜂学会共商 AAA 等事宜。

◎ 4 月 27 日，中国养蜂学会蜜蜂文化科普基地（浙江）落户浙江蜂之语蜂业集团公司。

◎ 5 月 18 日，中国养蜂学会与扬州大学共同主办"冯焕文教授诞辰 110 周年纪念暨中国蜂业高峰论坛"。

◎ 6 月 25—27 日，在浙江平湖召开"中国养蜂学会蜜蜂育种专业委员会第四次会议暨学术研讨会"，60 多位代表出席会议。6 月 26 日，"中国养蜂学会蜜蜂授粉基地"在浙江平湖挂牌。

◎ 8 月 8 日，政府正式批复了农业部将"蜂业职业技能培训与鉴定"列入畜牧业之列，将蜂业各领域职业技能鉴定列入"特有工种职业技能鉴定"，并设立"特有工种职业技能鉴定站"。农业部将此鉴定站设在学会，并全权委托中国养蜂学会开展全国蜂业的职业技能培训与鉴定。

◎ 8 月 13—15 日，中国养蜂学会在云南昆明市召开"第六届海峡两岸蜜蜂生物学与蜂产品研讨会"，共 139 人出席会议，其中台湾代表 36 人，本届研讨会共在大会上宣读 28 篇论文。

◎ 9 月 9—14 日，中国养蜂学会率中国蜂业代表团 34 人赴澳大利亚墨尔本出席"第 40 届国际养蜂大会暨博览会"。我国蜂业专家发表论文 15 篇，其中 8 篇做大会发言。大会期间，学会代表出席了国际蜂联成员国和亚洲蜂联成员国会议，并总结了本届工作情况。

◎ 9 月 25 日，"中—日蜂王浆安全与标准化生产技术规范"项目在北京启动，中日两国三会会长会聚长富宫。会议研讨了蜂王浆质量，磋商了日本蜂王浆质量标准，为提高中—日蜂王浆质量奠定了基础。

◎ 10 月 24 —25 日，中国养蜂学会在重庆市召开"中国养蜂学会六届四次理事长办公会议"，并对"中华蜜蜂保护区"进行了考察。会议由张复兴理事长主持，13 位副理事长出席会议，会议讨论了"第 9 届亚洲养蜂大会暨博览会"及"中国首届国际蜂业高峰论坛暨蜂产品博览会"事宜。同时汇报了中日合作、中法合作、中欧合作、中国蜂产品国际之窗等事宜。

◎ 10 月 26—28 日，中国养蜂学会在重庆召开"第三届中国畜牧科技论坛——蜂业科技论坛"。

2008 年

◎ 1 月 28 日，中国养蜂学会理事长出席农业部部长主持召开的"2008 年第 1 次部常务会议"，研究并同意中国养蜂学会申办第 9 届亚洲养蜂大会暨博览会。

◎ 3 月，中国养蜂学会建立"全国蜂产品安全与标准生产基地"2 个、"中华蜜蜂种质资源保护与利用基地"2个、"蜜蜂之乡"1个、"蜜蜂巢础机生产基地"1个。

◎ 3月9日，中国养蜂学会在郑州召开"中国养蜂学会六届五次理事长办公会"。

◎ 3月10—12日，中国养蜂学会与中国蜂产品协会联合，在郑州举办"2008年全国蜂产品市场信息交流会暨博览会"。

◎ 3月11日，中国养蜂学会在郑州召开"中国养蜂学会六届三次理事会"。总结我学会2007年工作，讨论2008年工作思路；颁发"基地"证书和牌匾。

◎ 5月12日，四川汶川地震后，受震地区养蜂业情况一直牵动着中国养蜂学会的心。当日晚上和次日，我会秘书长与四川省养蜂管理站等单位取得了联系并表示慰问。我会又通过《中国蜂业》《蜜蜂杂志》《国际蜂业信息》、"学会网站"等媒体向灾区发了慰问信。

◎ 5月20日，中国养蜂学会向农业部呈报"汶川地震养蜂业情况反映"。

◎ 6月10—12日，中国养蜂学会在北京启动首批"国家特有工种（蜂）职业技能培训与鉴定"，共培训和鉴定160人，140人通过不同等级的培训和鉴定。

◎ 6月25日，中国养蜂学会再次向农业部呈报"有关汶川地震养蜂损失情况汇报"。在抗震救灾期间，我会收到国际组织及友人的慰问。亚洲蜂联总部、亚洲蜂联主席、法国养蜂联合会喀尔省议会阿拉力·达绵主席、李贝力主席、主席代表彭斯·罗兰、阿黑喀斯镇镇长白乐·海力斯、克莱芒UNAF主席、罗石布拉·雅克琳娜女士等国际友人发来的慰问电函，对国际友人的关怀我们表示感谢，同时也将他们的慰问和关切传达给灾区蜂业界。

◎ 6月29日，应台湾养蜂协会邀请，中国养蜂学会率大陆代表团一行14人，赴台出席"海峡两岸养蜂产业发展论坛"交流活动。

◎ 9月12日，中国养蜂学会在北京召开"中国养蜂学会理事长办公会扩大会议"，农业部畜牧司程金根司长、谢双红处长莅临会议，听取汇报并作指导。张复兴理事长主持会议，吴杰等副理事长、秘书长、副秘书长、有关养蜂管理站、学/协会理事长（会长）/秘书长欢聚北京，共商AAA亚洲养蜂大会大计。

◎ 11月1—4日，中国养蜂学会在浙江杭州举办以"蜜蜂——人类的朋友——我们爱你"为主题的"第九届亚洲养蜂大会暨博览会"。农业部国家首席总兽医师于康震代表大会组委会主席、农业部高鸿宾副部长，农业部畜牧总站站长谷继承、浙江省副省长钟山、杭州市委书记王金财、副市长何关新，亚洲蜂联(AAA)主席SIRIWAT WONGSIRI教授、张复兴等副主席，国际蜂联2009大会主席Gilles Ratia等出席了大会并致辞。来自世界五大洲的28个国家及中国30个省、市（自治区）及台湾的蜂业界代表共1000余人（外国代表近300名，中国代表700余名）出席了会议。28个国家学者的245篇论文被大会录用并编入了精美的论文集，131位国内外学者就世界蜂业8个不同领域在各自的专题上作了口头报告；大会特别邀请德国、法国、日本、泰国、中国的6位知名专家作了特邀报告；大会还增设了"世界蜂胶论坛"和"蜂产品安全与标准化生产论坛"两个热点专题，邀请16位国内外相关专家在该专题上作了专场报告。135家国内外企事业单位参加了大会博览，20个产品被大会评为"优秀产品"奖，6个企业被授予"优秀企业/基地"奖。AAA还表彰了中国、日本、印度、德国6位专家为"亚洲蜂业突出贡献专家"奖；授予中国养蜂学会"优秀学会"奖；授予中国21名蜂农"优秀养蜂生产者"奖。会后，700多名代表参观了中国养蜂学会基地与示范蜂场。

2009 年

◎ 1月12日，中国养蜂学会在北京召开"中国养蜂学会六届七次理事长办公会扩大会议"，农业部畜牧业司畜牧处谢双红处长莅临指导。会议由张复兴理事长主持，吴杰等副理事长、秘书长、副秘书长、各重点省代表等 30 人出席会议。秘书长汇报了 2008 年工作和 2009 年规划。

◎ 2 月 6 日，中国养蜂学会受农业部委托，在北京召开"农业部全国养蜂政策法规座谈会"。农业部畜牧业司畜牧处谢双红处长亲临并主持会议，我会理事长、副理事长、秘书长及重点省代表共 16 人出席会议，磋商蜂业政策与法规。

◎ 2 月 26 日，《中国牧业通讯》采访中国养蜂学会秘书长，磋商合作，并就 2008 年在中国举办非常成功的 AAA 亚洲养蜂大会；2009 年，面临金融危机，养蜂业将如何面临机遇与挑战；以及中国养蜂学会将怎样更好地服务于"三农"，更好地发展养蜂促进农民脱贫致富等方面进行了访谈。

◎ 3 月，中国养蜂学会建立"全国蜂产品安全与标准生产基地"2 个、"生态荔枝蜜"基地 1 个、养蜂助残基地 1 个。

◎ 3 月 7—9 日，中国养蜂学会与中国蜂产品协会联合，在福州举办"2009 年全国蜂产品市场信息交流会暨博览会"。近千人出席会议。

◎ 3 月 8 日，中国养蜂学会在福州召开"中国养蜂学会六届四次常务理事会"及"中国养蜂学会六届八次理事长办公会"，总结 2008 年工作，规划 2009 年蜂业发展思路。

◎ 5 月 7—8 日，中国养蜂学会受农业部委托，在北京召开"全国蜂业发展规划座谈会"，农业部畜牧业司畜牧处谢双红处长亲临会议，学会理事长、常务副理事长、副理事长、秘书长及重点省代表 20 人出席会议，磋商"'十二五'蜂业规划"。

◎ 5 月 26 日，中国养蜂学会理事长、秘书长应邀出席在北京人民大会堂举行的"蜂胶流态化超临界 CO_2 萃取技术暨蜂胶大趋势发布会"，进一步考证超临界提取技术在蜂胶中的应用。

◎ 7 月 6—8 日，亚洲蜂联主席 SIRIWAT WONGSIRI 教授，在中国养蜂学会理事长、秘书长及副秘书长的陪同下访云南，林尊诚副秘书长陪同考察云南中华蜜蜂，探讨东方蜜蜂的亚洲合作。

◎ 7 月 30 日，中国养蜂学会理事长、秘书长接待乌克兰驻华大使馆农业参赞受乌总统之委托来访，磋商两国蜂业合作。由于乌总统对养蜂业非常重视，希望中国将对乌申办 2013 年国际养蜂大会给予大力支持；并针对两国养蜂、蜂业科技交流与合作等进行交谈。

◎ 9 月 3 日，中国农业科学院蜜蜂研究所王勇书记、吴杰所长，中国养蜂学会张复兴理事长向国家领导人呈报"蜜蜂授粉作为一项农业增产措施亟待我国政府高度重视"的建议信。

◎ 9 月 15—20 日，中国养蜂学会率中国蜂业代表团 43 人赴法国出席"第 41 届国际养蜂大会暨博览会"。中国口头报告论文 16 篇，墙报 24 篇，4 人在会上作了口头报告；展位 6 个；获得奖项 2 项；贸易洽谈 11 项。中国蜂业代表团会后应邀访问国际蜂联总部（意大利），并接受国际蜂联委托拟承办"2014 年国际蜂产品与蜂疗论坛"。我会理事长、秘书长及部分代表出席"AAA 亚洲蜂联常务会议"，理事长以 AAA 副主席身份就坐主席台并发表讲话和建议。

◎ 10 月 10—11 日，中国养蜂学会受农业部委托，在北京召开"全国蜂业发展规划座谈会"，农业部畜牧业司谢双红处长、计划司刘艳处长出席会议，我会理事长、副理事长及来自全国养蜂大省的专家共 13 人出席了会议，讨论"全国蜂业发展规划 (2010—2015)"。

◎ 10 月 25 日，中国养蜂学会在福州召开"中国养蜂学会蜂业标准化研究工作委员会"成立大会，我会理事长出席会议并发表讲话，农业部蜂产品检测中心主任吴杰研究员任该专委会主任，挂靠中国农业科学院蜜蜂研究所。会议制定了规章制度，磋商运作规划。

◎ 10 月 28—11 月 11 日，中国养蜂学会与台湾昆虫学会共办的"海峡两岸第七届蜜蜂与蜂产品研讨会"在台湾召开，张复兴理事长率大陆代表团 19 人赴台出席会议。大会共收论文 15 篇，其中大陆 10 篇，共有 13 位学者在会上进行学术交流。

◎ 11月5日，中国养蜂学会以通讯形式召开"中国养蜂学会六届二次全体会员代表大会"，会上宣布了我会重大决议及宣布学会未来工作计划。

◎ 11月29日，中国养蜂学会理事长与蜜蜂所书记、所长共同呈报的"蜜蜂授粉作为一项农业增产措施亟待我国政府高度重视"，获得习主席批示："蜜蜂授粉'月下老人'作用，对农业的生态，增产效果似应刮目相看。"

◎ 12月9日，中国养蜂学会在江西上饶召开"中国养蜂学会蜂业机具及装备专业委员会"成立大会，张复兴理事长莅临指导并作重要讲话。会议由周玮副理事长主持，100多位蜂业界同人出席会议。江西益精蜂业公司董事长王以真当任该专委会主任，会议磋商了工作方案。

◎ 12月12—15日，中国养蜂学会理事长张复兴应邀出席"2009年两岸四地农业合作论坛"，并特邀在论坛上作"海峡两岸蜂业合作发展与展望"报告。会后会见了海南省有关领导、台湾有关专家、学者，考察了海口市蜂业（科技110）养蜂服务站、琼中蜂业合作社等。

◎ 12月22日，国家交通部、发改委发布"关于进一步完善和落实鲜活农产品运输绿色通道政策的通知"，蜜蜂首次享受"绿色通道"。

2010 年

◎ 1月8日，中国养蜂学会在北京召开"中国养蜂学会六届九次理事长办公会"。会议由张复兴理事长主持，20位副理事长、秘书长、副秘书长出席会议。会议传达并学习了中央领导对"蜜蜂授粉"的批示精神；讨论了中国养蜂学会30周年庆典、2009年工作总结与2010年工作要点。

◎ 1月11—13日，中国养蜂学会理事长、秘书长赴南昌会晤台湾蜂业同胞，访问蜂业机具与装备委员会，开展海峡两岸蜂业机具交流与合作。

◎ 3月，中国养蜂学会建立"全国蜂产品安全与标准生产基地"1个、"中国蜂产品生产基地"1个、"蜜蜂文化基地"1个。

◎ 3月9日，中国养蜂学会在武汉召开30周年庆典大会，会议主题：艰辛历程、辉煌成就。会上对中国蜂业科技和对中国养蜂学会作出突出贡献的蜂业前辈、专家、工作者颁发了"中国蜂业科技突出贡献奖""中国蜂业突出贡献奖""中国蜂业贡献提名奖"。

◎ 3月9日，中国养蜂学会"中国养蜂学会六届五次理事会"在武汉召开，学会及分支机构分别作2009年工作总结和2010年工作计划报告。

◎ 3月10—12日，中国养蜂学会与中国蜂产品协会联合，在武汉举办"2010年全国蜂产品市场信息交流会暨博览会"。来自全国1500余名代表参加了会议，会议总结交流了2009年全国蜂产品生产、经营情况、发展经验及存在问题，分析、预测2010年蜂产品市场行情、趋势等。大会收录论文35篇，12篇获优秀论文奖。

◎ 4月22日，中国养蜂学会上报全国执行农业部5号文件（推广蜜蜂授粉）情况。

◎ 6月4日，十届全国人大常委、农业与农村委员会副主任、原国家人事部副部长舒惠国、中组部社会发展观秘书长等一行9人来访我会。舒部长就"农业部关于加快蜜蜂授粉技术推广促进养蜂业持续健康发展的意见""农业部办公厅关于印发《蜜蜂授粉技术规程（试行）》"等进行了深入了解与探讨，指出我们要真正把"蜜蜂授粉"宣传到位、执行到位、监督到位，为建设现代农业、建设社会主义新农村、促进农作物增产增质、维护生态平衡、构建和谐社会作出应有的贡献。

◎ 7月9日，中国养蜂学会发出紧急告示，特向受灾殉难的养蜂人员表示沉痛的哀悼，向其家人表示衷心的慰问，号召全体养蜂工作者，团体起来、互助友爱、克服一切困难。

◎ 7月20—23日，国际蜂联（APIMONDIA）秘书长里卡多、亚洲蜂联主席王希利应邀访华并出席"2010蜂胶科学论坛"。此次访华期间，里卡多表示国际蜂联非常希望能在中国举办一次APIMONDIA专业论坛。

◎ 8月12—13日，中国养蜂学会"第八届海峡两岸蜜蜂与蜂产品研讨会"在甘肃省天水召开，来自大陆31个省、市、自治区和台湾蜂业界代表共223人出席了会议，其中台湾代表55人。大会共收录论文34篇，其中27篇在大会上作报告（其中台湾报告7篇）。学术报告的内容涉及蜜蜂生物学、蜜蜂保护、蜜蜂授粉、蜂产品和养蜂发展5个专题。

◎ 10月11—13日，中国养蜂学会蜂业标准化研究工作委员会在安徽黄山召开学术论坛，共计70余人出席了会议。本次论坛共设5个特邀报告、13个专题报告。

◎ 10月22—24日，中国养蜂学会饲养专委会在福建农林大学召开第15次学术研讨会，来自全国18个省市的高校、科研院所、相关学会的100余位代表参加了会议。

◎ 10月27—28日，受农业部委托，中国养蜂学会在吉林敦化市举办了"全国蜂业救灾应急培训班"开班仪式及培训。农业部王智才司长出席开幕式并发表指导性讲话，陈伟生司长主持会议。来自吉林延边自治州36个乡镇蜂农代表563人参加了培训，并向他们赠送《蜂业救灾应急实用技术手册》。

◎ 11月4—7日，中国养蜂学会张复兴理事长为团长率中国蜂业代表团近100人出席了在韩国釜山召开的"第十届亚洲养蜂大会暨博览会"，13家中国养蜂学会会员企业租赁8个展台参加了大会博览。中国专家进行口头报告20篇，墙报14篇。中国代表团在大会上获得了5项殊荣，居各国首位。

◎ 11月8—10日，中国养蜂学会中国蜂业代表团前往首尔访问了韩国养蜂协会，针对中韩两国蜂业所面临的养蜂员老龄化、养蜂技术交流、培训交流等问题进行了磋商，并初步达成一些意向。

◎ 11月26日，中国养蜂学会在湖北荆门举办"全国蜂业救灾应急培训班"，216人参加了培训并向他们赠送《蜂业救灾应急实用技术手册》。

◎ 12月5—6日，中国养蜂学会在云南曲靖举办"全国蜂业救灾应急培训班"，来自云南罗平、浙江、新疆、陕西、江苏、广西、福建等（省）的蜂农代表169人参加了培训并向他们赠送《蜂业救灾应急实用技术手册》。

◎ 12月8日，中国养蜂学会在四川邛崃举办"全国蜂业救灾应急培训班"，来自四川邛崃、蒲江等30个乡镇蜂农代表161人参加了培训，并向他们赠送《蜂业救灾应急实用技术手册》。

◎ 12月19—20日，中国养蜂学会在河南郑州举办"全国蜂业救灾应急培训班"，来自河南省18个省辖市的200名蜂农参加了培训，并向他们赠送《蜂业救灾应急实用技术手册》。

◎ 12月23—24日，中国养蜂学会在辽宁丹东举办"全国蜂业救灾应急培训班"，来自辽宁丹东灾区22个乡镇蜂农代表244人参加了培训，并向他们赠送《蜂业救灾应急实用技术手册》。

◎ 12月17日，中国养蜂学会蜂疗专业委员会在福建省福州市召开首届海峡两岸中医蜂疗高峰论坛，两岸专家围绕蜂疗领域发展、两岸交流合作进行了友好交流。

2011 年

◎ 1月4—5日，中国养蜂学会在广东从化举办"全国蜂业救灾应急培训班"，来自广东东源、龙门、蕉岭等17个县市蜂农代表234人参加了培训，并向他们赠送《蜂业救灾应急实用技术手册》。

◎ 1月9—10日，中国养蜂学会在江西上饶举办"全国蜂业救灾应急培训班"，来自江西省68个县市的养蜂管理人员、蜂农代表500人参加了培训，并向他们赠送《蜂业救灾应急实用技术手册》。

◎ 3月9日，中国养蜂学会"六届十次理事长办公会扩大会议"在贵州省贵阳市召开，会议讨论、通过中国养蜂学会 2010 年总结及 2011 年计划；学习、讨论《全国养蜂业"十二五"发展规划》；讨论中国养蜂学会换届及新申报的"基地""会员""博物馆""生态园"等事宜。

◎ 3 月 9—12 日，中国养蜂学会与中国蜂产品协会在贵阳联合举办"2011 年全国蜂产品市场信息交流会暨博览会"。来自全国 1000 余名代表参加了会议，会议总结交流了 2010 年全国蜂产品生产、经营情况、发展经验及存在问题，分析、预测 2011 年蜂产品市场行情、趋势等。大会收录论文 40 篇，12 篇获优秀论文奖。

◎ 4 月 27 日，中国养蜂学会在北京举办"全国蜂业救灾应急培训班"，来自北京市的密云、昌平、延庆、通州、房山、门头沟、怀柔、大兴、顺义、平谷等区县的养蜂管理及技术推广站代表、蜂农代表、受灾养蜂户代表 160 人参加了培训，并向他们赠送《蜂业救灾应急实用技术手册》。

◎ 5 月 9—10 日，中国养蜂学会在宁夏举办"全国蜂业救灾应急培训班"，来自宁夏 5 市 22 县（区）40 个乡镇的蜂农代表、种植农户和农技人员代表、畜牧中心分管养蜂技术推广人员 155 人参加了培训并向他们赠送《蜂业救灾应急实用技术手册》。

◎ 5 月 12—13 日，中国养蜂学会在陕西延安举办"全国蜂业救灾应急培训班"，来自延安市的宝塔、甘泉、黄龙、宜川、富县、洛川等 13 个区县的畜牧站站长、养蜂技术骨干、蜂农代表和授粉农户 120 人参加了培训，并向他们赠送《蜂业救灾应急实用技术手册》。

◎ 8 月 11—16 日，张复兴理事长接待 APIMONDIA 执行官菲利普来访中国养蜂学会、考察我会"养蜂生产基地"、北京市申办 2015 年国际养蜂大会筹备工作。考察期间受到农业部首席兽医师于康震、北京市市长郭金龙等的接见。

◎ 9 月 13—15 日，中国养蜂学会在河北省赞皇县举办"第二期蜜蜂饲养工职业技能培训与鉴定"。300 多名蜂农代表参加培训，通过考核有 221 人并获得劳动部颁发的蜜蜂饲养工职业资格证书。

◎ 9 月 21—27 日，中国养蜂学会率中国蜂业代表团 60 余人赴阿根廷布宜诺斯艾里斯参加第 42 届国际养蜂大会暨博览会。会议收录了中国代表 4 篇口头报告和 5 篇墙报。博览会主要以拉丁美洲企业为主，展品有蜂产品及其衍生品、养蜂装备和蜜蜂工艺品等。

◎ 10 月 21—23 日，中国养蜂学会蜜蜂饲养管理专业委员会在北京召开第 16 次学术研讨会。90 余位代表参加了会议。会议共收录论文 34 篇，其中 6 篇被评为优秀论文。

◎ 10 月 31 日，应乌克兰驻华使馆邀请和中国养蜂学会理事长委托，陈黎红秘书长出席在乌克兰驻华使馆举办的"庆祝中乌建交 20 周年摄影展"，并与其农业参赞就两国蜂业合作事宜进行了交谈。

◎ 11 月 21 日，由重庆市人民政府、中国农学会、中国畜牧兽医学会主办，中国养蜂学会、重庆市畜牧科学院等单位承办的第五届畜牧科技论坛暨第七届中国畜牧科技新项目新技术新产品博览会，在重庆荣昌召开。学会主持了"第三届蜂业科技论坛"。

◎ 11 月 26—27 日，中国养蜂学会蜜源与授粉专业委员会在海口召开"传粉蜂类与生态农业科技论坛"，来自全国 37 个相关研究机构的 89 位代表参加了会议。此次论坛设 25 个专题报告，主要围绕传粉蜂类与生态农业这一主题。

◎ 11 月 28 日，农业部召开"'养蜂管理办法（试行）'对养蜂与农药喷施的规定"征求意见会。部畜牧业司邓兴照、种植业司张处等、人大代表宋心仿、中国养蜂学会秘书长、蜂保专委会主任周婷、我会邀请的蜂农代表陈渊等出席会议。

◎ 12 月 30 日，中国养蜂学会起草通知，转发农业部"养蜂管理办法（试行）"。

2012 年

◎ 1 月 10 日，中国养蜂学会向全体会员及全国蜂业同仁发出新年礼物——农业部颁布《养蜂管理办法（试行）》文件，宣传贯彻蜂业政策。继续呼吁全国养蜂补贴，协助协调养蜂纠纷，解决会员反馈的疑难问题、评价、鉴定等。

◎ 2 月，中国养蜂学会编辑出版《峥嵘岁月 展蜂情》。

◎ 3 月，中国养蜂学会建立"全国蜂产品安全与标准生产基地"4 个、"蜜蜂文化走廊"1 个、"蜜蜂文化馆"1 个、"蜂机具标准化生产基地"1 个。

◎ 3 月 8 日，中国养蜂学会顺利进行了换届工作。

◎ 3 月 9—12 日，中国养蜂学会主办的全国蜂产品市场信息交流会暨蜂业博览会在江苏盱眙召开，全国 1000 余位蜂业代表参加了会议。

◎ 3 月 11 日，中国养蜂学会在江苏召开第六届换届会议、第七届全国会员代表大会、七届一次理事长办公会扩大会议。

◎ 4 月 6 日，中国养蜂学会接待挪威养蜂学会及其蜂业代表团共 31 人来访，进行交流、座谈、合作。

◎ 4 月 9 日，中国养蜂学会秘书长陈黎红出席《蜂蜜》标准审定会。

◎ 4 月 23 日，中国养蜂学会陪同农业部副部长、农科院院长参观中国蜜蜂博物馆及农业部蜂产品质量监督检验测试中心。

◎ 7 月 18—21 日，中国养蜂学会应邀出席第十二届全国花粉资源开发与利用研讨会。

◎ 7 月 29 日，中国养蜂学会理事长吴杰赴新疆参加蜜蜂文化节。

◎ 9 月 22—25 日，中国养蜂学会成功主办国际蜂联 APIMONDIA 国际蜂产品医疗与质量论坛（江苏镇江）。

◎ 9 月 28—10 月 2 日，中国养蜂学会率中国蜂业代表团赴马来西亚出席第 11 届亚洲养蜂大会并考察蜂业，大会讨论 AAA 总部拟落户中国事项。

◎ 11 月 5—7 日，中国养蜂学会在重庆启动"首届中华蜜蜂产业发展论坛（中国西部）暨重庆市蜜蜂文化节"。

◎ 11 月 15—24 日，中国养蜂学会大陆蜂业代表团赴台出席第九届海峡两岸蜜蜂与蜂产品研讨会。

2013 年

◎ 3 月，中国养蜂学会建立"全国蜂产品安全与标准生产基地"1 个、"蜜蜂之乡"2 个、"蜜蜂博物馆"1 个。

◎ 3 月 7—9 日，中国养蜂学会蜜蜂经济专业委员会在江苏南京召开四届一次工作会议暨学术研讨会，42 人出席会议。

◎ 3 月 9 日，中国养蜂学会在上海召开了七届二次理事长办公会会议以及七届二次常务理事会，讨论通过了学会工作总结、工作计划、基地、会员等事宜。

◎ 3 月 10—12 日，中国养蜂学会主办的"全国蜂产品市场信息交流会暨蜂业博览会"在上海召开，来自全国蜂业界 700 余位代表出席了会议。大会共收集论文 60 篇，其中 12 篇被评选为优秀论文。

◎ 3 月 11 日，中国养蜂学会在上海召开"全国龙头企业代表座谈会"，听取企业现代科技现状及需求，听取企业对学会科技创新服务的要求和建议，讨论如何开展科技为企业、养蜂生产的服务，磋商中国、亚洲蜂业企业科技平台建设等事宜。

◎ 3月30—31日，中国养蜂学会与新疆维吾尔自治区共办的蜜蜂为农作物授粉技术与发展现场会在新疆莎车县召开，120余位代表出席了会议，共同交流探讨发展新疆蜜蜂授粉工作的措施与成功经验，推动了蜜蜂授粉产业化发展。

◎ 4月19日，农业部国合司唐司长一行6人亲自到中国农业科学院国合局召开现场调研会议，部畜牧业司、院国合局、中国养蜂学会、蜜蜂所等各方领导及代表参加了会议，会议各方就AAA总部迁移中国之利弊进行了认真的讨论和分析，部、院提出了指导性意见，唐司长对进一步的工作做了指示和部署，提出院、所应重视此事。

◎ 5月10日，中国农业科学院李家洋院长主持召开了院常务会议，讨论研究了亚洲蜂联总部迁移中国相关事宜，中国养蜂学会理事长吴杰、秘书长陈黎红出席会议，并作汇报；院长及会议表示支持亚蜂联总部迁移中国，并将资助启动经费。

◎ 5月25日，中国养蜂学会及时向全体会员、全国蜂业界颁发蜂学字〔2013〕4号《关于认真学习贯彻执行农业部部长促进养蜂业发展专题会议精神的重要通知》，并在各种会议上传达部长会议精神，强调部长指出的蜂业工作重点。

◎ 5月25—26日，中国养蜂学会与福建农林大学等单位共同在福建农林大学主办了首届国际蜂疗论坛暨第二届海峡两岸蜂疗高峰论坛，来自海内外近300名蜂疗专家出席了会议。

◎ 7月28—31日，中国养蜂学会蜜蜂饲养管理专业委员会第18次、蜜蜂生物学专业委员会第4届1次、蜜源与蜜蜂授粉专业委员会第11次、蜜蜂保护专业委员会第9次学术研讨会及国家蜂产业技术体系学术研讨会在新疆伊犁尼勒克县召开，108位代表出席了会议。

◎ 9月29—10月5日，中国养蜂学会率中国蜂业代表团赴乌克兰出席第43届APIMONDIA国际养蜂大会暨博览会，荣获4枚奖牌，我会获得收藏创作银奖，代表团会员分别获得蜂蜡艺术烛金奖、小展台金奖及特别赞助奖。此届我会首次进入"世界养蜂奖"评比裁判团，中国首次获得多枚金银奖，中国首次应邀出席国际蜂蜜会议等邀请。

◎ 11月4—5日，中国养蜂学会在扬州大学举办了一次隆重而非常成功的"第十届海峡两岸蜜蜂与蜂产品学术研讨会暨首届全国蜂产业高峰论坛"，海峡两岸蜂业界专家、学者、企业家，两岸10余所高校的博士生、硕士生共计200余人参加了会议。

◎ 12月上旬，国家卫生计生委办公厅向中国养蜂学会发来"关于征求食品安全国家标准《蜂蜜》（征求意见稿）意见的函"，我会第一时间将《蜂蜜》国标转发、刊登网站，并协助征求广大会员意见。

2014 年

◎ 1月14日，中国养蜂学会在北京召开"全国成熟蜜生产基地示范试点暨国际蜂具技术交流会"，30余位代表出席了会议。

◎ 2月18日，"中国养蜂学会第七届第三次理事长办公会会议"以及"七届二次理事会会议"，在黑龙江哈尔滨召开。农业部畜牧业司领导莅临指导会议并讲话，来自全国各地从事蜂业管理、科研、生产、加工等蜂业工作的180多位理事出席了会议。

◎ 2月19—20日，中国养蜂学会主办的"2014年全国蜂产品市场信息交流会暨蜂业博览会"在哈尔滨召开，来自全国各地1000多名蜂业代表参加了大会。

◎ 3月，中国养蜂学会建立"全国蜂产品安全与标准生产基地"3个、"良种繁育基地"1个、"蜜蜂之乡"3个、"荔枝蜜之乡"1个、"蜜蜂博物馆"3个、"蜜蜂观光园"1个。

◎ 3月10日，中国养蜂学会向全体会员及全国蜂业界同仁颁发出"关于养蜂专用平台纳入国家农机购置补贴"文件。

◎ 4月24—27日，中国养蜂学会率中国蜂业代表团57人出席在土耳其安塔利亚召开的"第12届亚洲蜂联（AAA）亚洲养蜂大会暨博览会"，中国论文26篇，占19.5%；中国租赁展台14个，占总展台的近一半；中国交易订单近20笔。4月26日，我会协助亚洲蜂联在土耳其召开了AAA常务会议及AAA全体会员代表会议。

◎ 5月10—16日，中国养蜂学会蜂疗专业委员会组织17位专业人士赴台参加第三届海峡两岸蜂疗高峰论坛。

◎ 5月16日，中国养蜂学会向人大农业农村委员会上报"发展养蜂业是农民增收的一个主要捷径，是农业增质增产的主要措施"。

◎ 5月24—26日，中国养蜂学会秘书长陪同AAA主席考察广西会员机械养蜂试点。

◎ 5月27—29日，中国养蜂学会应邀出席中国养蜂学会博物馆（扬州馆）落成仪式及蜜蜂文化研讨会。

◎ 8月，中国养蜂学会收到农业部WTO/TBT—SPS通报，加拿大拟定双甲脒（Amitraz）的最大残留限量（MRL）为0.1mg/kg。此举无疑对我国蜂产品出口产生较大影响。学会及时转发通知并刊登网站，提醒全体会员单位、全国蜂业行业，特别是养蜂生产一线、蜂产品出口业等关注并防患，以避免不必要的经济损失、确保我国蜂产品国际市场安全。

◎ 11月3—5日，中国养蜂学会在北京香山饭店启动21世纪"全国蜂业科技与产业发展大会"，邀请了蜂产业领域的国内顶级专家作相关报告，回顾总结了21世纪以来我国蜂产业科技各领域的发展和成就，分析了蜂业科技与国际的差距，提出了如何提高蜂产业科技水平、引领全国蜂业科学发展的思路，为"十三五"规划奠定了基础。

2015 年

◎ 3月，中国养蜂学会建立"全国蜂产品安全与标准生产基地"3个、"成熟蜜基地示范试点"4个、"现代机械化养蜂基地示范试点"1个、"蜜蜂授粉基地"1个、"蜂机具标准化生产基地"1个、"蜜蜂健康养殖标准化生产基地"1个、"现代机械化养蜂车设计制造基地"1个、"全国蜂机具之乡"1个、"蜜蜂之乡"1个。

◎ 3月14—5月3日，中国养蜂学会与北京市共办北京农业嘉年华"蜜蜂馆"，开创并启动了首届"全国蜜蜂嘉年华"，本届活动分为"蜜境先锋"馆和蜂产品博览区两个区域，共27家会员单位参加了此次展示、展销、互动等活动，吸引全国各地游客118.8万人次。

◎ 3月18日，中国养蜂学会在广州召开了七届五次理事长办公会及七届三次常务理事会，总结工作并制订下步工作计划。

◎ 3月19—20日，中国养蜂学会在广州召开"2015全国蜂产品市场信息交流会暨博览会"，2000余人参加了会议，大会共收录论文47篇，评选出优秀论文16篇。

◎ 4月14日，中国养蜂学会蜂业机具与装备专业委员会在北京召开"2015国际蜂具技术交流会"，来自波兰、土耳其以及我会会员代表共计20余人出席了会议。

◎ 4月26—28日，中国养蜂学会中蜂工作委员会召开2015年学术交流会议，共119人参加了会议。

◎ 6月17—18日，中国养蜂学会蜂疗专业委员会在福建福州召开"第七届海峡科技专家论坛——蜜蜂与蜂疗"研讨会，来自海峡两岸学者、科研人员、蜂疗爱好者共300多人参加了会议。

◎ 6月24日，中国养蜂学会蜜蜂文化专委会开展"蜜蜂文化节"活动，同时为中国养蜂学会蜜蜂博物馆（维西馆）揭幕。亚洲蜂联主席、我会及我会全国各蜜蜂博物馆以及科研院所专家、企业代表和蜂农代表共 200 多人出席了会议。

◎ 6 月 25 日，中国养蜂学会副理事长兼秘书长陈黎红应邀出席泰国诗琳通公主 60 寿辰纪念大会及"国际跨学科可持续研究与发展论坛"，接受公主的会见与颁奖，同时，向公主赠送我会标准化生产基地成熟蜜等蜂产品。

◎ 8 月 4 日，中国养蜂学会应邀出席中—德蜂箱空气蜂疗座谈会，与德国专家探讨蜂箱空气蜂疗的作用机理和对人体的效果等。

◎ 8 月 31 日，中国养蜂学会创建"中国养蜂学会微信公众平台"。

◎ 9 月 8 日，中国养蜂学会接受央视采访，讲述全国成熟蜜概况及发展并解答提出的问题，普及蜜蜂与蜂产品知识，倡导生产成熟蜜。

◎ 9 月 14—20 日，中国养蜂学会率中国蜂业代表团 113 人赴韩国大田出席"第 44 届国际蜂联（APIMONDIA）国际养蜂大会暨博览会"，共作了 1 篇特邀报告、17 篇学术报告、1 篇墙报。大奖赛中代表团获得 14 枚奖牌，成熟蜂蜜就获得了三金一银一铜的好成绩。再度扩大了我会及中国蜂业的国际地位。

◎ 10 月 10 日，中国养蜂学会饲养管理专委会第 2 次、蜜蜂生物学专委会第 4 届 4 次、蜜源与蜜蜂授粉专委会第 13 次、蜜蜂保护专委会第 11 次学术研讨会在山东省泰安召开。140 余位代表参加会议，收录论文 73 篇。

◎ 10 月 10 日，中国养蜂学会蜂机具专业委员会主办的"2015 梵谷国际蜂具说明会"在天津召开，共计 40 余人出席了会议。

◎ 10 月 28—30 日，中国养蜂学会蜂机具及装备专业委员会第二届第一次学术研讨会在广西梧州召开，近 300 人出席了会议。

◎ 11 月 9 日，中国养蜂学会理事长、秘书长应邀出席黑龙江政府第 13 届中国国际农产品交易会期间召开的新闻发布会并致辞。

◎ 11 月 23—25 日，中国养蜂学会育种专委会"蜜蜂抗病育种学术研讨会"在福建农林大学召开。我会理事长作重要讲话。来自全国 17 个省市 68 位代表及 80 多名研究生代表参加了会议。

◎ 12 月 2—3 日，中国养蜂学会蜂产品专委会召开"2015 蜂产品与人类健康"研讨会在北京召开，来自全国以及日本山田养蜂场等 53 位代表参加了会议。

◎ 12 月 3—9 日，由亚洲蜂联、中国养蜂学会、福建农林大学蜂疗研究所共办的首届国际蜂疗培训班在福州开班。亚洲蜂联主席王希利教授，我会名誉理事长张复兴以及来自美国、俄罗斯、沙特阿拉伯、泰国、缅甸、中国的代表共 50 余人出席了培训班。

◎ 12 月，中国养蜂学会呈报"关于'十三五'加大力度促进养蜂事业健康发展的建议"。

2016 年

◎ 2 月，中国养蜂学会向农业部呈报"关于我国养蜂业发展情况的报告"（白皮书）。

◎ 3 月，中国养蜂学会建立"成熟蜜基地示范试点"10 个、"蜜蜂之乡"3 个、"黑蜂之乡"1 个、"蜜蜂科教基地"1 个、"蜜蜂文化基地"1 个、"蜂产品溯源平台"1 个、"中国蜂业电子商城基地"1 个。

◎ 3 月 25 日，中国养蜂学会新增 7 个基地（成熟蜜基地示范试点、全国蜂产品安全与标准化生产基地、蜜蜂科教基地、东北黑蜂故事馆、蜜蜂文化基地、共建蜂产品溯源平台、中国蜂业电子商城基地），1 个蜜蜂之乡。

◎ 3 月 25 日，在山东济宁学会召开中国养蜂学会七届六次理事长办公会、中国养蜂学会七届四次理事会。

◎ 3月26—28日，中国养蜂学会在山东济宁召开2016年中国蜂业博览会（山东 济宁）暨全国蜂产品市场信息交流会，全体会员及蜂业界同人800余人参加。

◎ 4月5—20日，中国养蜂学会向农业部呈递《蜜蜂授粉产业发展现状》。

◎ 4月23—27日，中国养蜂学会率中国蜂业代表团62人参加13届亚洲蜂联（AAA）亚洲养蜂大会暨博览会，荣获11枚国际奖牌（3金3银3铜、1个最佳组织奖、1个"全球领导者通过社团合作共建知识社会奖"）。

◎ 4月26日，中国养蜂学会在沙特组织召开亚洲蜂联（AAA）成员国代表大会。

◎ 5月20日，中国养蜂学会在扬州蜜蜂文化基地启动"世界蜜蜂日（5·20）"主题日试运营活动。

◎ 5月23—25日，中国养蜂学会秘书长陈黎红应邀出席民政部2016全国性行业协会商会秘书长培训会。

◎ 6月2日，中国养蜂学会秘书长陈黎红应邀出席河北赞皇县第五届"枣花·蜜·蜂"旅游文化节暨中国养蜂学会蜜蜂博物馆（河北馆）开馆仪式。

◎ 6月28日，斐济农业部、斐济大使馆农业部官员、斐济驻华使馆人员来访中国养蜂学会，洽谈国际合作交流事宜。

◎ 7月26日，亚洲蜂联主席Siriwat Wongsiri先生来访中国养蜂学会，洽谈亚洲蜜蜂文化等事宜。

◎ 8月22—28日，第十一届海峡两岸蜜蜂与蜂产品研讨会及专业参访在台湾召开，中国养蜂学会率大陆代表团17人参加会议。

◎ 9月23日，韩国养蜂代表团（20余人）来访并考察中国养蜂学会在北京密云建立的蜜蜂之乡及成熟基地示范试点。

◎ 11月3—5日，中国养蜂学会21世纪第二届全国蜂业科技与蜂产业发展大会在北京召开，来自斐济、澳大利亚、英国、瑞士、日本、韩国、中国台湾地区以及全国30个省市的代表参加，期间召开中国蜂业大奖赛、中国蜂机具精品展、蜜蜂文化秀等。

◎ 11月4日，中国养蜂学会七届七次理事长办公会在北京召开，会议总结上期工作，并制订下步工作计划。

◎ 11月5日，中国养蜂学会在北京举办2016年全国蜂产品安全与标准化生产技术师资培训班，全国20多个省、市、县的企事业单位负责人、蜂业合作社负责人、技术人员及蜂农参加。

◎ 11月22—23日，中国养蜂学会在重庆召开2016中国中华蜜蜂产业发展大会，全国各省、市、自治区的蜂业行政主管部门、高校、科研院所、技术推广机构、企业及蜂农代表参加。

2017 年

◎ 2月13日，中国养蜂学会向农业部畜牧业司上报"2015年蜂产品生产及销售情况"（白皮书）。

◎ 2月24—26日，中国养蜂学会蜜蜂文化专委会主办的"中国·云南·罗平国际蜜蜂文化节暨蜂产业发展论坛"在罗平隆重召开。来自泰国、美国、缅甸的嘉宾及来自全国20多个省市区的300余人出席会议。

◎ 3月，中国养蜂学会建立"成熟蜜基地示范试点"1个、"新疆塔城红花基地"1个、"蜜蜂授粉基地"1个、"蜜蜂文化村"1个、"蜜蜂之乡"1个、"蜜蜂文化基地"2个、"蜜蜂博物馆"1个、"生产型种蜂王基地"1个。

◎ 3月3—5日，中国养蜂学会秘书长陈黎红应邀出席"畅游六枝花海，觅蜜油菜花乡"爱心油菜花节暨"六枝峰会——贵州蜂产业论坛"，共300人参加。

◎ 3月25日，中国养蜂学会在湖北潜江召开学会七届八次理事长办公会及七届六次常务理事会，总结工作并制订下步工作计划。

◎ 4月9日，中国养蜂学会第一时间回应"CCTV2关于蜂王浆致癌"，并发函央视。4月25日，应中央电视台（CCTV2）盛情邀请，学会约蜂产品协会共同前往中央电视台会见CCTV2财经频道领导及栏目相关负责人，双方就CCTV2财经频道《职场健康课》节目——"破译职场癌症高发密码"中有关蜂王浆言论再次进行了会谈并达成共识。

◎ 5月5—7日，中国养蜂学会蜜蜂工作委员会在云南昆明召开换届暨2017年学术交流会议，共111人参加会议。

◎ 5月10—13日，中国养蜂学会在陕西宝鸡共办2017中国"槐花·蜜蜂"文化旅游节（陕西·宝鸡）暨扶风野河山第十届槐花节，全国蜂业界权威专家、蜂产品加工企业、养蜂合作社、蜂农代表和当地群众上千人参加。

◎ 5月19—21日，以"弘扬蜜蜂精神，激发梦想力量"为主题的首届中国"世界蜜蜂日"活动在主会场中国养蜂学会蜜蜂文化基地——扬州凤凰岛蜜蜂文化园隆重启动。全国共26个主分会场同时响应并开展活动，通过丰富多彩的文化交流活动，弘扬蜜蜂精神，倡导"关爱蜜蜂，保护地球，维护人类健康"。

◎ 7月24日，中国养蜂学会应邀出席国务院扶贫办在京主持召开的"养蜂产业扶贫试点示范座谈会"，同时，学会推荐了10余家会员单位参加此次会议。

◎ 7月26—27日，中国养蜂学会应邀赴内蒙古巴彦淖尔陪同CropLife一行七人调研向日葵授粉实验基地，进行会谈并负责MOU及合作事宜。

◎ 9月，中国养蜂学会出版编印《蜜蜂视界》（书号：ISBN 978—7—5554—0812—3）。

◎ 9月23—24日，中国养蜂学会蜂业经济专委会在山东省青岛市召开第四届三次学术研讨会及换届会，同时，开展了"中国蜂业发展中的经济与政策问题"为主题的学术交流活动，对我国蜂业发展的现状和面临的问题作了深入浅出分析。

◎ 9月26—27日，中国养蜂学会中国蜂业代表团40余人参观考察代尼兹利蜂业协会，并进行座谈。

◎ 9月28—10月4日，中国养蜂学会中国蜂业代表团93人赴土耳其伊斯坦布尔，参加第45届世界养蜂大会暨博览会，荣获8枚国际奖牌。

◎ 10月18—20日，中国养蜂学会在江苏泰州举办首届"一带一路"国际蜂业合作论坛，旨在了解国际蜂产业科技最前沿，向世界展示我国蜂业科技强大创新能力，国内外代表共300余人参加。

◎ 10月25日，韩国、中国杭州卫视来访中国养蜂学会，采访国内蜜蜂减少危机、寻找对策、通过中国蜜蜂生存现状摸索解决方案。

◎ 10月25—27日，中国养蜂学会在湖北神农架举办2017年全国中蜂产业科技发展论坛，旨在推进中蜂种质资源保护，加强中蜂养殖技术的交流，共500余人参加。

2018 年

◎ 1月，中国养蜂学会向农业农村部推荐全国蜜蜂示范县，黑龙江、江苏、浙江、江西、山东、河南、湖北、湖南、四川、云南获得国家"蜜蜂示范区县"建设资金支持，500万元/个，连续3年。

◎ 1月18日，中国养蜂学会蜂产品专业委员会在北京启动"中国优质蜂产品联盟"成立大会，蜂产品领域专家及大型蜂业企业代表出席会议。

◎ 3月，中国养蜂学会建立"全国蜂产品安全与标准生产基地"2个、"成熟蜜基地示范试点"2个、"蜜蜂之乡"6个、"蜜蜂文化基地"1个、"中蜂产业扶贫示范基地"1个、"中华蜜蜂饲养技术培训基地"1个、"蜜蜂授粉基地"1个。

◎ 3月9日下午，中国养蜂学会第八次全国会员代表大会在南昌召开，农业部畜牧业司官员周晓鹏，中国农业科学院蜜蜂研究所所长王加启，中国养蜂学会名誉理事长张复兴，七届理事长吴杰，十一、十二届全国人大代表宋心仿等18位副理事长及秘书长陈黎红、全国团体会员代表共367人出席了会议。周晓鹏宣读了农业部关于学会换届的批复，对学会工作给予充分肯定。王加启指出蜜蜂所作为学会挂靠单位将一如既往地大力支持学会的各项工作；吴杰理事长代表七届理事会向大会作学会及各专委会工作报告，并一致审议通过。会议审议并表决通过了第七届理事会"财务报告"、《章程》（修订草案）及修订说明、修改的"会费标准""第八届理事会选举办法"。会议审议通过了全国各省推荐的第八届"理事候选人名单"。

◎ 3月9日，中国养蜂学会八届一次理事会、八届一次理事长办公会及八届二次理事长办公会扩大会议在南昌召开，总结工作并制订下步工作计划。

◎ 3月10—11日，中国养蜂学会主办的中国蜂业博览会暨2018年全国蜂产品市场信息交流会在江西南昌胜利召开。本次会议主题"科技创新引领，生态健康蜂业"，1000多位蜂业代表出席了会议，博览会共设有171个展位。

◎ 3月17日，由中国养蜂学会及贵州农业科学院现代农业发展研究所指导，以"畅游六枝花海，觅蜜油菜花香"为主题的爱心油菜花节在贵州六盘水市六枝特区木岗镇召开。300余人参会。

◎ 5月4日，泰国诗琳通公主会见中国养蜂学会秘书长陈黎红，了解亚洲蜜蜂保护和中—泰蜂业交流合作情况。泰国驻华大使以及中—泰双方的外交人员、蜜蜂所王加启所长、学会蜜蜂文化专业委员会仇志强等陪同出席。

◎ 5月10日，法国养蜂家协会主席来访中国养蜂学会，对两国蜂产业现状及未来合作进行了交流，并实地考察学会成熟蜜基地。

◎ 5月20日，第二届中国"5·20世界蜜蜂日"庆典主题活动在美丽的海南琼中（主会场）隆重举行。北京、河北、山西、内蒙古、黑龙江、江苏、浙江、安徽、江西、山东、河南、湖北、湖南、广东、广西、海南、四川、云南、贵州、陕西、甘肃、宁夏、新疆等23个省、市、自治区89个分会场单位统一主题、统一标识、统一倡议、统一背板、统一服饰。各会场通过丰富多彩的文化交流形式，倡导"关爱蜜蜂保护地球""发展养蜂，实现'绿水青山就是金山银山'""每人每天一匙天然蜂蜜""传播蜜蜂文化弘扬蜜蜂精神"，强化推动"蜜蜂授粉的'月下老人'作用，对农业的生态、增产效果似应刮目相看"。此次活动形式多样、内容丰富、气氛热烈，全国3万余人甜蜜参与，受众群体上亿人，近百家电视、电台、网络、报纸杂志做了宣传报道。斯洛文尼亚、国际蜂联、会员等纷纷发来贺信表示祝贺。

◎ 5月20日，尼泊尔驻华大使与农业农村部畜牧兽医局领导与中国养蜂学会领导进行了中—尼蜂业交流座谈会，希望两国共同合作，互惠互利，共同发展。

◎ 6月18日，中国养蜂学会CropLife合作项目进展研讨会在北京召开。

◎ 8月24日，加拿大蜜蜂委员会常务理事Roderick Keith Scarlett先生以及加拿大魁北克拉瓦尔大学教授Pierre Giovenazzo先生来访中国养蜂学会。

◎ 9月15—16日，中国养蜂学会主办的第十二届"海峡两岸蜜蜂与蜂产品高峰论坛"在陕西西安召开，共计260余位海峡两岸蜂业专家参会。会议期间还召开了"秦岭中蜂扶贫产业发展论坛"。农业部畜牧业司左玲玲处长指导。

◎ 9月22—23日，中国养蜂学会与浙江省畜牧兽医局共同举办、丽水市农业局与龙泉市人民政府共同承办，以"走进乡村新时代，放飞蜂业新梦想"为主题的首届"中国农民丰收节（蜜蜂）蜂收节"，在浙江丽水龙泉隆重举行并取得圆满成功。亚洲蜂联主席 Siriwat Wongsiri 教授，学会副理事长兼秘书长陈黎红，副理事长陈国宏、胡福良、薛运波、胥保华，文化专委会秘书长仇志强，浙江省畜牧局、丽水市政府、龙泉市委、龙泉市人大、政协等领导出席开幕式，共同为振兴美丽乡村，大力发展"中蜂产业"出谋划策，来自龙泉市 2000 余名蜂农参加了现场活动。活动期间，举行了"蜂"正帆悬中蜂产业高峰论坛，邀请了行业相关领导、专家学者等针对龙泉市中蜂产业今后发展问题支招，通过集思广益，共同促进中蜂产业更好更快发展。活动设蜂产品展览展示区及现场采蜜，代表们还进行了科技参观。

◎ 9月 28日，中国养蜂学会第五届"中蜂产业发展高峰论坛暨中蜂产业精准扶贫工作推进会"在湖北召开。

◎ 10月 21—29日，中国养蜂学会率中国蜂业代表团 54 人参加印度尼西亚 AAA 第十四届亚洲养蜂大会暨博览会。本次大会上，中国共获得奖牌 23 枚，其中金奖 8 枚，银奖 5 枚，铜奖 3 枚，四等奖和五等奖各一枚，评审专家奖 2 枚，最佳组织奖 2 项，特邀报告奖 1 项。

◎ 11月，中国养蜂学会不断接到全国各地养蜂者被滞留在不同高速收费站、蜜蜂遭到严重损失的诉求与呼吁，我会即向农业农村部、国家交通部、国务院上报关于蜜蜂"绿色通道"汇报及建议，得到部委、国务院关爱与重视，国务院办公厅致电同意我会建议，得到克强总理亲自批示。

◎ 11月 5日，中国养蜂学会质疑四川大学华西医院微信公众号发出一篇文章（文中指出蜂蜜除了使人长胖以外没有任何作用）。该文一出，立即引起了全国蜂业界反响、震惊与愤慨。我会出函质疑，报送国家卫计委，维护中国蜂业利益不受侵害。

◎ 11月 7—9日，中国养蜂学会"21 世纪第三届全国蜂业科技与蜂产品发展大会""第三届全国蜂业大奖赛"在北京召开。会议期间，中国蜂产业科技平台启动及第一批蜂业战略合作协议签署仪式，共 10 家单位与我会签署了框架协议，其中包括法国和印度尼西亚企业。

◎ 12月 10—12日，农业农村部畜牧兽医局张晓宇主任、中国养蜂学会副理事长兼秘书长陈黎红赴江西调研指导蜂业质量提升行动的实施情况。

2019 年

◎ 2月 27日，中国养蜂学会副理事长兼秘书长陈黎红出席云南曲靖罗平蜜蜂文化节开幕式并致辞，同时进行调研。

◎ 3月，中国养蜂学会推选的具有蜜蜂特色的"蜜蜂之乡""蜜蜂小镇""蜜蜂文化基地"等 9 个乡村荣获农业农村部"第二届中国美丽乡村百佳范"称号，学会荣获"优秀组织奖"。

◎ 3月，中国养蜂学会建立"全国蜂产品安全与标准生产基地" 3 个、"成熟蜜基地示范试点" 5 个、"蜜蜂之乡" 3 个、"蜜蜂文化基地" 4 个、"中华蜜蜂谷" 1 个、"蜜蜂小镇" 1 个、"蜂产品品牌之乡" 1 个、"蜜蜂授粉基地" 3 个、"蜂机具标准化生产基地" 1 个、"特种蜂箱生产基地" 1 个、"现代化养蜂示范基地" 1 个、"蜜蜂营养基地" 1 个。

◎ 3月 5日，中国养蜂学会向国务院办公厅呈递"关于继续放行蜜蜂'绿色通道'的请求"，国务院办公厅及时致电同意我会建议，我会再向克强总理汇报，得到总理的关爱并再次开通蜜蜂"绿色通道"，备受全国蜂业界感恩及点赞，强有力地保护了蜜蜂，推动了我国蜂业持续健康发展。

◎ 3月 6—10日，中国养蜂学会、黑龙江省生态养蜂学会等主办的"2019 成熟蜜养蜂技术培训班"在黑龙江省东方红和东宁市分别举行，两期培训班共有 600 余位学员参加。此次培训进一步推进了蜂业高质量标准化发展。

◎ 3月6日，中国养蜂学会转发中央和国家机关发电"交通运输部办公厅关于对转地放蜂车辆恢复执行鲜活农产品运输'绿色通道'政策的通知"，告知全国蜂业转地放蜂车辆已恢复享受"绿色通道"权益。

◎ 3月11—12日，中国养蜂学会应邀出席贵州锦屏县产业扶贫推进座谈会，这是继2018年陈黎红副理事长兼秘书长对当地蜂产业考察和指导后的又一次受邀，为进一步落实锦屏的蜂业发展提出了指导意见。

◎ 3月—12月，中国养蜂学会联合农业农村部农药检定所，继续组织开展蜜蜂农药中毒事故跟踪监测工作，以明确农业生产上易造成蜜蜂死亡的农药品种，磋商解决方案，力争尽最大努力保护蜜蜂及产品安全。

◎ 3月15日，中国养蜂学会副理事长兼秘书长陈黎红一行拜访斯洛文尼亚驻中国经济参赞潘缇雅女士等，双方就"世界蜜蜂日""中—斯蜂业交流合作"等事项进行了亲切交流，达成了多项共识。

◎ 3月17日，中国养蜂学会八届四次理事长办公会在河南长葛召开，会议对学会工作进行了总结，讨论并制定了各项工作计划及方案。

◎ 3月17日，中国养蜂学会八届二次常务理事会在河南长葛召开，会议汇报了学会工作总结及计划，讨论通过了"第三届中国5·20世界蜜蜂日""2019中国农民丰收节——蜜蜂丰收节""成熟蜜基地示范试点""全国蜂产品安全与标准化生产基地""蜜蜂博物馆""蜜蜂之乡""蜂情小镇""团体会员"等事项。

◎ 3月18日，中国养蜂学会"2019全国蜂业科技创新合作平台座谈会"在河南长葛召开，30余位代表出席了会议，为蜂产业人士提供了广阔的交流平台，以科技创新为引领，开拓蜂业发展新境界。

◎ 3月18—19日，中国养蜂学会主办、中国蜂产品协会参与共同在河南长葛市召开"2019年中国蜂业博览会暨全国蜂产品市场信息交流会"，共有1500余名代表出席。本次大会共收录51篇论文（6篇论文获得优秀论文奖），博览展位220个，涵盖了各类产品，其中展示数量最多的是蜂产品及其延伸产品（64家）和蜂机具设备（69家），参观博览会人数达上万人。

◎ 3月21日，中国养蜂学会针对国际蜂联强烈呼吁各个国家有关部门及单位高度重视并有效解决目前蜂蜜市场存在的伪劣问题，向国家食品药品监督管理总局、国家市场监督管理总局、农业农村部及时汇报并请示，得到大力支持，为我国蜂蜜市场的良性绿色发展群策群力、履职尽责，以便以最好的方式既可保护中国蜂业利益又可促进中国蜂业与国际接轨，不受国际抨击。

◎ 3月28—30日，中国养蜂学会蜜源植物与蜜蜂授粉专业委员会、国家蜂产业技术体系授粉功能研究室在山西运城召开梨树蜜蜂授粉现场会与蜜蜂农作物授粉增产学术研讨会，旨在吸取蜜蜂授粉先进经验，总结各地农作物蜜蜂授粉的成果，进一步普及蜜蜂授粉应用技术，服务于我国生态农业建设。

◎ 3月30日，中国养蜂学会推选的具有蜜蜂特色的"蜜蜂之乡""蜜蜂小镇""蜜蜂文化基地"等9个乡村荣获农业农村部"第二届中国美丽乡村百佳范"称号，为深入贯彻乡村振兴战略奠定了基础。

◎ 4月1—5日，中国养蜂学会组织中国蜂业代表团赴阿联酋阿布扎比出席"第15届亚洲养蜂大会暨博览会"，代表团共获得奖牌3枚。博览展示了我国蜂业新成果、新产品，进一步加强了我国在亚洲蜂业的影响力，对促进蜂业发展具有积极作用。

◎ 4月15日，中国养蜂学会联合全国重点养蜂省启动"全国转地放蜂服务"工作，协助转地放蜂者合理安排放蜂场地，维护当地养蜂者的利益不受到侵害，倡导全国蜂业和谐共赢，健康有序发展。

◎ 4月26日，中国养蜂学会与中国科技出版社启动"中国蜂业精品图书"丛书征稿工作，以期推动养蜂学的学科发展，促进国内科研、教学、企业人员之间的学术交流与产业合作，切实为中国蜂产业健康、可持续发展提供理论支持和技术指导。

◎ 5 月 20 日，中国养蜂学会主办第三届"5·20 世界蜜蜂日"大型主题活动，全国共有 130 余个会场，其中中心主会场 1 个，特色专场 2 个，区域主会场 8 个，各省分会场 120 余个，直接参与人数达百万人。斯洛文尼亚、俄罗斯、法国、澳大利亚、泰国、韩国等国使节、嘉宾出席了开幕式。

◎ 6 月 6 日，中国养蜂学会针对 ISO《蜂胶规范》《蜂花粉规范》征集意见，并向农业农村部上报、ISO 反馈。

◎ 7 月 11 日，由中国养蜂学会、中国食品土畜进出口商会等主办的 2019 中国（虎林）国际蜂业合作论坛在黑龙江虎林召开，来自农业农村部、中国养蜂学会、黑龙江省农业农村厅、国内外专家、蜂业工作者等相关代表 140 余人参加了会议。会议以"守初心，担使命，共创蜂业美好明天"为主题，旨在深入探讨蜂产品行业标准，推进蜂产业、绿色食品及中医药保健功能性产品产业合作，促进蜂业持续健康稳定发展。

◎ 7 月 26 日，中国养蜂学会蜂产品加工专业委员会在北京召开推进成熟蜜的会议，进一步推广成熟蜜规范化生产，加速行业转型升级，引领行业高质量发展。

◎ 7 月，根据中国养蜂学会部署，中国养蜂学会蜂业机具及装备专业委员会编印《中国蜂业精品机具与装备手册》，为搭建更广阔的国际交流合作平台奠定基础。

◎ 8 月 11 — 14 日，中国养蜂学会蜜蜂生物学专委会副主任匡海鸥应邀，在湖南长沙为国家商务部对外援助培训项目，进行东方蜜蜂科学饲养技术培训，来自南苏丹、巴勒斯坦、斯里兰卡、突尼斯、土耳其、缅甸、南非、多米尼克、吉尔吉斯坦等国家的 37 个学员参加了培训。

◎ 8 月 30 日，中国养蜂学会与副理事长单位——北京市蚕业蜂业管理站联合举办北京市蜜蜂授粉成果展示暨座谈会，北京市 6 个蜜蜂授粉示范重点区的养蜂管理部门负责人、养蜂协会、养蜂专业合作社、授粉蜂养殖企业与个体户代表等 20 多人召开了北京市蜜蜂授粉成果展示暨座谈会。农业与农村部国家农技推广中心防治处赵中华处长、中国养蜂学会吴杰理事长、陈黎红副理事长兼秘书长出席了本次会议。会议为发挥示范带动作用，引领全国蜜蜂授粉产业发展指明了方向。

◎ 9 月 5 日，中国养蜂学会转发《农业农村部畜牧兽医局关于"食品动物禁止使用的药物及其他化合物清单"公开征求意见的函》（农牧便函〔2019〕856 号），向全国蜂业征求意见，并上报农业农村部，进一步加强兽药管理工作，保障动物源性食品安全。

◎ 9 月 8—19 日，中国养蜂学会组织中国蜂业代表团 116 人出席"第 46 届国际养蜂大会暨博览会（加拿大蒙特利尔）"，共有来自 134 个国家的 5500 余名代表参加会议。此次博览会共设 940 个展位，中国代表团租赁展位 55 个，共计 475 平方米。本次大奖赛中，中国代表团共获得 6 枚奖牌（1 金、4 银、1 铜）。

◎ 9 月 23 日—10 月 8 日，中国养蜂学会主办 2019 中国农民丰收节（蜜蜂）——"蜂"收节活动，本次主会场 1 个（宁夏固原），由中国养蜂学会副理事长兼秘书长陈黎红主持，亚洲蜂联主席王希利、中国养蜂学会理事长吴杰等领导出席开幕式并致辞；全国分会场 20 余个，举办"'蜂'收节"活动，分享收获喜悦，展望美好未来，提升广大农民朋友们的荣誉感、幸福感和获得感。全国蜂业界、百姓上万余人共同与祖国同庆，与人民共享"蜂"收的喜悦！

◎ 10 月 29 日，中国养蜂学会、农业农村部蜂产品质量监督检验测试中心（北京）开展蜂蜜兽药残留检测情况调研，并向农业农村部相关司局汇报，维护全国蜂业行业利益。

◎ 10 月，中国养蜂学会撰稿编制《中国蜂业学科发展报告》，以展示我国蜂业学术及各专业领域科技前沿，作为 40 周年巡礼，向祖国 70 周年献礼。

◎ 10 月，中国养蜂学会蜜蜂文化专委会推荐原创歌曲《让世界懂你》（杨启军作词，李欣瑶作曲）为中国养蜂学会 40 周年系列活动的主题歌曲，此歌传承了蜜蜂精神，弘扬了蜜蜂文化，表达了辛勤的养蜂人一代又一代不忘初心、追梦前行的信心与决心。

◎ 11月25—26日，中国养蜂学会在北京召开"首届全国蜜蜂授粉产业大会、全国蜂业'十四五'座谈会、第八届二次理事会以及中国养蜂学会成立40周年"系列活动，进一步加强蜜蜂为大农业服务、搭建更广阔的平台、拓展蜜蜂授粉产业化发展、总结汇报蜜蜂授粉"月下老人"重要批示以来农业农村部"蜜蜂授粉与病虫害绿色防控技术集成示范"成果，表彰一批为蜂产业发展做出突出贡献者。

◎ 11月28日—12月5日，应澳大利亚邀请，中国养蜂学会副理事长兼秘书长陈黎红、蜂产品专委会张红城主任赴澳大利亚开展交流与合作，一是探讨科学养蜂、成熟蜜生产、蜜蜂育种以及蜂产品加工技术交流与合作；二是引进国外先进的蜂产品加工技术与装备，成熟蜜生产技术，纯种意蜂育种技术等。通过借鉴国外先进经验，从而提升我国养蜂和蜂产品加工技术水平，积极争取与澳大利亚蜂业研究合作项目并讨论双方合作申报课题以及建立功能食品合作实验室等事宜。交流会期间，UAF聘请我会副理事长兼秘书长陈黎红、蜂产品专委会主任张红城任其委员，增强了我国在UAF的影响力。

◎ 12月20日，中国养蜂学会八届四次常务理事会以通讯形式召开，共有112位常务理事出席了会议，会议审议了学会及分支机构2019年度工作总结，讨论了2020年度工作计划；汇报了第14届亚洲养蜂大会、第46届国际养蜂大会等国际交流合作工作、开展公益活动、开展蜂业各专业领域交流、科技创新等重要事项。

后 记

时光荏苒，岁月如梭。四十年一去不复返，艰辛的足迹烙印下了美好的回忆。

中国养蜂学会（ASAC，简称"学会"），小小蜜蜂的学术团体，在那似乎被人遗忘的角落，牢记着"蜜蜂授粉的'月下老人'作用，对农业的生态、增产效果似应刮目相看"的使命，像蜜蜂一样默默地无私地奉献，正如当年刘坚副部长的寄语"蜜蜂精神"！

40年，学会在党和国家、农业农村部、民政部的正确领导与关爱下、中国农业科学院蜜蜂研究所及全国蜂业的大力支持，全体理事、会员、各专业委员会及办公室的努力奋斗下，茁壮成长，以科技创新引领全国蜂业持续发展，创造中国蜂业辉煌。

40年，学会从无到有，从几个会员，到几十个，几百个，到上千个；从一个办公室，到几个专业委员会，拓展出14个分支机构；从1个蜜蜂博物馆，发展到全国21个蜜蜂科普／文化馆；从1个标准化基地，到94个、到上百个。全国蜂群拥有量从几十万，到几百万，到上千万；蜂产品出口从几千、几万，到上亿美元；蜜蜂价值达千亿，质的飞跃。

40年，学会始终不忘初心，以行业利益为己任，当好蜂业"娘"家。建议"保护中国特有的蜜蜂种质资源""解决氯霉素问题从源头抓起""建设蜜蜂标准化养殖示范基地""蜜蜂绿色通道""蜜蜂补贴""'非典'期间允许蜜蜂通行""修订《养蜂暂行规定》""《畜牧法》应含'蜂'""蜜蜂应纳入国家现代农业产业技术体系""修订国家食品安全《蜂蜜》标准（因为它不安全）""恢复蜜蜂绿色通道""全国蜂产业提质示范"等。

40年，学会始终牢记使命，做好政府助手。组织起草制定《养蜂管理办法》《畜牧法》'蜂'条款"《畜牧法释义》'蜂'条款"《全国蜂业"十二五"规划》《全国蜂业"十三五"发展思路》《蜜蜂术语》《全国标准化养蜂生产规范》"中国蜂产品加工年鉴""成熟蜜标准""中国蜂产业"白皮书及一系列蜂业标准法规。

40年，学会倡导"发展养蜂脱贫致富""蜜蜂授粉'月下老人'作用""关爱蜜蜂 保护地球 维护人类健康""标准化养蜂""机械化养蜂""成熟蜜""每人每天一匙天然蜂蜜"。

40年，学会创办"蜜蜂文化节""蜜蜂嘉年华""5·20世界蜜蜂日""中国农民丰收节——蜜蜂'蜂'收节"《国际蜂业信息》等公益活动，以加大百姓对蜜蜂的认识、科普蜜蜂知识、宣传蜜蜂文化、弘扬蜜蜂文化、强化蜜蜂对农业增产提质、维护生态平衡、增强人民健康的重要性。

　　40 年，学会始终以科技创新服务于"三农"，助力振兴乡村。携手各省共建"蜜蜂博物馆""蜂产品安全与标准化基地""良种繁育基地""蜜蜂授粉基地""成熟蜜基地""优质蜂王浆基地""优质蜂胶基地""蜜蜂科普／文化基地""技术培训基地""技术服务站""技术实验室""中华蜜蜂之乡""蜂产品加工之乡""蜂业机具村""蜜蜂产业观光园""蜜蜂小镇""蜜蜂特色村庄""蜜蜂美丽乡村"。助力脱贫攻坚，发展养蜂永久脱贫致富，取得决胜，真正实现"绿水青山就是金山银山"。

　　40 年，学会带领全国蜂业"走出去""引进来"，成为国际蜂联（APIMONDIA）、亚洲蜂联（AAA）正式成员国中国代表，成为 AAA 副主席及秘书长国，成为 ISO 亚洲代表，进入"国际蜜蜂大奖赛"裁判团；成功举办了空前的与世瞩目的"APIMONDIA 第 33 届国际养蜂大会暨博览会""AAA 第 9 届亚洲养蜂大会暨博览会""国际蜂疗大会""'一带一路'国际蜂业论坛""FAO 世界蜜蜂日"；蜜蜂终于飞出了国门、飞出了亚洲、飞入欧洲、飞向世界！频繁地登上国际舞台、摘取国际桂冠！让世界蜜蜂时刻铭记中国！

　　40 年，填补了诸多空白。填补了西藏养蜂空白、养蜂法规空白、标准化空白、成熟蜜空白、蜂业观光空白、蜜蜂之乡／小镇／乡村／村庄空白、养蜂扶贫空白、蜜蜂进入"国慈展"、"世界蜜蜂日"、国家奖、泰国公主奖、国际奖、蜜蜂飞入 FAO 空白……

　　40 年，弹指一挥间。40 年的足迹，难以言表，挂一漏万，旨在抛砖引玉。"小蜜蜂，大产业"应验了当年张宝文副部长给学会的指示！期盼在新时代中国特色社会主义思想指引下，"甜蜜事业，养蜂人娘家"不忘初心，砥砺前行，再创辉煌新篇章！

　　衷心感谢党和国家领导、农业农村部、民政部、农科院对蜜蜂的重视与关爱！感谢蜜蜂所、广大蜂业人士、全体理事、会员、各分支机构、学会办公室的大力支持与辛勤付出！谢谢您们！"幸福是奋斗出来的"！

中国养蜂学会副理事长兼秘书长

亚洲蜂联（AAA）秘书长　　陈黎红

2019 年 11 月 29 日

中国养蜂学会

40周年大会合影

40 周年 "献爱心" 单位

先正达（中国）投资有限公司

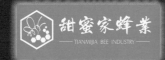

广西梧州甜蜜家蜂业有限公司

国药励展展览有限责任公司

北京京纯养蜂专业合作社

山西圣康蜂业有限公司

山东蜜源经贸有限公司

新疆伊犁伊谷源农业发展有限公司

扬州蜂行天下文化发展有限公司

北京同仁堂健康药业股份有限公司

浙江江山恒亮蜂产品股份有限公司

河南长兴蜂业有限公司

河南卓宇蜂业有限公司

上海索胜生物科技有限公司

四川唯蜂生物科技有限公司

北京美丽红妆文化传播有限公司